全国高等职业教育“十三五”规划教材

通信终端设备原理与维修

第3版

主　编　周华春
副主编　焦　荣
参　编　陈　良
主　审　任德齐

机 械 工 业 出 版 社

本书是在2006年第一版《通信终端设备原理与维修》和2011年《通信终端设备原理与维修　第2版》的基础上，结合当今智能终端新技术而进行的改编版本，旨在为高职高专电子信息、通信工程专业学生提供现代通信终端设备原理与维修的专门教材。

本书主要内容包括4章。第1章介绍现代通信系统与通信设备，包括通信系统中常用的接收机和发射机的典型结构和电路；第2章对无绳电话机电路原理进行分析，并对典型无绳电话机进行讲解与实训指导；第3章详细讲述了3G手机的电路原理，并对典型机型进行剖析和技能训练；第4章重点讲述4G手机的结构组成和工作原理，对具体电路进行分析，并对典型4G机型进行剖析和技能训练。

本书可作为高职高专院校电子类、通信类相关专业学生的教材，也可作为职工培训或自学用书。

本书配有授课电子课件，需要的教师可登录www. cmpedu. com免费注册，审核通过后下载，或联系编辑索取（QQ：1239258369，电话：010-88379739）。

图书在版编目（CIP）数据

通信终端设备原理与维修/周华春主编．—3版．—北京：机械工业出版社，2017.6

全国高等职业教育“十三五”规划教材

ISBN 978-7-111-56084-5

Ⅰ.①通…　Ⅱ.①周…　Ⅲ.①通信设备—终端设备—理论—高等职业教育—教材②通信设备—终端设备—维修—高等职业教育—教材　Ⅳ.①TN914

中国版本图书馆CIP数据核字（2017）第030638号

机械工业出版社（北京市百万庄大街22号　邮政编码100037）

策划编辑：王　颖　责任编辑：王　颖

责任校对：肖　琳　责任印制：李　飞

北京振兴源印务有限公司印刷

2017年6月第3版第1次印刷

184mm×260mm · 13.75印张 · 331千字

0001—3000册

标准书号：ISBN 978-7-111-56084-5

定价：39.90元

凡购本书，如有缺页、倒页、脱页，由本社发行部调换

电话服务　　　　　　　　　　网络服务

服务咨询热线：010-88379833　机 工 官 网：www. cmpbook. com

读者购书热线：010-88379649　机 工 官 博：weibo. com/cmp1952

　　　　　　　　　　　　　　教育服务网：www. cmpedu. com

封面无防伪标均为盗版　　　金 书 网：www. golden-book. com

全国高等职业教育规划教材
电子类专业编委会成员名单

主　　任　曹建林

副 主 任　张中洲　张福强　董维佳　俞　宁　杨元挺　任德齐　华永平　吴元凯　蒋蒙安　梁永生　曹　毅　程远东　吴雪纯

委　　员　（按姓氏笔画排序）

于宝明　王卫兵　王树忠　王新新　牛百齐　吉雪峰　朱小祥　庄海军　刘　松　刘　勇　孙　刚　孙　萍　孙学耕　李菊芳　杨打生　杨国华　何丽梅　邹洪芬　汪赵强　张静之　陈子聪　陈东群　陈必群　陈晓文　邵　瑛　季顺宁　赵新宽　胡克满　姚建永　聂开俊　贾正松　夏西泉　高　波　高　健　郭　兵　郭　勇　郭雄艺　黄永定　章大钧　彭　勇　董春利　程智宾　曾晓宏　詹新生　蔡建军　谭克清　戴红霞

秘 书 长　胡毓坚

出版说明

《国务院关于加快发展现代职业教育的决定》指出：到2020年，形成适应发展需求、产教深度融合、中职高职衔接、职业教育与普通教育相互沟通，体现终身教育理念，具有中国特色、世界水平的现代职业教育体系，推进人才培养模式创新，坚持校企合作、工学结合，强化教学、学习、实训相融合的教育教学活动，推行项目教学、案例教学、工作过程导向教学等教学模式，引导社会力量参与教学过程，共同开发课程和教材等教育资源。机械工业出版社组织全国60余所职业院校（其中大部分是示范性院校和骨干院校）的骨干教师共同策划、编写并出版的“全国高等职业教育规划教材”系列丛书，已历经十余年的积淀和发展，今后将更加结合国家职业教育文件精神，致力于建设符合现代职业教育教学需求的教材体系，打造充分适应现代职业教育教学模式的、体现工学结合特点的新型精品化教材。

“全国高等职业教育规划教材”涵盖计算机、电子和机电三个专业，目前在销教材300余种，其中“十五”“十一五”“十二五”累计获奖教材60余种，更有4种获得国家级精品教材。该系列教材依托于高职高专计算机、电子、机电三个专业编委会，充分体现职业院校教学改革和课程改革的需要，其内容和质量颇受授课教师的认可。

在系列教材策划和编写的过程中，主编院校通过编委会平台充分调研相关院校的专业课程体系，认真讨论课程教学大纲，积极听取相关专家意见，并融合教学中的实践经验，吸收职业教育改革成果，寻求企业合作，针对不同的课程性质采取差异化的编写策略。其中，核心基础课程的教材在保持扎实的理论基础的同时，增加实训和习题以及相关的多媒体配套资源；实践性较强的课程则强调理论与实训紧密结合，采用理实一体的编写模式；涉及实用技术的课程则在教材中引入了最新的知识、技术、工艺和方法，同时重视企业参与，吸纳来自企业的真实案例。此外，根据实际教学的需要对部分课程进行了整合和优化。

归纳起来，本系列教材具有以下特点。

1）围绕培养学生的职业技能这条主线来设计教材的结构、内容和形式。

2）合理安排基础知识和实践知识的比例。基础知识以“必需、够用”为度，强调专业技术应用能力的训练，适当增加实训环节。

3）符合高职学生的学习特点和认知规律。对基本理论和方法的论述容易理解、清晰简洁，多用图表来表达信息；增加相关技术在生产中的应用实例，引导学生主动学习。

4）教材内容紧随技术和经济的发展而更新，及时将新知识、新技术、新工艺和新案例等引入教材。同时注重吸收最新的教学理念，并积极支持新专业的教材建设。

5）注重立体化教材建设。通过主教材、电子教案、配套素材光盘、实训指导和习题及解答等教学资源的有机结合，提高教学服务水平，为高素质技能型人才的培养创造良好的条件。

由于我国高等职业教育改革和发展的速度很快，加之我们的水平和经验有限，因此在教材的编写和出版过程中难免出现问题和疏漏。恳请使用这套教材的师生及时向我们反馈质量信息，以利于我们今后不断提高教材的出版质量，为广大师生提供更多、更适用的教材。

机械工业出版社

前 言

近年来，中国移动通信产业保持了高速的增长，手机等通信产品已成为人们生活和工作中的必需品。作为学习通信终端产品维修技术的必备“工具”——维修教材，在学习过程中具有不可替代的作用。本书旨在从实际应用的角度，结合通信行业工程的实际，为高职高专电子信息、通信工程专业学生提供学习通信终端设备原理与维修技术的一体化专门教材。

本书内容既包含了无绳电话机、3G手机，又突出了正在蓬勃发展的4G手机，使学生能全方位学习目前通信终端市场不同制式、设备的原理和维修技术。在内容组织上，继承了《通信终端设备原理与维修　第2版》系统性强、贴近工作实际的特点，并保留了其中的精华内容和章节。在具体机型、内容选择上，力求与行业技术同步，具有先进性和典型性。在编写本书过程中，贴近高职高专学生实际，由浅入深讲解原理，将实训内容融入各章节之中，理实一体，既利于教师教学，又能帮助学生尽快掌握通信终端的维修实用技术。

本书主要内容包括4章：第1章介绍现代通信系统与通信设备，包括通信系统中常用的接收机和发射机的典型结构和电路；第2章对无绳电话机电路原理进行分析，并对典型无绳电话机进行讲解与实训指导；第3章详细讲述了3G手机的电路原理，并对典型机型进行剖析和技能训练；第4章重点讲述4G手机的结构组成和工作原理，对具体电路进行分析，并对典型4G机型进行剖析和技能训练。

本书由周华春任主编、焦荣任副主编、陈良参编。周华春主编并完成统稿工作。其中，第1章由焦荣编写，第2章由陈良编写，第3章、第4章由周华春编写。本书由任德齐主审。

在本书编写过程中，得到了重庆电子工程职业学院师生的大力支持，非常感谢在编写本书时为我们提供很多有益帮助的同事、学生及朋友，尤其是书后所列参考文献的各位作者及同行，编者在此表示深深的感谢！

本书引用了华为公司、三星公司的部分资料，在此一并致谢！

由于编者水平有限，书中难免存在错误和疏漏之处，敬请广大读者批评指正。

编　者

目　录

第1章　现代通信系统与通信设备

【本章要点】

- 通信系统模型
- 无线电发射机与接收机基本组成
- 调制与解调基本原理
- GMSK调制器电路组成
- 压控振荡器（VCO）
- 频率合成器
- 无绳电话系统组成
- GSM系统组成
- CDMA数字移动通信系统基本组成
- 传真机
- GSM手机简要组成
- 手机的技术指标

1.1　通信系统

通信是把消息从一地传送到另一地的过程，为了传递消息，各种消息需要转换成电信号。电信号有数字信号与模拟信号之分，如普通电话机输出的语音信号就是模拟信号。

1.1.1　通信方式

通常，如果通信仅在点与点之间进行，那么，按消息传送的方向与时间，通信的方式可分为单工通信、半双工通信及全双工通信3种。

所谓单工通信是指消息只能单方面进行传输的工作方式，如图1-1a所示，例如广播、遥控，就是一种单工通信方式。

所谓半双工通信方式是指通信双方都能收发消息，但不能同时进行收和发的工作方式，如图1-1b所示。例如，使用同一载频工作的普通无线电收发报话机，就是按照这种通信方式工作的。

所谓全双工通信是指通信双方可同时进行双向传输消息的工作方式，如图1-1c所示。例如，普通电话就是最简单的一种全双工通信方式。

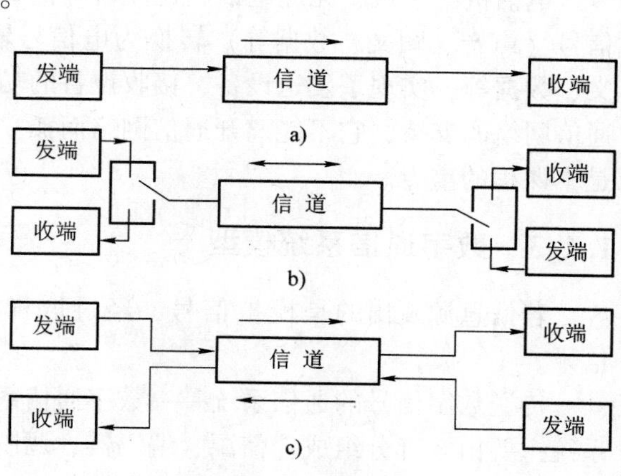

图1-1　通信方式示意图

a）单工通信　b）半双工通信　c）全双工通信

1.1.2 通信系统一般模型

根据电信号传递的媒质不同，通信可分为有线通信和无线通信两大类。所谓有线通信是指电信号通过导线、电缆线、光缆线等有线媒质传递的，例如电话系统、有线电视、光纤通信等均属有线通信。所谓无线通信是指利用空间电磁波作为媒质来传递电信号，例如无线电广播、无线电视、移动通信、卫星通信等。

传递信息所需的一切技术、设备的总和称为通信系统（网络）。实际上，无论何种通信，都是把一地（发送端）的信息传送到另一地（接收端），因而通信系统可以用图 1-2 所示的模型来表示。

图 1-2 通信系统一般模型

简单地讲，构成一个通信系统的主要设备有发送设备、交换设备、接收设备、传输媒介、用户终端设备等。当然，需要有相应的系统软件（协议）作支撑。

交换设备能在任意选定的两条用户线（或信道）之间建立和（而后）释放一条通信链路，并实现整个通信系统的运行、管理。如固定电话系统的程控交换机，数字移动通信系统中的移动交换设备。

发送设备的功能是把信号源发出的信息转换成电信号（如送话器、摄像机等），再进一步把电信号转换成适合于传输线路传输的信号（如调制器、发射机等）。

接收设备的功能是对发送设备发出的信号进行逆转换。因为发送设备把不同形式的信息转换和处理成适应在信道上传输的信号，一般情况下这种信号是不能为信息接收者所直接接收的，所以接收设备的作用是把从信道上接收的信号还原成电信号（如解调器、接收机等），然后把电信号转换成接收者可以接收的信息（如受话器、显示器等）。

传输媒介设备是交换设备之间或交换设备到用户通信终端设备之间的有线线路或无线信道，它的主要任务是提供信号传输的通路，完成电信号的可靠传输。有线线路一般采用导体馈线或光纤电缆。在移动通信中，交换设备到用户终端设备之间依赖无线信道来传输信息。

实际中，通信系统还会受到各种噪声源的影响。

电话机、手机、无绳电话、传真机等都属于用户通信终端设备，它们可以将需要传递的信号（声音、图文、数据等）转换为电信号输出，也可以将收到的电信号转换为声音、图文、数据等，实现了发送设备、接收设备的功能。用户通信终端设备的一切呼叫业务依赖于通信网络的支持，它不能离开通信网络而孤立地存在。掌握通信终端设备的原理与维修技术是本课程的重点。

1.1.3 数字通信系统模型

若信息源发出的是模拟信号，经过取样、量化和编码等数字化处理后，转换为数字信号。

传送数字信号的通信系统——数字通信系统，其组成模型如图 1-3 所示。一个数字通信系统主要由 8 部分组成：信源、编码器、调制器、信道、解调器、译码器、信宿和定时同步系统。

下面简要地对各部分的组成和功能进行介绍。

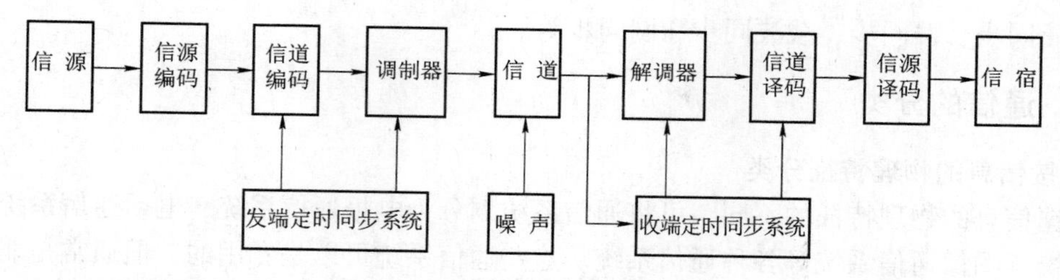

图 1-3 数字通信系统组成模型

1. 信源和信宿

信源和信宿分别为信息的产生和接收者，通常可以是人或机器终端，其产生或接收的信号可以是数字的，也可以是模拟的。

2. 编码器和译码器

（1）信源编码与译码

信源编码器主要起两个作用：一是实现模-数转换，把信息源发出的原始信息（连续信号）转换成适当的数字序列（通常是二进制序列）；二是降低信号的数码率——提高信道容量。如脉冲编码调制器和声码器，信号的数据率压缩都属于信源编码。

信源译码器是信源编码器的逆过程。

（2）信道编码与译码

信道编码包括纠错编码和数字调制。其作用是提高通信的可靠性和传送率。

在传输过程中，信道会遭受到各种噪声干扰，这些噪声均可能导致接收信号的错误。采用纠错编码（又叫信道编码）在发送端按一定的规则加入多余码元，使接收端能发现错码或纠正。同时信道编码可以采用多电平码，提高码元传送率。信道译码的作用和信道编码的相反。

3. 调制器和解调器

一般而言，编码器输出的信号不适宜直接送入信道进行传输，通常要进行某种变换以适应信道的传送，这个任务主要由调制器完成。调制主要有两类：一类仅进行信号频谱变换，然后就直接传送，这种传输称为基带信号传输；另一类除了进行频谱变换外，还要进行频谱搬移，以达到信道复用等目的，提高传输效率。解调是调制的逆过程。

4. 信道和噪声

信道是传输信号的通路，由于构成信道的物理媒介不同，所以信道可以是有线信道（如电缆、光纤等）、无线信道（如短波、微波等）、卫星信道等。

信号在信道中传输，不可避免地要受到噪声的干扰。噪声有多种多样，但主要的噪声可抽象成随机噪声（如热噪声、起伏噪声等）和脉冲噪声（如冲击噪声）。不同的噪声对系统的主要影响是不同的。

5. 定时同步系统

任何一个现实的通信系统要正常工作，都必须有一稳定的定时同步系统。定时系统产生一系列定时信号，使系统有序地工作，同步系统确保收发端机之间具有一定的（相对不变）时间关系。

定时系统应产生一高稳定的主时钟及其相应的时序信号。同步主要包括位（比特）同步、码元同步、群同步、载波同步和网同步等。

1.1.4 通信的分类

1. 按信息的物理特征分类

根据信息的物理特征的不同，可将通信系统划分为电报通信系统、电话通信系统、数据通信系统、图像通信系统等各种通信系统。这些通信系统可以是专用的，但通常是兼容或并存的。由于电话通信最为发达，因而其他通信常常是借助于公共的电话通信系统进行的。例如，电报通信通常是从电话话路中划分一部分频带传送，或者是用一个话路传送多路电报。又如，随着电子计算机发展而迅速增长起来的数据通信，近距离时多用专线传送，而远距离时常常借助电话通信信道传送。未来的综合数字通信网中，各种类型的信息都能在一个统一的通信网中传输、交换和处理。

2. 按调制方式分类

根据是否采用调制，可将通信系统划分为基带传输和调制传输两种方式。基带传输是指将未经调制的信号直接传送，如音频市内电话、数字信号基带传输等。调制传输是对将各种信号转化成所需要的形式后传输的总称。

调制的目的主要有以下 3 个方面：

1）将信息转换为便于传送的形式。如无线传输时，必须将信息载在高频上才能在自由空间发射出去。又如在数字电话中，将连续信号转换为脉冲编码调制信号，以便在数字信道中传输。

2）提高性能，特别是抗干扰能力。

3）有效地利用频带。

调制方式有很多，在后面的内容中将介绍一些典型的调制方式。应当指出，在实际使用时常常采用复合的调制方式，即用不同调制方式进行多级调制。

3. 按传送信号的特征分类

转换前后的信号与信息之间必须建立单一的对应关系，否则在接收端就无法恢复出原来的信息。按信道中所传输的是模拟信号还是数字信号划分，可以相应地把通信系统分为两类，即模拟通信系统和数字通信系统。

4. 按传送信号的复用方式分类

若干路信号在同一信道中传送称为多路复用。传送多路信号有 3 种复用方式，即频分复用、时分复用和码分复用。

频分复用（FDM）是用模拟调制的方法，使各路信号占用不同的频率且沿同一信道进行传输，主要用于模拟通信。

时分复用（TDM）是用脉冲调制的方法，使不同信号占据不同的时间区间且沿同一信道传输，主要用于数字通信。

码分复用（CDM）则是用一组正交的脉冲序列分别携带不同信号。

5. 按传输媒介分类

根据传输媒介的不同，通信系统可分为有线（包括光纤）通信和无线通信两类。在有线通信中，虽然敷设和维护通信电缆或光缆需要投入相应的费用，但具有失真小、噪声小、受干扰影响小的特点，能给对方提供准确的信息，并且有利于通信内容的保密。无线通信是在空间传播的，所以容易受到噪声和干扰，通信质量低，并且容易泄密。它的最大特点是能够在无法敷设通信电缆的飞机、船舶等移动物体之间实现移动通信或卫星通信。

1.1.5 通信的频段

目前有线通信和无线通信在实现多路通信时，基本上都是采取不同频率的载频——频道来实现的。根据不同频率电磁波传播规律的特点，人们把整个频率范围划分为多个通信频段，如表1-1所示。

表1-1 通信的频段

频率范围	频段名称	波段范围	用途
30～300Hz	极低频（ELF）	10^4～10^3km	海底通信、电报
0.3～3kHz	音频（AF）	10^3～10^2km	数据终端、电话
3～30kHz	甚低频（ALF）	10^2～10km	导航、载波电报和电话、频率标准
30～300kHz	低频（LF）	10～1km	导航、电力通信
0.3～3MHz	中频（MF）	10^3～10^2m	广播业务通信、移动通信
3～30MHz	高频（HF）	10^2～10m	广播、军事通信、国际通信
30～300MHz	甚高频（VHF）	10～1m	电视、调频广播、移动通信（模拟）
0.3～3GHz	超高频（UHF）	10^3～10^2mm	电视、雷达、移动通信
3～30GHz	特高频（SHF）	10^2～10mm	卫星通信、微波通信
30～300GHz	极高频（EHF）	10～1mm	射电天文、科学研究

在工程中，需要根据通信技术的不同要求，选用合适的通信频段。通常，民用广播占用MF和HF两个频段，而且均采用调幅（AM）制。调频广播由于调频（FM）制占据带宽较宽，所以使用VHF频段。电视占用VHF和UHF两个频段，VHF有12个频道，UHF有100多个频道。远距离无线通信（包括国际通信）采用HF频段，即所谓的短波通信，但它的通信质量一直是技术难题，目前已改用卫星通信。卫星通信占用SHF频段。对移动通信早先采用调幅制，占用MF频段。随着移动通信技术的发展，现代已改用调频制，占用VHF和UHF频段。现代移动通信已同有线通信联网，因此所要求传播的无线距离不能过远。对海洋通信，由于是利用电磁波在水中传播的有利条件，所以它用的频率最低，占用ELF频段。尽管频率低，但仍然可以远距离传输。

早期的有线直流电报频率很低，也占用ELF频段。目前使用的有线电话直接在电话线上传输音频基带信号，即原始电信号。因此，它必然占用AF音频频段。另外，数据传输业务通常也使用AF音频段来传输300～9600bit/s的数据信号。随着数据通信业务需求量的日益增长，目前已采用频分多路复用和时分脉冲编码多路复用技术，其载波频率范围已从ALF频段扩展到VHF频段，甚至还有占用UHF频段的。电力通信是利用电力高压输电线实现有线通信，目前占用LF频段。

甚低频（ALF）信号的频率稳定度容易做得很高，因此这个频段适宜作导航或频率标准用。军用通信通常采用单边带调制（SSB），因此占用短波段HF频段。现代用于军事方面的通信已采用扩频和跳频技术，因此使用频段也开始扩展到VHF和UHF频段。雷达要求方向性好，因此占用UFH频段。在这个频段内的波长尺寸适用于方向性很强的雷达天线。光通信所占用的频段已超出EHF频段了，表中没有列出。

1.2 无线电发射机与接收机结构

手机、无绳电话等都是通信终端设备，它们既可以将需要传递的信号（声音、图文、数据等）转换为电信号并发射出去，又可以将空间的电磁波接收并转换为声音、图文、数据等，同时兼有无线电发射机与接收机的功能。掌握无线电发射机与接收机的基本结构是非常重要的。

1.2.1 无线电发射机

能将声音、图像、计算机数据等信号变为已调制的电波并发射出去的装置叫作发射机。

1. 无线电发射机的基本组成

如果把声音和图像按原来的频率直接搬迁到电波上进行传输，那么，当有很多个用户同时通信时，在一个频率上就会发生多个信号互相重合，导致接收方接收到的多个信号混在一起，很难找到所要接收的信号，无法进行正常通信。因此，必须要使发射（接收）频率有所不同。

调制是由无线电发射机完成的。发射机主要由载波发生器、调制器、必要的高频功率放大器和发射天线组成，无线电发射机组成框图如图 1-4 所示。

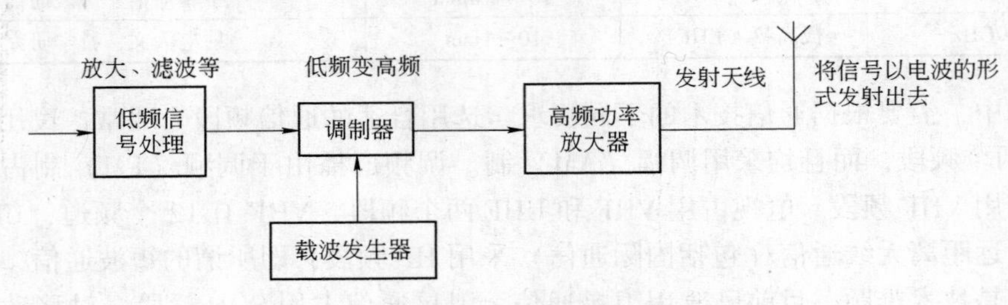

图 1-4　无线电发射机组成框图

以一个无线电台的电波发射为例，把电台播音员的声音（300～3400Hz）通过高频 101.5MHz 的电波发射出去，整个发射过程需要两个过程：

（1）调制

首先将音频信号转换成以 101.5MHz 为中心频带的电压或电流。这个过程叫作调制，通过调制电路来完成。调制电路是发射机的重要组成部分。

（2）无线电波发射

将以 101.5MHz 为中心频带的电压或电流信号转换成大功率无线电波。这个过程需要高频功率放大器、馈线和发射天线等设备来完成。

2. 无线电发射机的主要技术指标

（1）输出功率

输出功率是指发射机的载波输出功率。根据输出功率的大小，发射机可以分为大功率发射机（1kW 以上）、中功率发射机（50W 到几百 W）和小功率发射机（50W 以下）。发射机的功率越大，信号可传播的距离就越远。但盲目地增加输出功率不仅会造成浪费，更主要的会增加对其他通信系统的干扰，不利于频率的有效利用。

（2）频率范围与频率间隔

频率范围是指发射机的工作频率范围。频率间隔是指相邻两工作频点之间的频率差值。通常要求在频率范围内任一工作频率上，发射机的其他各项电指标均能满足要求。

（3）频率准确度与频率稳定度

由于发射机内部高频振荡元器件的标准性与老化等因素，以及不同时刻发射机频率准确度的区别，所以在说明频率准确度时必须说明测试时间。

频率稳定度反映发射机载波频率作随机变化的波动情况。根据对发射机观察时间的长短，频率稳定度可分为长期稳定度，短期稳定度和瞬时频率稳定度。

（4）邻道功率

邻道功率是指发射机在规定调制状态下工作时，其输出落入相邻波道内的功率。它常用邻道功率和发射机载波功率之比来表示，邻道功率的大小主要取决于已调波频带的扩展和发射机的噪声。

（5）寄生辐射

寄生辐射是指发射机有用频率以外的一切寄生频率的辐射。它包括载波频率的各次谐波以及晶振频率的高次谐波。某发射机可能在很宽的频率范围内干扰其他发射机的正常工作，在电台密集的地区，必须严格限制各种发射机的寄生辐射。

（6）调制特性

调制特性包括调制频率特性和调制线性。

调制频率特性即发射机的音频响应，它是指当调制信号的输入电平恒定时，已调波振幅（对于线性调制）、频偏（对于调频）或相位偏移（对调相）与调制信号频率之间的关系。要求在300～3400Hz的频率范围内调制特性平坦，而在3400Hz以上，要求调制频率特性曲线迅速下降，以便使语音中无用的高音分量受到充分的抑制。

调制线性是指在使用规定的调制频率（1000Hz）时，已调波的振幅（调幅波）或相移（调相波）随调制信号电平变化的函数关系的线性度。调制线性好，可以减少所传送信号的非线性失真。

按照信号的调制方式，发射机可分为调幅发射机、调频发射机与调相发射机。

1.2.2 无线电接收机

无线电接收机是用于接收无线电信号的通信设备。接收过程与发射过程相对应。它同样需完成两个转换：即将电磁波转变为高频电信号，再将电信号转换为信息。

由于来自空间的电磁波已经很微弱，且夹杂着大量的干扰和噪声，所以接收信号后，还必须对信号进行放大、选择、消除干扰。无线电接收机中以超外差式接收机的接收性能最好，工作也最稳定，因而在通信、广播和电视接收机中被大量使用。

接收机主要由接收天线、选频放大器和解调器等组成。

1. 直接放大式接收机

直接放大式接收机结构框图如图1-5所示，对天线接收到的高频信号，直接进行放大，然后检波，把音频信号从已调的高频信号中取出，再经低频放大，送到扬声器等其他终端设备上。

此接收机的电路简单，易于安装，但选择性、灵敏度等性能不够理想。只适用于单一频

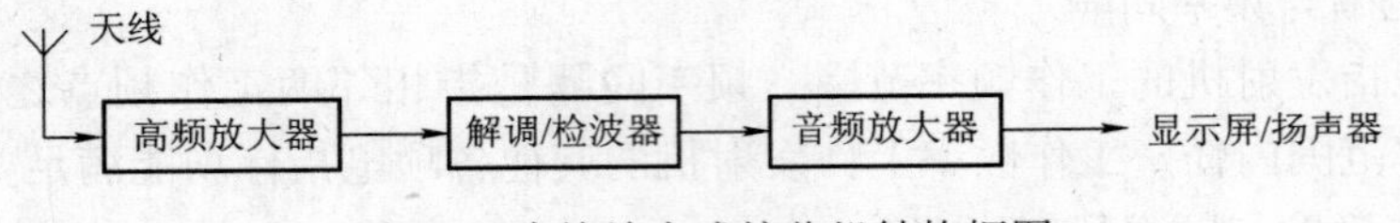

图 1-5　直接放大式接收机结构框图

点的接收机。当接收机从接收某一信号频率转换到接收另一个频率较高的信号时，包括输入回路及所有高频放大器都要调谐到被接收信号的频率上，其放大和选择信号的能力会变差。此外容易产生振荡，工作不稳定。

2. 超外差式接收机

超外差式接收机的结构框图如图 1-6 所示。

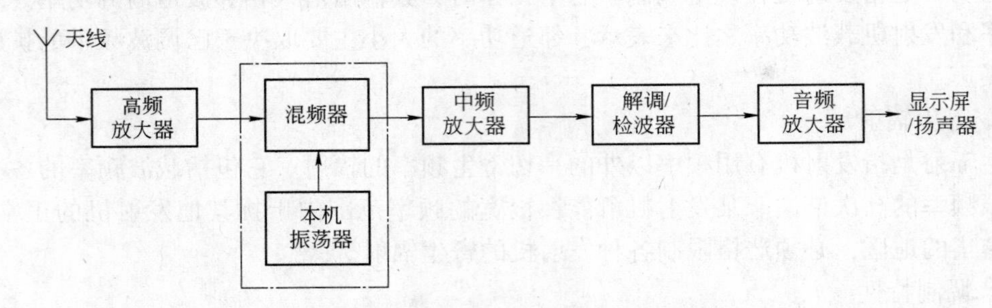

图 1-6　超外差式接收机的结构框图

超外差式接收机在解调前加入了载波频率变换与中频放大，它的增益与选择性较高，在整个频段内增益比较平稳。

其工作原理是，从天线接收到的已调信号，经过输入电路和高频放大器的选择和放大进入变频器，经过变频器使原来的载波信号变为固定频率的中频信号，再经过中频放大器进行放大，由于中频放大器的工作频率固定，而且通常比接收到的信号频率低，这样便于提高放大量，也便于采用复杂调谐电路，提高接收机的选择性。

变频过程：本机振荡器产生一个等幅正弦振荡波，与外来的载波信号在变频器内经过非线性混频，得出一个与外来信号调制规律相同而频率固定不变的较低载频的已调信号，这个载频被称为中间频率，简称为中频。

但是这个中频信号仍是调制信号，必须用解调/检波器把原来的音频调制信号取出来，滤除残余的中频分量后，再由音频放大器放大并传送到扬声器等发声或显示图像。

由于中频是固定的，其谐振电路一次调准后，不需随时调整，所以它的选择性好，增益高、工作稳定。

3. 二次变频超外差式接收机

经过两次变频的超外差式接收机被称为二次变频超外差接收机，其结构框图如图 1-7 所示。

经过两次变频，有两个不同频率的中频，第一个中频频率较高，第二个中频频率较低。二次变频超外差式接收机对镜像干扰与邻道干扰都有较大的抑制能力。但电路较复杂。

4. 新一代数字通信机

近年来，由于数字信号处理（DSP）技术、多成贴片（MCM）技术和专用集成电路

（ASIC）等技术的高速发展，使新一代接收机发展成数字中频式接收机和直接数字变频式接收机。

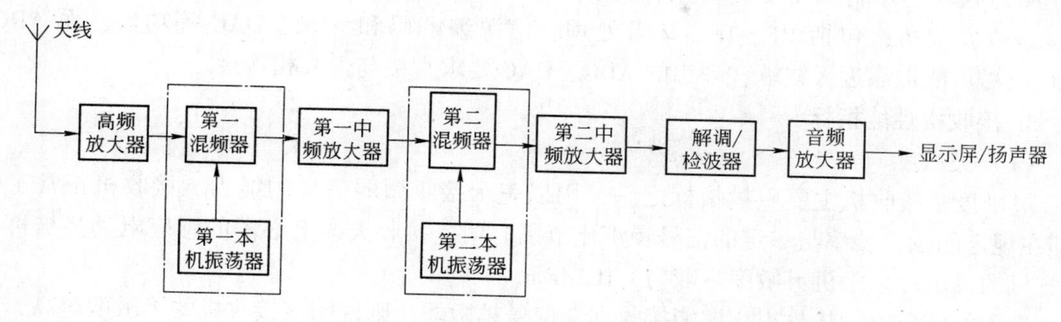

图 1-7 二次变频超外差接收机结构框图

数字中频式接收机其结构仍是超外差型，而仅仅是用模拟变频方法把射频已调信号变换到易于 DSP 处理的中频，然后再用 A-D 转换和 DSP 技术对这一中频已调信号进行提取和解调。而直接数字变频式接收机已经接近软件无线电接收机了，它是利用现有的 A-D 技术和 DSP 技术，采用分阶段实现软件化的通信机结构，如图 1-8 所示。现有的模数转换器（ADC）和数模转换器（DAC）不可能直接从射频（RF）进行采样处理，所以还必须保留超外差型的模拟变频电路。ADC 和 DAC 更接近 RF，直接数字变频式处理的 IF 已调信号在 70MHz 以上，而且采用正交变频直接产生 I/Q 中频信号送入 ADC、DAC 进行数字处理，目前的移动通信系统（包括基站和移动手机）都类似于这种直接数字变频式通信系统结构。

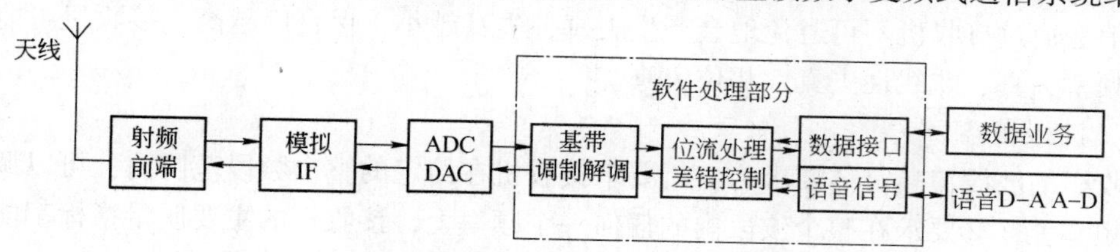

图 1-8 直接数字变频式通信机结构框图

软件无线电通信机是未来的发展方向。软件无线电是指由软件来确定和完成无线电通信机的功能，使得多频段、多模式、多信道、多速率、多协议等的多功能通信成为可能。它的重要特点是射频直接数字化，采用高速 DSP 和现场可编程门阵列（FPGA）取代传统的专用芯片 ASIC，进行从射频到基带部分的软件化数字信号处理。因此，软件无线电通信机是通信与计算机的有机结合，其结构也必然是处理通信信号的计算机系统结构，如图 1-9 所示。

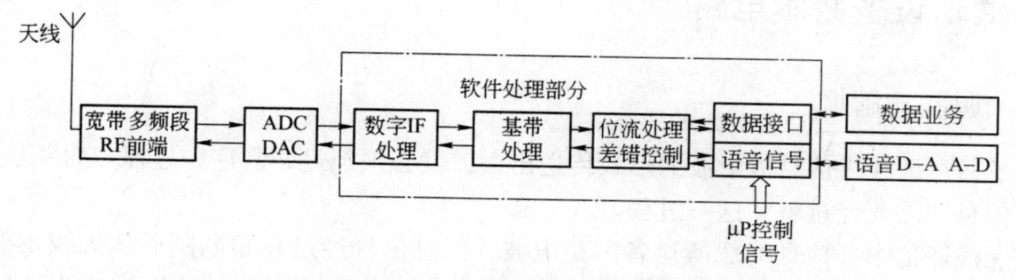

图 1-9 软件无线电通信机的典型系统结构框图

在图 1-9 所示中，μP 控制表示计算机控制。由图中可知，软件无线电系统的结构是由信道处理模块、控制管理模块和软件工具模块等 3 部分组成。其中信道处理模块实际上是一个无线收发信机，包括 RF、IF、基带处理、信源编解码和 ADC、DAC 等功能，而 ADC、DAC 应尽可能地靠近天线端，理想的 ADC、DAC 要求直接与天线相连接。

5. 接收机性能指标

(1) 灵敏度

灵敏度是接收机主要质量指标之一，用以表示接收微弱信号的能力。接收机正常工作(即在规定的输出功率与一定的信号噪声比范围）时，接收天线上必需的感应电动势被称为接收机的灵敏度。手机灵敏度一般为 -102dBm。

必需的感应电动势越小，即能接收到的信号越微弱，则说明该接收机的灵敏度越高，而接收机灵敏度越高，通信距离越远。

(2) 选择性

在空间，同一时间里有许多电波，接收机需能从许多的电波与干扰中，选择出所希望的信号，并排斥其他电波，这种抑制干扰而选择有用信号的能力被称为接收机的选择性。

接收机选择信号的作用是靠解调/检波器以前各级（高频放大、中频放大）的调谐、滤波电路完成。调谐电路的 Q 值、调谐电路的级数及电路同步调谐的程度等，是决定选择性优劣的重要因素。

(3) 失真度

失真度是衡量接收机所输出的信号波形与原来传送的信号波形相比是否失真的指标。实际上，信号通过接收机不可避免地会产生失真，失真越小，保真度越高。接收机可能产生的失真有频率失真、非线性失真、相位失真。

(4) 波段覆盖

接收机的波段覆盖具体要求为：①要求接收机在给定的整个频段范围内，可以调谐在任何一个频率上；②要求在整个波段内的任何一个频率上，接收机的主要质量指标都能达到规定的要求。

(5) 工作稳定性

接收机在正常工作过程中，应能使接收的信号非常稳定地工作。

稳定性主要是指工作频率、灵敏度、通带宽度和选择性的稳定性。在使用过程中，引起不稳定的原因，主要是接收的参数（如增益通频带等）会因电源电压和环境温度的变化而改变，因此应根据不同情况采取适当防止措施。

1.3 通信设备基本电路

1.3.1 调制与解调

为了通过天线将信息以电波的形式传送出去，就必须经过调制这一过程。而要从电波中提取出信息则需要经过解调这一过程。

在无线通信中，信息的“搬运者”是电波，信息信号经过高频调制后从天线发射出去，因为高频信号是信号波的载体（搬运者），所以被称为载波，而信号波则被称为调制信号。

经过调制后的信号称为已调信号。

1. 调制方式分类

调制时必须具备调制信号和载波。可将调制信号分为模拟信号和数字信号。可供使用的载波有正弦波和方波。调制方式可以按照调制信号的形式和载波形式的组合来分类。表 1-2 所示说明了调制方式的分类情况。可依照信息的形式、传送线路的特性和对传送质量的要求来选择调制方式。

表 1-2 调制方式

载波的形式	调制信号的形式	调 制 方 式
高频正弦波	模拟信号	模拟调制
方波	模拟信号	脉冲调制
高频正弦波	数字信号	数字调制

载波具有振幅、频率、相位和宽度等要素。调制就是让载波的某一个要素随调制信号变化，如图 1-10 所示。

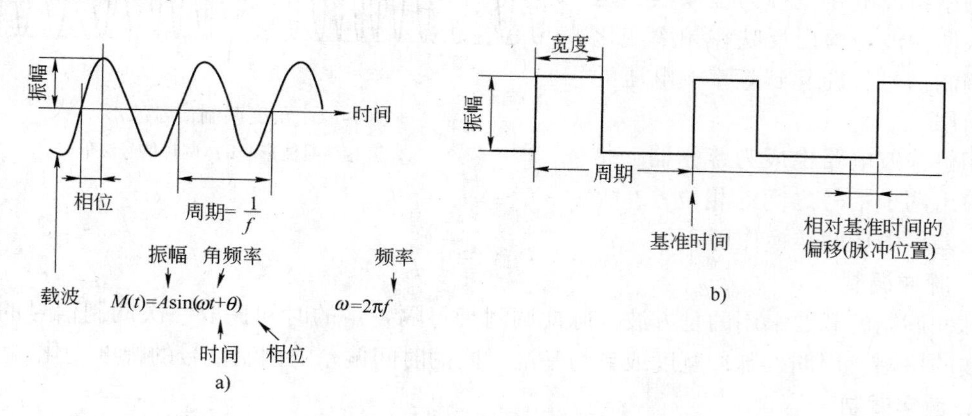

图 1-10 载波的要素

a）正弦波 b）方波

2. 模拟调制与解调

模拟调制的载波是正弦波，正弦波具有振幅、频率以及相位等 3 大要素。

振幅调制（缩写为 AM，调幅）是利用调制信号波形来改变载波振幅的调制方式。

频率调制（缩写为 FM，调频）是利用调制信号波形来改变载波的瞬时频率。

相位调制是利用调制信号波形来改变载波所具有的相位，简称为调相（PM）。

频率和相位是表示正弦波角度的要素，所以，将频率调制和相位调制统称为角度调制。

模拟调制一般采用振幅调制和频率调制。如 AM 无线电广播和电视图像信号传送采用振幅调制。FM 无线电广播和电视声音信号传送采用频率调制。

在接收设备中，为了还原出原信号，要有相应的解调电路，简称为检波（DET）。即从已调波中不失真地检出调制信号，它是调制的逆过程。

显然在已调波中包含有调制信号的信息，但并不包含调制信号本身的分量，因此，对于检波器必须包含有非线性元器件，使之产生新的频率分量，然后由低通滤波器滤除不需要的高频分量，取出所需的低频调制信号。检波器电路组成框图如图 1-11 所示。

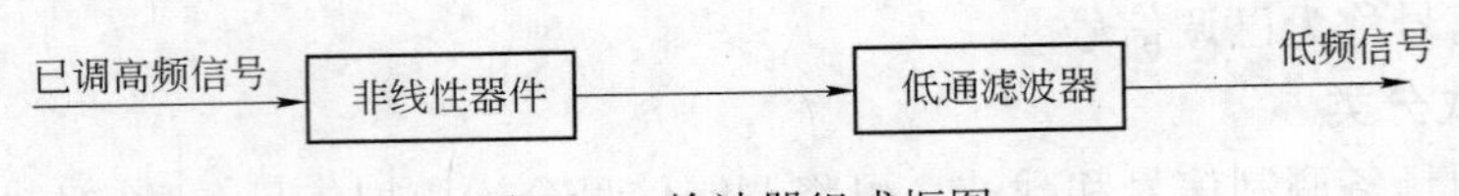

图 1-11　检波器组成框图

非线性元器件通常采用二极管、模拟乘法器等，低通滤波器由电阻、电容组成。

调频、调相统称为角度调制。与振幅调制相比，调频、调相抗噪声能力强，常应用于现代通信中。角度调制信号波形如图 1-12 所示。

调频波和调相波都是等幅的高频振荡，调制信号的变化规律，分别反映在高频振荡的频率和相位的变化上，因此不能直接利用包络检波器解调调频波和调相波，必须采用频率检波器和相位检波器。

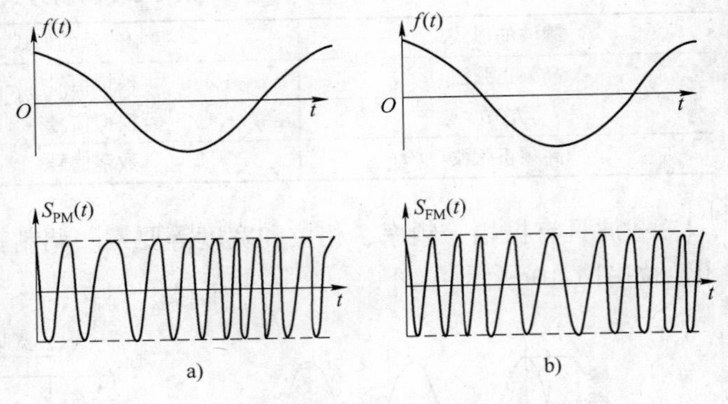

图 1-12　角度调制信号波形
a）调相信号波形　b）调频信号波形

频率检波电路也称为鉴频器，是从输入调频波中检出反映在频率变化上的调制信号，即起到频率—电压的转换作用。

相位检波电路也成为鉴相器，是用来检出两个信号之间的相位差，完成相位差—电压的转换作用。

3. 脉冲调制

脉冲调制的载波采用的是方波。脉冲调制是每隔一定的时间提取一次调制信号的幅度，使方波的振幅、周期、脉冲宽度或者与基准时间的时间偏差随调制信号的幅度变化。

4. 数字调制

数字调制和模拟调制的区别是基带调制信号的取值不同。如果用连续时间和连续幅度的基带信号对载波进行调制，则称之为模拟调制。如果用离散时间和离散幅度的数字基带信号对载波进行调制，则称之为数字调制。

显然，数字调制和模拟调制的区别在于：模拟调制需要对载波振荡的参数连续进行调制，在接收端解调时，需要对载波振荡调制参量连续进行估值，第 2 章所介绍的调制解调都是属于模拟调制。而数字调制可以用载波振荡某些离散状态（例如，载波的有、无，载波频率的离散、跳变，载波相位的离散、跳变等）表征所传送的信息，所以数字调制信号也称之为键控信号；在接收端解调时，只要对载波振荡的调制参量进行离散的检测，就可以判别所传送的信息。图 1-13 所示分别为数字调制中的振幅键控（ASK）、移频键控（FSK）和移相键控（PSK）3 种基本调制的已调信号波形。其中，BS 为基带信号，DPSK（差分移相键控）利用调制信号前后码元之间载波相对相位的变化来传递信息。

数字调制与解调技术是数字移动通信系统中基站与手机空中接口的重要内容。

数字通信具有模拟通信不可比拟的优越性，如通信容量大、通信质量好、可采用加密措施、通信安全性好、通信业务种类多、便于与其他通信网互联和兼容等，网络智能化水平高。

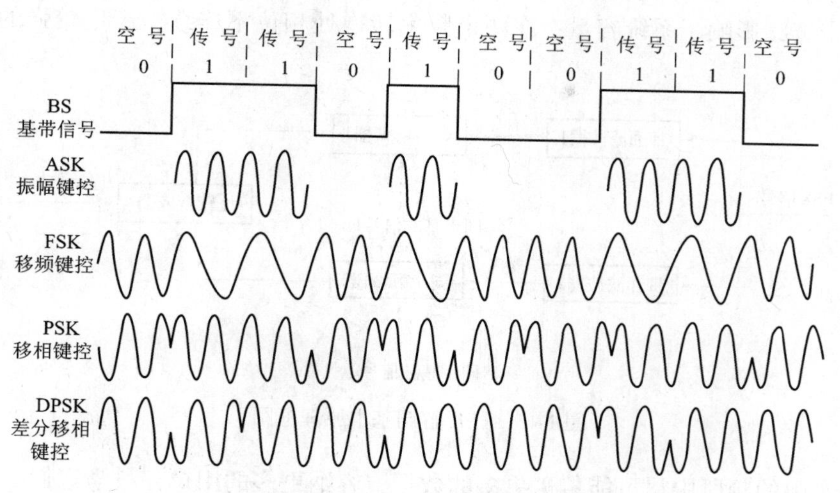

图 1-13　数字调制已调信号波形

目前，针对移动通信系统频道间隔为25kHz的特点，采用窄带数字调制技术。如最小频移键控（MSK）、四相相移键控（QPSK）、π/4 相移键控（π/4-QPSK）等。其中，应用最广的是最小频移键控（MSK）类的调制。GSM 系统（Global System for Mobile Communication，全球移动通信系统），采用的就是高斯最小频移键控（GMSK），它属于 FSK 中的 MSK 的一种。

（1）FSK

先看看 FSK 的基本原理。频移键控 FSK 是数字信号的频率调制，可看成调频的一种特例。产生频移键控信号的基本原理如图 1-14 所示。

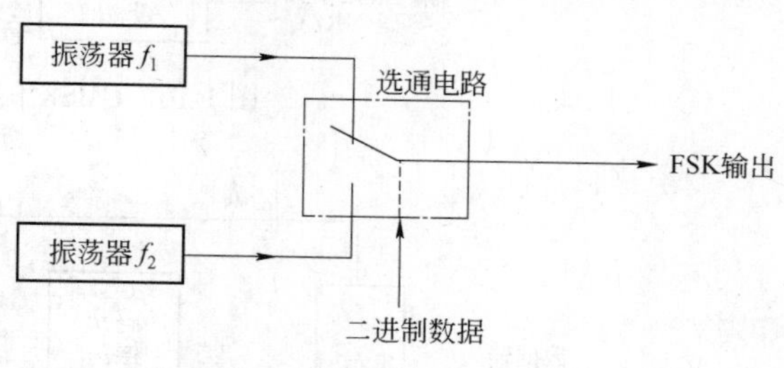

图 1-14　FSK 基本原理框图

二进制数字信号控制选通电路，其内部的开关动作使输出频率变化，设高电平“1”调制频率 f_1，低电平“0”调制频率 f_2，且 $f_1 < f_2$，则输出就可得到 FSK 信号。实际中，f_1、f_2的频率本身并不高，在手机中仍然属基带信号。

完成频移键控后，接收端如何解调出这个二进制码呢？FSK 解调基本原理框图如图 1-15 所示。FSK 信号经 f_1、f_2 两个带通滤波器进行频率分离，分别得到两路以 f_1、f_2 调制的 FSK 信号，然后加到同步解调器 1 和同步解调器 2。在同步解调器基准信号（同步信号）的作用下，即可取出数字信号，两路信号再经过比较合成，就能得到原始数据。在图中的同步信号与 FSK 信号有固定的、非常严格的相位关系。只有在同步信号的参与下，才能解调出 f_1、f_2 所运载的码元。沿用图 1-14 的结论，可以分析出，当码元为 1 时，同步解调器 1 才有输出，当码元为 0 时，同步解调器 2 才有输出。也就是说，“1”由同步解调器 1 输出，“0”由同步解调器 2 输出。两路信号合成后就可得到原始数据。

（2）GMSK

虽然直接 FSK 能够实现数字调制，但对于移动通信系统，FSK 调制方式存在一些问题，如占用的频带宽，影响了系统容量；在两个频率转换处相位不连续，产生较强的谐波分量，干扰大。

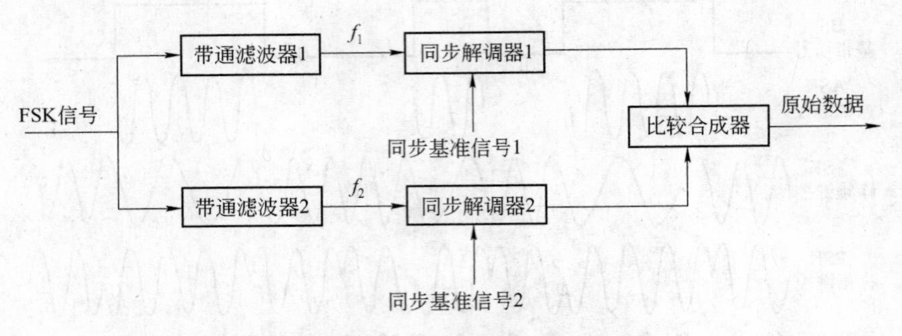

图 1-15　FSK 解调基本原理框图

为了在有限的频段中尽可能传送更多的数据，容纳更多的用户，科学家们一直都在研究窄带数字调制技术。其中应用最多的是 MSK，TFM（平滑调频）和 GMSK。

GMSK 调制可以控制相位的连续性，在每个码元持续期 T_s 内，频移恰好引起 $\pi/2$ 的相位变化。而相位本身的变化是连续的，这样可避免相位的突变引起的干扰。在 MSK 之前加入了高斯滤波器，因其滤波特性与高斯曲线相似，故以此相称。它的作用是对语音数据流进行滤波，以降低相位变化的速率，实际上也是一种相位补偿措施，只是为了消除因相位引起的谐波干扰。

GMSK 信号产生的原理框图如图 1-16 所示，GMSK 调制器电路框图如图 1-17 所示。

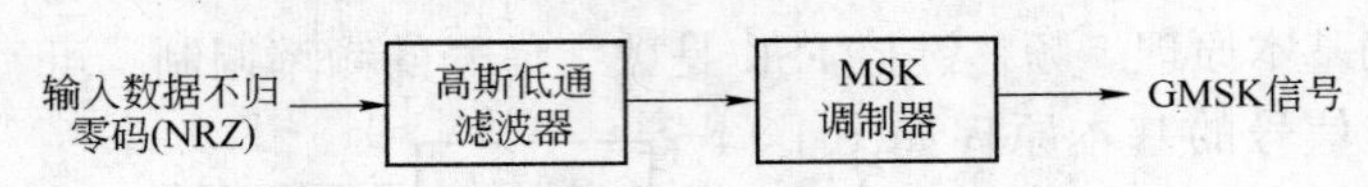

图 1-16　GMSK 信号产生的原理框图

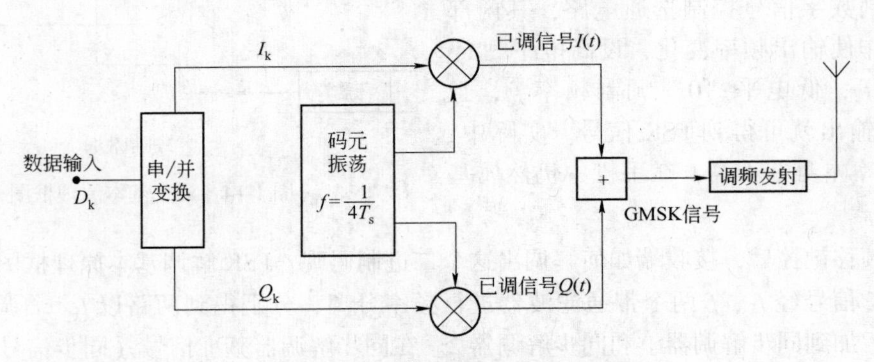

图 1-17　GMSK 调制器电路框图

可以看出，GMSK 信号就是在 FSK 调频前加入高斯低通滤波器（称为预调制滤波器）而产生的。

由图可见，D_k 是经过语音编码的数字信号，电路中的串并变换实际上是奇偶分离，分成相差一个码元宽度的两路信号 I_k 和 Q_k，这可降低传输速率，压缩信号带宽。I_k、Q_k 实际是奇、偶序列数据流。经奇偶分离的数字信号 I_k、Q_k 平衡调制频率为 $f=1/(4T_s)$ 的副载波，T_s 为码元周期，数值为 3.692μs，则副载波频率为 67.7kHz。平衡调制后的信号称为 I 信号

和 Q 信号。平衡调制器实际上就是 MSK 调制，经 MSK 调制后，数字信号 I_k、Q_k 变成已调模拟量 I、Q 信号，统称基带信号。其中 I 信号称同相分量；Q 信号称正交分量。从这个意义上讲，MSK 调制器也是 D-A 转换器。经过 MSK 调制分成 I、Q 两种信号的目的是对数字奇偶序列 I_k、Q_k 加权，而加权的目的是便于接收端根据 I、Q 正交的特点进行奇偶分离，实际上也是一种相位分离方式。加权后的信号 $I(t)$、$Q(t)$ 实质上是正交平衡调幅波，此信号并非射频信号，必须再进入发信机对主载波 f_c 进行调频，得到 $f_c \pm 67.7\text{kHz}$ 的射频信号，才能向外发射。可见 GMSK 射频信号是一个复合的已调波。当然，接收时，空中的无线电信号需经过变频、中频放大电路、解调后才能得到接收的 I、Q 信号，再经过解调才能将 I、Q 信号还原为数字信号。

对 GMSK 信号的解调，与图 1-13 的过程相似，但必须先经过调频解调，再进行 GMSK 解调。GMSK 解调相当于 A-D 转换，解调出数字奇偶序列 I_k、Q_k，再合成一路数字信号送到语音解码器。

1.3.2 振荡电路

振荡器广泛用于电子设备中，它的主要技术指标是频率的准确度、稳定度和振幅的稳定度。

在通信设备中，一般用晶体振荡器来产生基准频率或时钟信号，它由集成电路与晶体组成。晶体振荡器频率稳定度高。在射频部分，如载波振荡、一本振等电路中，一般采用三点式振荡器。

1. 石英晶体

石英晶体的电路符号、外形、等效电路如图 1-18 所示，它采用扁平金属封装，外形和滤波器差不多。在手机中，常将晶体、晶体管等共同组成振荡器，作为一个标准件。

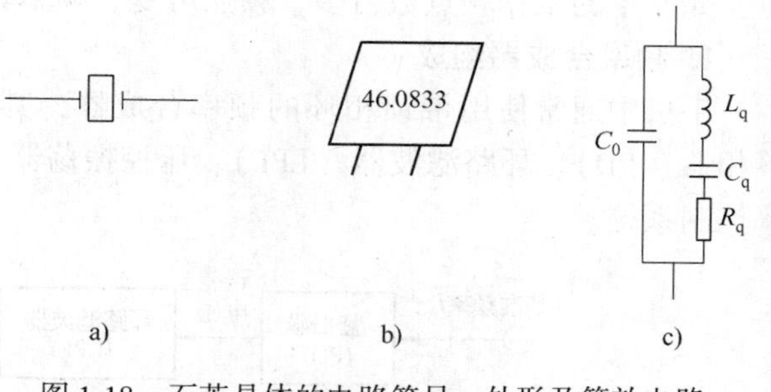

图 1-18 石英晶体的电路符号、外形及等效电路
a）石英晶体电路符号 b）石英晶体外形 c）石英晶体等效电路

2. 压控振荡器（VCO）

VCO 是一个“电压—频率”转换装置，它将电压信号的变化转换成频率的变化。这个转换过程中，电压控制功能的完成是通过一个特殊器件——变容二极管来实现的，控制电压实际上是加在变容二极管两端的。

在压控振荡器中，变容二极管是决定振荡频率网络中的主要器件之一。变容二极管需要反向偏压才能正常工作，反向偏压越大，结电容越小。

VCO 电路是通过改变变容二极管的反偏压来使变容二极管的结电容发生变化，从而改变振荡频率；以实现电压控制频率的，如图 1-19 所示。

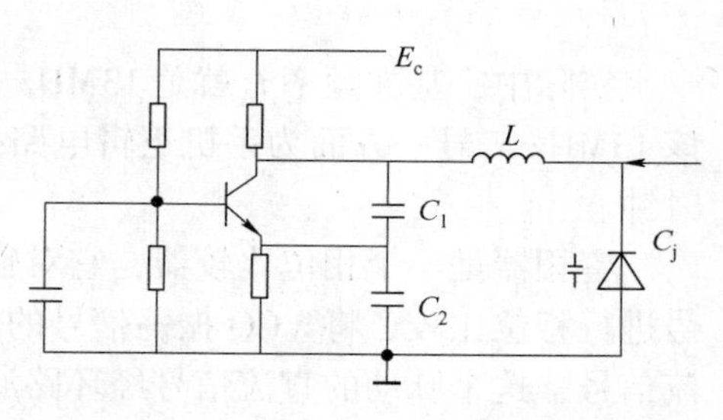

图 1-19 VCO 电路图

在现代通信中，手机的基准时钟一般为 13MHz，常用 13MHz VCO 组件实现。它将 13MHz 的晶体及变

容二极管、晶体管、R、C 等构成的振荡电路封装在一个屏蔽盒内，组件本身就是一个完整的晶体振荡电路，可以直接输出 13MHz 时钟信号。现在的一些新机型（NOKIA3310、8210、8850）使用的基准时钟 VCO 组件是 26MHz，26MHz VCO 产生的信号需要经过 2 分频得到 13MHz 信号来供其他电路使用。基准时钟 VCO 组件一般有 4 个端口，如图 1-20 所示。

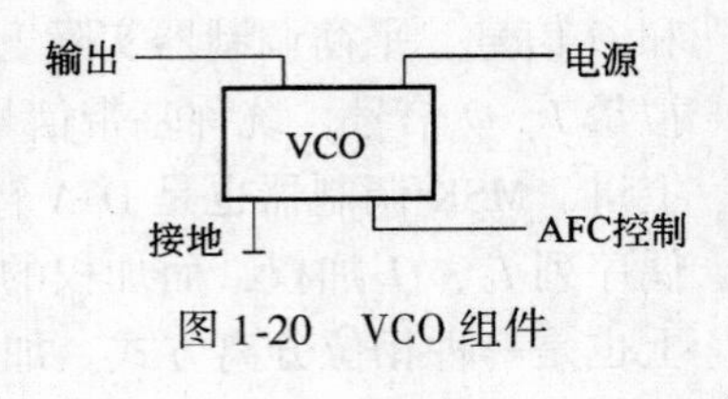

图 1-20　VCO 组件

除了 13MHz VCO 组件外，在射频电路中，还有一本振 VCO、二本振 VCO、发射 VCO 等，它们各采用一个组件，内部包含变容二极管、晶体管、R、C 等，仍有 4 个端口。

1.3.3　频率合成器

在现代移动通信中，常要求系统能够提供足够宽的信道，手机也需要根据系统的控制变换自己的工作频率。这就需提供多个信道的频率信号，但同时使用多个振荡器是不现实的。在实际中，通常使用频率合成器来提供有足够精度、稳定性高的频率。频率合成器是手机中一个非常重要的基本电路。

手机中频率合成器的作用主要是为收信机提供一本振信号和为发信机提供载波信号，有些机型还要用频率合成器产生二本振和副载波。

手机对频率合成器的要求是：第一，能自动搜索信道，结合单片机技术可以实施信道扫描和自动选频，提高了手机在组网技术中的功能；第二，能锁定信道。

在手机中普遍采用了带锁相环（PLL）的频率合成器，锁相环频率合成器具有很多特点，如产生的工作频点数目多、频点可变、频率具有很高的稳定度等。

1. 频率合成器组成

手机中通常使用带锁相环的频率合成器，其基本模型如图 1-21 所示。它由基准频率、鉴相器（PD）、环路滤波器（LPF）、压控振荡器（VCO）、分频器等组成一个闭环的自动频率控制系统。

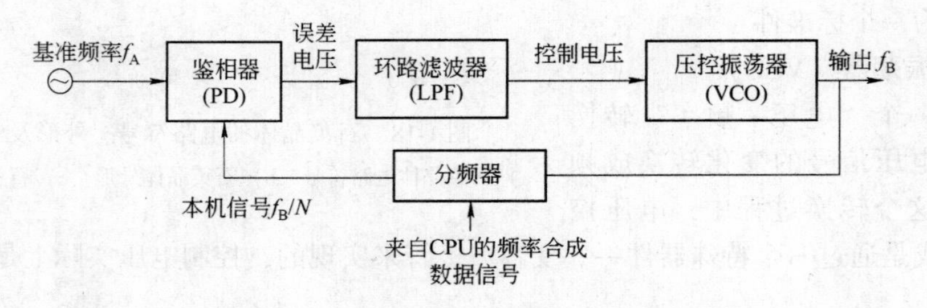

图 1-21　频率合成器的基本模型

实际中，基准频率 f_A 就是 13MHz 基准时钟，由 VCO 组件或分立的晶体振荡电路产生，该 13MHz 信号一方面为手机逻辑电路提供了必要的条件，另一方面为频率合成器提供基准时钟。

鉴相器是一个相位比较器，它对输入的基准时钟信号与压控振荡器（VCO）的振荡信号进行相位比较，将 VCO 振荡信号的相位变化转换为电压的变化，其输出是一个脉动的直流信号，这个脉动的直流信号经环路滤波器滤除高频成分后去控制压控振荡器。

为了进行精确的相位比较，鉴相器是在低频状态工作的。

环路滤波器实为一低通滤波器，在实际电路中，它是一个 *RC* 电路，如图 1-21 所示。通过对 *RC* 进行适当的参数设置，使高频成分被滤除，以防止高频谐波对压控振荡器 VCO 造成干扰。

压控振荡器将鉴相器输出的相差电压信号的变化转换成频率的变化，是频率合成器的核心电路。在这个转换过程中电压控制功能的完成是通过一个特殊器件——变容二极管来实现的，控制电压实际上是加在变容二极管两端的。

在频率合成器中，鉴相器将压控振荡器 VCO 的振荡信号与基准时钟信号与进行比较，为了提高控制精度，鉴相器在低频状态下工作。而 VCO 输出频率是比较高的，因此为了提高整个环路的控制精度，就离不开分频器。

手机电路中频率合成环路多，不同的频率合成器使用的分频器不同。

接收电路的第一本机振荡（RXVCO、UHFVCO、RFVCO）信号是随信道的变化而变化的，该频率合成器中的分频器是一个程控分频器，其分频比受控于来自 CPU 的频率合成数据信号（SYNDAT、SYNCLK、SYNSTR）。中频 VCO 信号是固定的，该频率合成器中的分频比也是固定的。

2. 锁相环基本原理

锁相环 PLL 的工作过程十分复杂，下面从物理概念角度对其进行定性分析。

鉴相器是一种相位比较电路，其输入端加两个信号：一个是基准信号 f_A；另一个本机信号 f_B/N，它是由压控振荡 VCO 输出的频率 f_B 反馈回来，经过可变分频器得到的。

f_A 与 f_B/N 两信号在鉴相器中比较相位，比较结果是：当 $f_A=f_B/N$ 时，鉴相器输出的误差电压 ΔU 近似为零，此电压加到压控振荡器 VCO 的变容二极管上，由于 ΔU 近似为 0，故 VCO 的输出频率 f_B 不变，称为锁定状态。当 $f_A\neq f_B/N$ 时，环路失锁，鉴相器输出的 ΔU 使变容管的结电容变化，用以纠正 VCO 的频率 f_B，直到 $f_A=f_B/N$，达到新的锁定状态，ΔU 再度近似为 0。这个过程是频率的自动锁定过程，因此锁相环又称为自动频率控制 AFC 系统。

在锁定状态，PLL 满足关系式 $f_A=f_B/N$，即

$$f_B=Nf_A$$

若能改变分频比 N，则能改变输出频率 f_B。怎么改变 N 呢？手机中的中央处理器 CPU 能通过移动台的高频电路接到基站的信道分配指令，经译码分析后输出编程数据加到可变分频器，从而改变分频比 N，使输出 f_B 变化，手机就进入了基站指定的信道进行通信。

1.3.4 混频电路

在通信机中，需要对信号进行变频，超外差二次变频接收机进行了二次变频。这项工作是由混频器完成的。

混频就是将两个不同的信号（即本机振荡信号与信息信号）加到非线性元器件上，进行频率组合后取其差频或和频，从而满足电路的需要，这个差频或和频是固定不变的。混频器后一般都接有带通滤波器。

变频器一般有自激式与他激式两种，变频器电路框图如图 1-22 所示。自激式变频器的本机振荡与混频由同一电路完成，在他激式变频器中，混频、本机振荡信号的产生分别由不同的器件构成。

变频器有上变频与下变频两种类型。

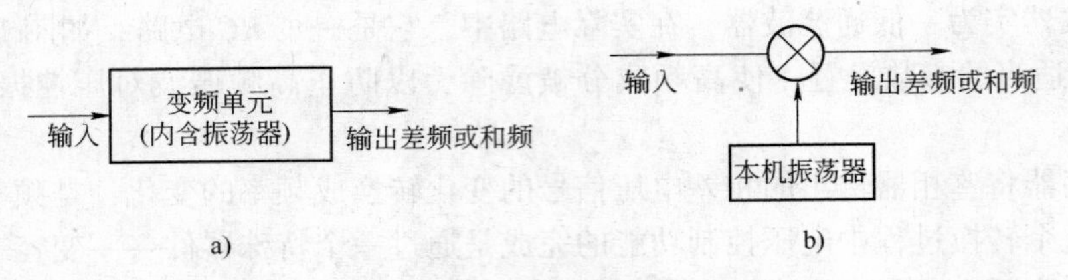

图 1-22　变频器电路框图
a）自激式　b）他激式

1. 上变频

上变频器主要用于发射电路中。

当变频器的输出信号频率为信息信号频率与本振信号频率之和且比信号频率高时，这样的变频器称为上边带上变频；当变频器的输出信号频率为信息信号频率与本振信号频率之差且比信号频率高时，这样的变频器称为下边带上变频。

2. 下变频

当变频器的输出信号频率为信息信号频率与本振信号频率之差且比信号频率低时，这样的变频器称为下变频器。下变频器主要用于接收电路中。

3. 混频器基本电路

常见的几种晶体管混频器电路基本形式如图 1-23 所示，它们之间的区别是电路结构以及本振信号注入方式不同。

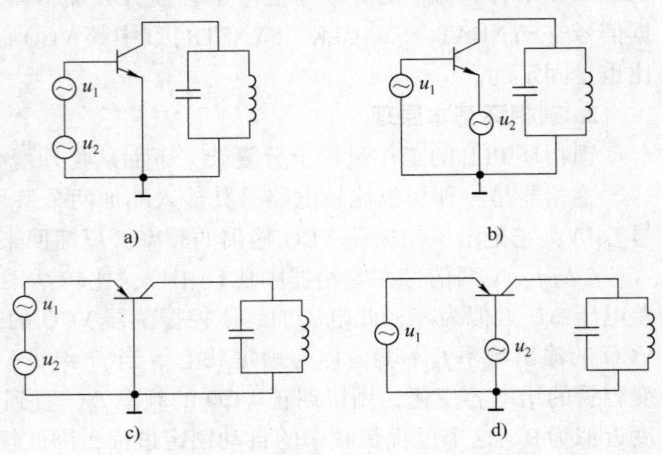

图 1-23　晶体管混频器电路基本形式

1.4　无线通信网的组成

1.4.1　无绳电话系统

无绳电话机是有线电话网新颖的用户终端，它把传统电话机的机身与手柄分成座机与手持机两部分，座机又称为主机或母机，手持机称为副机或子机。

座机仍然用有线接入市话网，这里的无绳是指手持机与座机之间不用导线连接，而是用无线电信道来代替，因此手持机可以在离座机一定范围内随意移动着进行拨号和双向通话，使用起来十分方便。

目前常见的家用无绳电话机由座机与手持机构成一对一的无线通信，其系统示意图如图 1-24 所示。

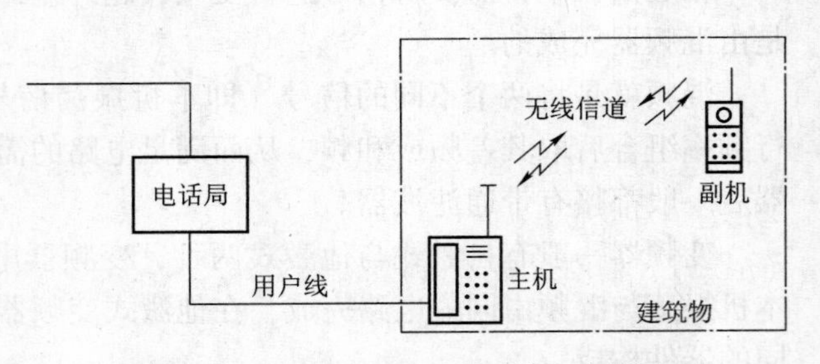

图 1-24　家用无绳电话系统示意图

座机与手持机内部均装有发射电路与接收电路，占用一对频率，形成双向通路。

由外电话线送来的振铃信号及话音信号进入座机的发射电路，在发射电路中将上述信号调制在射频载波上，经放大后由天线发射出去。手持机接收到载波信号，通过接收电路解调出载波上的各种信号，并由受话器变为声波。

反之，手持机送话器产生的话音信号及操作按键盘产生的拨码信号馈送到手持机的发射电路上，在该电路中将上述信号调制在载波上发射出去，被座机的接收电路接收，并还原出调制在载波上的拨码信号及话音信号，通过混合电路送至电话外线上去。

这种无绳电话机实际上只是将电话机的话绳简单代以无线电信道，主机与手持机的发射频率是不同的，根据国家无线电管理委员会的规定，主机的发射频段为48.000～48.350MHz（15个信道）、1.665～1.740MHz（5个信道）及最近新增的两个信道1.700MHz和46.000MHz。手持机的发射频段为74.000～74.350MHz（15个信道）、48.375～48.475MHz（5个信道）及新增的两个信道40.000MHz和74.375MHz。为了防止无绳电话机之间的相互干扰，我国规定主机发射功率应小于50mW，手持机发射功率应小于20mW，控制主机与手持机的通话半径在300m左右，即仅限于一个家庭或办公室范围内使用。

1.4.2 GSM与GPRS（通用无线分组）系统

GSM网络覆盖全球200多个国家和地区，用户数达几十亿人口，在中国拥有其全球最大的GSM网络，覆盖超过98%以上的乡镇。

蜂窝移动通信系统主要是由交换网路子系统（NSS）、无线基站子系统（BSS）和移动台（MS）3大部分组成，如图1-25所示。其中NSS与BSS之间的接口为“A”接口，BSS与MS之间的接口为“Um”接口。在模拟移动通信系统中，TACS（第一代移动通信）规范只对Um接口进行了规定，而未对A接口做任何的限制。因此，各设备生产厂家对A接口都采用各自的接口协议，对Um接口遵循TACS规范。也就是说，NSS系统和BSS系统只能采用一个厂家的设备，而MS可用不同厂家的设备。

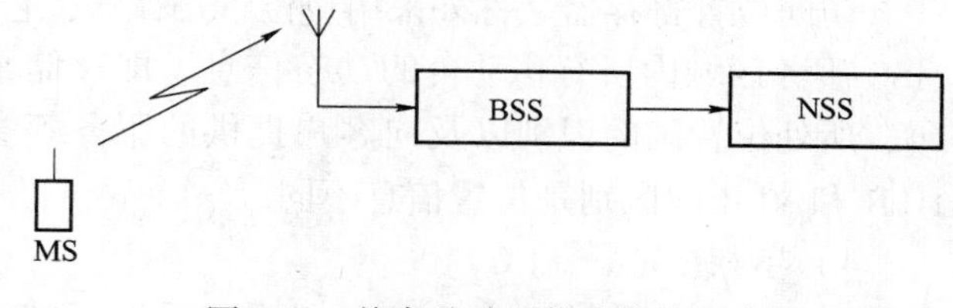

图1-25 蜂窝移动通信系统的组成

1. GSM系统

GSM系统是目前用户最多的移动通信网。一般认为，它由网路交换子系统（NSS）、无线基站子系统（BSS）、移动台MS和操作维护中心（OMS）组成。基站子系统与手机之间依赖无线信道来传输信息。其组成框图如图1-26所示。

（1）网络交换子系统（NSS）

它是整个系统的“心脏”。负责呼叫的建立、路由选择、控制和呼叫终止等。主要由移动交换（中心）局（MSC）、归属位置寄存器（HLR）、访问位置寄存器（VLR）、鉴权中心（AUC）、移动设备识别寄存器（EIR）组成。

1）移动交换（中心）局（MSC）。

移动交换中心除了完成固定网中交换中心所要完成的呼叫控制等功能外，还要完成无线资源的管理、移动性管理等功能。为了建立至移动台的呼叫路由，每个（MSC移动交换中心）还应能完成入口 MSC（GMSC）的功能，即查询位置信息的功能。此外，还负责支持附加业务，如主叫号码识别和限制、被叫号码识别和限制，各种不同的呼叫转移、三方通话、会议呼叫、收费通知、免费电话服务等和综合业务数字网（ISDN）的各种附加业务。还负责搜集计费和账单信息等。MSC 还起到 GSM 网络和公众电信网络（如 PSTN，ISDN，PSPDN）等的接口作用。

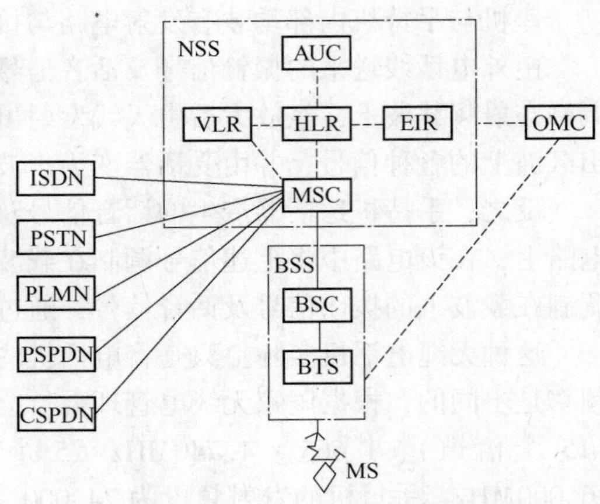

ISDN	综合业务数字网	VLR	访问位置寄存器
PSTN	公众电话交换网	EIR	移动设备识别寄存器
PLMN	公众陆地移动网	MSC	移动交换(中心)局
PSPDN	分组交换公众数据网	BSS	基站子系统
CSPDN	电路交换公众数据网	BSC	基站控制器
NSS	网络交换子系统	BTS	基站收发信机站
AUC	鉴权中心	OMC	操作维护中心
HLR	归属位置寄存器	MS	移动终端

图 1-26 GSM 系统的组成框图

2）归属位置寄存器（HLR）。

归属位置寄存器又称本地用户位置寄存器，它是管理移动用户的主要数据库。每个移动用户都应在某归属位置寄存器注册登记。HLR 主要存储两类信息数据：一类是登记在该 HLR 中有关客户的参数，如客户所注册的有关电信业务、承载业务和附加业务等方面的数据；另一类是客户的位置信息，以便使呼叫信息能及时传送到被呼叫移动电话用户。HLR 随着业务的发展不断增加相应的存储内容。

3）访问位置寄存器（VLR）。

访问位置寄存器又称外来用户位置寄存器，它是一个客户数据库，用于存储当前位于该 MSC 服务区域内所有移动台的动态信息。即存储与呼叫处理有关的一些数据，如客户的号码，所处位置区的识别以及向客户提供的服务等参数。每个 MSC 都有一个它自己的 VLR。HLR 和 VLR 的区别是位置信息不同。

4）鉴权中心（AUC）。

鉴权中心也称认证中心。GSM 系统采取了特别的安全措施，例如客户鉴权、对无线接口上的语音、数据和信号信息进行保密等。因此，鉴权中心存储着鉴权算法和加密密钥，用来防止无权客户接入系统和保证通过无线接口的移动客户通信的安全。

5）移动设备识别寄存器（EIR）。

移动设备识别寄存器也叫设备身份登记器，是存储有关移动台设备参数的数据库。它主要完成对移动设备的识别、监视、闭锁等功能。每个移动台有一个唯一的国际移动设备识别码（IMEI），以防止被偷窃的、有故障的或未经许可的移动设备非法使用本 GSM 系统。移动台的 IMEI 要在 EIR 中登记。

在 EIR 中建立有 3 张清单。

- 白名单：包括所有合法的设备识别序列号码。
- 黑名单：包括所有被禁止使用的设备的识别序列号码。
- 灰名单：由运营者决定，例如包括有故障的及未经型号认证的移动设备识别号码。

MSC/VLR 向移动客户请求 IMEI 并将其发送给 EIR。EIR 查阅 3 个清单，将设备鉴定结果送回 MSC/VLR，以决定是否允许接入。

（2）无线基站子系统

基站是移动电话网和移动台联系的桥梁。一个基站有一定的覆盖区域，一个移动业务交换中心所管辖的各基站所覆盖的总和称为该中心的 MSC 区。MSC 区可以是一个长途拨号区、也可以是若干个长途拨号区。

BSS（基站子系统）是在一定的无线覆盖区中由 MSC 控制且与 MS 进行通信的系统设备，它主要负责完成无线发送/接收和无线资源管理等功能。功能实体可分为基站控制器（BSC）和基站收发信站（BTS）。

- BSC：具有对一个或多个 BTS 进行控制的功能，它主要负责无线网络资源的管理、小区配置数据管理、功率控制、定位和切换等，是个很强的业务控制点。
- BTS：无线接口设备，它完全由 BSC 控制，主要负责无线传输，完成无线与有线的转换、无线分集、无线信道加密、跳频等功能。

（3）移动终端

可以是手机，也可以是固定在汽车、火车、船舶等移动载体上的客户电话终端设备。它由两部分组成，即移动终端（MS）和客户识别卡（SIM）。它可完成语音编码、信道编码、信息加密、信息的调制和解调、信息发射和接收。

SIM 卡就是“身份卡”，它类似于我们通常使用的 IC 卡，即智能卡，存有认证客户身份所需的所有信息，并能执行一些与安全保密有关的重要信息，以防止非法客户进入网路。SIM 卡还存储与网络和客户有关的管理数据，只有插入 SIM 后移动终端才能接入进网。

（4）操作维护中心

GSM 系统还有个操作维护中心（OMC），它主要是对整个 GSM 网络进行管理和监控。通过它实现对 GSM 网内各种部件功能的监视、状态报告、故障诊断等功能。OMC 与 MSC 之间的接口目前已经开放，因为国际电报电话咨询委员会（CCITT）对电信网络管理的 Q3 接口标准化工作已经完成。

2. GPRS 系统

GPRS 是 General Packet Radio Service 的英文简称，中文译为通用无线分组业务，是一种基于 GSM 系统的无线分组交换技术，提供端到端的、广域的无线 IP 连接。相对 GSM 的拨号方式的电路交换数据传送方式，GPRS 是分组交换技术，具有“实时在线”“按量计费”“快捷登录”“高速传输”“自如切换”的优点。通俗地讲，GPRS 是一项高速数据处理的技术，方法是以“分组”的形式传送资料到用户手上，能提供比原 GSM 更高的数据率。GPRS 采用与 GSM 相同的频段、频带宽度、突发结构、无线调制标准、跳频规则以及相同的 TDMA（时分复用）帧结构。

GPRS 系统组成与 GSM 基本相同，只是增加了“分组交换业务通道”。GPRS 系统组成示意图如图 1-27 所示。

3. GSM 和 GPRS 的工作频段

ETSI 指定了 GSM900、1800 和 1900 3 个工作频段用于 GSM，其中 GSM900 频段还有 G1（E-GSM）频段和 P 频段。相应地，GPRS 也工作于这 3 个频段，包括 GSM900 的 G1 频段和 P 频段，当然，GPRS 可以限制每个小区只工作于 P 频段。GSM 和 GPRS 的工作频段如表 1-3 所示。

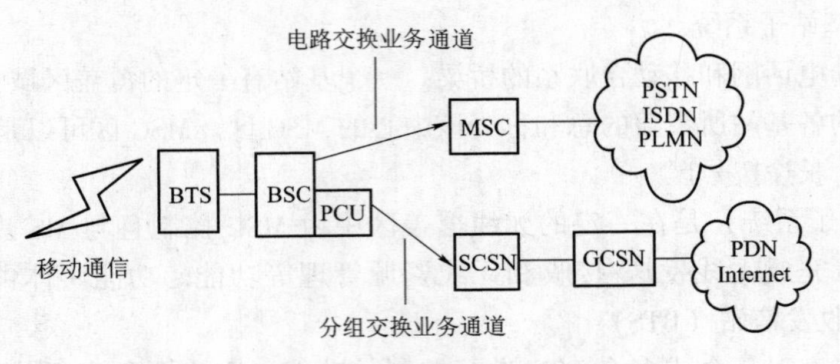

图 1-27　GPRS 系统组成示意图

表 1-3　GSM 和 GPRS 的工作频段

频　段		频率范围
900MHz 频段	G1 频段上行频率（原 E—GSM）	880～890MHz
	P 频段上行频率	890～915MHz
	G1 频段下行频率（原 E—GSM）	925～935MHz
	P 频段下行频率	935～960MHz
	双工间隔	45MHz
	载频间隔	200kHz
1800MHz 频段	上行频率	1710～1785MHz
	下行频率	1805～1880MHz
	双工间隔	95MHz
	载频间隔	200kHz
1900MHz 频段	上行频率	1850～1910MHz
	下行频率	1930～1990MHz
	双工间隔	80MHz
	载频间隔	200kHz

1.4.3　3G、4G 移动通信系统

1. 3G 移动通信系统

（1）3G 移动通信系统概述（IMT-2000）

在第二代移动通信技术基础上进一步演进的以宽带 CDMA 技术为主，并能同时提供语音和数据业务的移动通信系统，是一代有能力彻底解决第一、二代移动通信系统主要弊端的先进的移动通信系统。第三代移动通信系统一个突出特色就是，要在未来移动通信系统中实现个人终端用户能够在全球范围内的任何时间、任何地点，与任何人，用任意方式、高质量地完成任何信息之间的移动通信与传输。

（2）基本特征

1）具有全球范围设计的，与固定网络业务及用户互连，无线接口的类型尽可能少和高度兼容性。

2）具有与固定通信网络相比拟的高语音质量和高安全性。

3）具有在本地采用 2Mbit/s 高速率接入和在广域网采用 384kbit/s 接入速率的数据率分

段使用功能。

4）具有在2GHz左右的高效频谱利用率，且能最大程度利用有限带宽。

5）移动终端可连接地面网和卫星网，可移动使用和固定使用，可与卫星业务共存和互连。

6）能够处理包括国际互联网和视频会议、高数据率通信和非对称数据传输的分组和电路交换业务。

7）支持分层小区结构，也支持包括用户向不同地点通信时浏览国际互联网的多种同步连接。

8）语音只占移动通信业务的一部分，大部分业务是非话数据和视频信息。

9）一个共用的基础设施，可支持同一地方的多个公共的和专用的运营公司。

10）具有根据数据量、服务质量和使用时间为收费参数，而不是以距离为收费参数的新收费机制。

（3）特点

综合了蜂窝、无绳、寻呼、集群、无线扩频、无线接入、移动数据、移动卫星及个人通信等各类移动通信功能，提供了与固定电信网络兼容的高质量业务，支持低速率语音和数据业务，以及不对称数据传输。3个移动通信系统概述为可以实现移动性、交互性和分布式三大业务，是一个通过微微小区，到微小区，到宏小区，直到“随时随地”连接的全球性卫星网络。

2. 3G移动通信系统制式

3G是第三代移动通信技术的简称（3rd-generation），特指能支持高速数据传输的一种蜂窝移动通信技术。它能够同时传送声音（通话）及数据信息（电子邮件、即时通信等），提供高速数据业务，有三种3G制式，分别是TD-SCDMA（中国）、WCDMA（欧洲）和CDMA2000（美国），这三种3G制式分别由中国移动、中国联通和中国电信来运营。TD-SCDMA标准是由中国自主研发的标准，全称为Time Division-Synchronous CDMA（时分同步CDMA），该标准是由中国独自制定的3G标准，1999年6月29日，由原邮电部电信科学技术研究院（大唐电信）向ITU提出。

3. 4G移动通信系统

尽管3G系统所采用的无线技术很强大，但也将面临竞争和标准不兼容等问题。人们呼吁移动通信标准的统一，期望通过4G移动通信标准的制定来解决兼容问题。

4G技术包括TD-LTE（中国）和FDD-LTE（国际）两种制式，其中TD-LTE是由中国自主研发的技术标准。2013年12月4日工业和信息化部正式向三大运营商发布4G牌照，中国移动、中国电信和中国联通均获得TDD-LTE牌照，虽然是不同的运营商，大家所用的4G标准是一样的，只是4G标准所使用的频段不一样，移动通信系统演变图如图1-28所示。

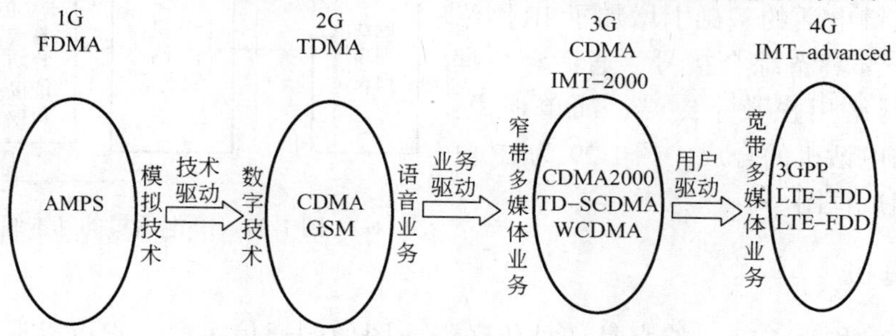

图1-28　移动通信系统演变图

1.5 用户通信终端设备

用户通信终端设备主要包括有线类终端和无线类终端两大类。有线类终端如电话机、三类传真机、个人计算机等；无线类终端如无绳电话、手机、小灵通电话等。通信设备都具有网络特点，在维修中除了要考虑终端设备本身的故障，也要考虑与之相关的网络是否正常。

1.5.1 电话机

电话通信自问世至今已经有100多年的历史。随着通信技术的不断完善和提高，电话机作为电话通信网的终端设备，它的连接方式、外形及功能等都在不断变化。这里，介绍几种日常生活中常见的电话机类型。

1. 无绳电话机

无绳电话机把传统电话机的机身与手柄分成座机与手持机两部分，手持机可以在离座机一定范围内随意移动着进行拨号和双向通话，使用起来十分方便。其工作原理与维修技术将在后面的章节中进行详细介绍。

2. 可视电话

电视电话机可谓是带电视机的电话机，由人们熟悉的“电话”和“电视”两部分组成，打可视电话时，画面的交换非常迅速。通话双方的一举一动都能在电话机荧光屏上及时地得到反映，就像我们平时看电视那样。可视电话的传声原理与普通电话传声的原理是一样的。发送方通过话机将声音变成电信号，接收方通过话机将电信号还原成声音。

3. 网络电话（IP电话）

Internet电话也称IP电话，就是利用Internet网络打电话。现在的Internet电话设备可以将Internet网和PSTN网（电话网）连接起来，使用户不仅能够在两台计算机之间打电话或发传真，而且还可实现计算机与普通电话间的电话或传真通信。

如果是在两台计算机之间打电话或发传真，语音和传真信号就都通过IP网上传输；如果是其他情况，语音和传真信号就通过IP网和PSTN网传输，用户只需支付普通市话的费用，便可以打国内甚至国际长途。由于语音和传真信号在Internet网上传输的费用十分低廉，所有用户（Internet用户和普通电话用户）都能从Internet电话技术的应用中受益。

IP电话机是按键电话机发展的新一代产品，目前推出的IP电话机非常便宜。IP电话机是在普通按键电话的基础上增加了IP网络的功能，是一部具备综合拨号、通话和数据传输功能的网络用户数字终端，简单地说，就是计算机与电话机的合成，图1-29为IP电话机的基本组成框图。

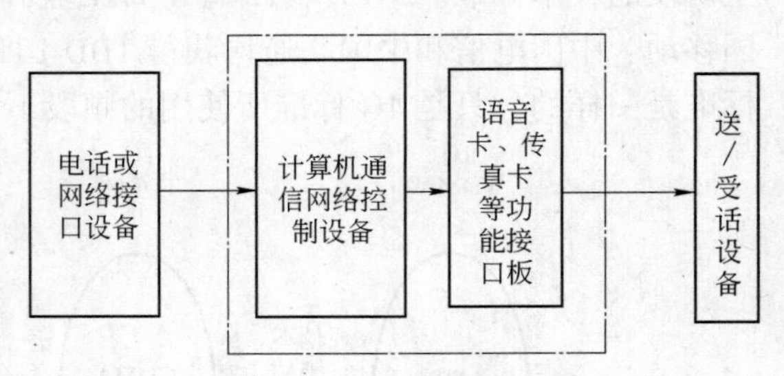

图1-29 IP电话机的基本组成框图

1.5.2 传真机

传真通信常称为FAX，传真是一种传送静止图像的通信手段。它可以通过通信线路，把文件、图表、手迹、照片等纸页式静止图像信号从一端传到另一端，并印在纸上，得到与发送文件完全相同的硬拷贝。因此，也有人把它称为远距离的复印。传真通信是现代图像通信的一个重要组成部分。

传真通信因此成为现代办公通信的重要设备，在国内外得到广泛的运用。

1. 传真机的分类

在办公通信领域，各国广泛采用单话路真迹传真机。当前，CCITT 对这种传真机的分类如下：

1）一类传真机（G1）——不采用任何频带压缩技术，传送一页 A4 幅面纸张需 6min。

2）二类传真机（G2）——采用频带压缩技术，通常使用幅度、相位调制方式，传送一页 A4 幅面纸张需 3min。

3）三类传真机（G3）——采用数字化冗余度压缩编码，传送一页 A4 幅面纸张需 20s。

4）四类传真机（G4）——传送一页 A4 幅面需 195s。

一、二、三类传真机主要用于电话线路，四类传真机用于数据网，目前得到最广泛实际运用的是三类传真机。

2. 传真机工作原理

传真机通信是利用电话通信的信道进行图文传输的，传真机是电话通信网的一种用户终端设备。

传真机通信过程如图 1-30 所示。

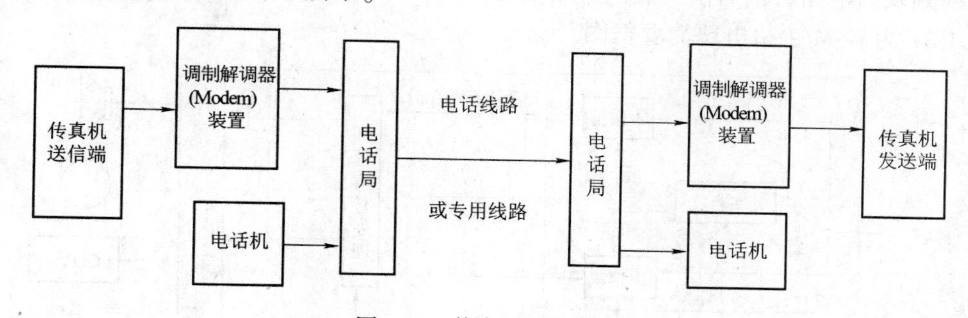

图 1-30　传真机通信过程

（1）传真机的发送原理

传真机通过电话网与收方连接后，原稿经传真机的进纸系统进入传真机的扫描系统，然后将图文分解成微小亮度单元的像素。这些黑白像素依照原稿按照一定规律经过光电转换，将原稿信息的光信号转换为模拟电信号，再经过数字化的处理，把模拟电信号转换为数字信号，通过图像处理而变为图像信号。因为图像信号的数据量很大，不利于进行高速传输，所以在数据发送之前，要用编码方式对其进行数据压缩，经压缩后的数据通过调制处理把信号转化为能够在电话网上进行传输的带通信号后再发送出去。

（2）传真机的接收原理

传真机的接收原理是发送的逆过程。被接收的信号由电话网上传输进来，经网络控制电路，将传真机从待机状态变为接收状态。解调器把调制信号复原为原来的数据序列后再经过解码，将压缩过的数据信号解压还原为未压缩状态，使图像信号依次还原为逐个像素，按照与发送端扫描顺序相同的顺序进行记录，即接收到与原稿相同的原稿副本。

（3）传真机的打印原理

传真机普遍采用热敏打印方式，其基本工作原理是：将传真机接收到的图像信号进行解调、解码处理后，经过热敏打印头的驱动电路，将这些信号一一记录下来，得到与原稿相似的副本。该类传真机关键设备是热敏记录头，由发热电阻、热绝缘装置、驱动集成电路等组成。

1.5.3 手机

为了与小灵通手机相区别，本书中的手机特指 GSM 手机和 CDMA 手机。自数字蜂窝移动通信系统问世以来，ITU（国际电信联盟）一直统一对各制造厂家生产的手机设备及其附件实行全面型号认证制度，对各制造厂商生产的移动终端进行一致性测试，完全合格后，制造厂商才可以申请并获得国际移动设备标识码（IMEI），以确保用户的利益。

下面以 GSM 手机为例，对其组成进行简单介绍。

手机与 SIM 卡共同构成 GSM 移动通信系统的终端设备，也是移动通信系统的重要组成部分。虽然手机品牌、型号众多，但从电路结构上都可简单地分为射频部分、逻辑音频部分、接口部分和电源部分。

手机接收时，来自基站的 GSM 信号由天线接收下来，经射频接收电路、由逻辑/音频电路处理后送到受话器。手机发射时，声音信号由送话器进行声电转换后，经逻辑/音频处理电路、射频发射电路，最后由天线向基站发射。

图 1-31 为 GSM 手机电路简要框图。

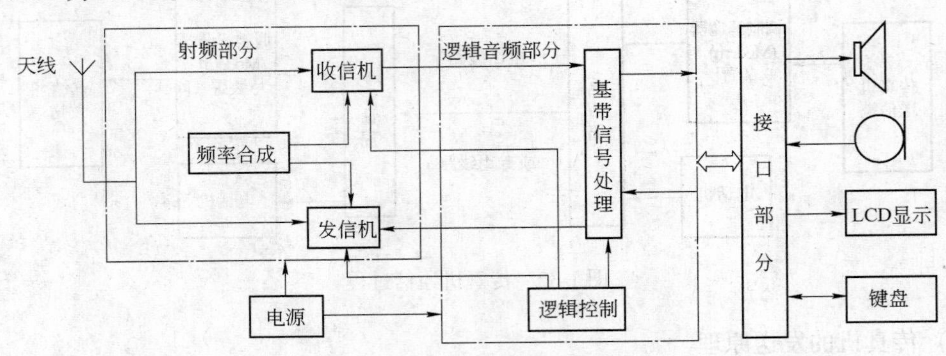

图 1-31 GSM 手机电路简要框图

1）射频部分。射频部分由天线、收信机、发信机、调制解调器和振荡器等高频系统组成。其中发送部分是由射频功率放大器和带通滤波器组成，接收部分由高频滤波、高频放大、变频、中频滤波放大器组成。振荡器完成收信机高频信号的产生，具体由频率合成器控制的压控振荡器实现。

2）逻辑音频部分。发送信号的处理包括语音编码、信道编码、加密、TDMA 帧形成。其中信道编码包括分组编码、差积编码和交织。接收信号的处理包括均衡、信道分离、解密、信道解码和语音解码。逻辑控制部分对手机进行控制和管理，包括定时控制、数字系统控制、天线系统控制以及人机接口控制等。

3）接口部分。接口模块包括模拟语音接口、数字接口及人机接口 3 部分。模拟语音接口包括 A-D、D-A 转换、送话器和耳机。数字接口主要是数字终端适配器。人机接口主要指显示器和键盘。

4）电源。电源部分为射频部分和逻辑部分供电，同时又受到逻辑部分的控制。

手机的硬件电路由专用集成电路组成。专用集成电路包括收信电路、发信电路、锁相环电路、调制解调器、均衡器、信道编解码器、控制器、识别卡和数字接口、语音处理专用集成电路等部分。手机的控制器由微处理器构成，包括中央处理器（CPU），可擦除可编程只读存储器（EPROM）和电可擦除可编程只读存储器（E^2PROM）等部分。

另外，软件也是手机的重要组成部分。手机的整个工作过程由CPU（中央处理器）控制，CPU由其内部的软件程序控制，而软件程序来源于GSM规范。

后面的章节将详细介绍各部分电路的组成和功能。

1.5.4 通信终端设备展望

目前我国移动通信的业务收入已超电信业务收入的70%，我国移动通信已进入4G时代，移动增值业务朝多元化发展，实时移动视频、在线游戏、云计算、远程医疗等应用改变了人们的生活方式。在4G网络下，几乎所有可以在互联网平台上实现的业务都可以在4G网络上运行。

4G手机是基于移动互联网技术的终端设备，4G手机完全是通信业和计算机工业相融合的产物，除了能完成高质量的日常通信外，还能进行多媒体通信。

中国的华为、中兴等公司正在研究第五代移动通信技术，5G无线通信网络能够提供指数级增长的容量和数据量需求。华为主推的Polar码（极化码）被确定为5G短码信令标准。

4G手机的特点如下。

（1）通信速度更快

4G移动通信系统可以达到10~20Mbit/s，甚至最高可以达到100Mbit/s速度传输无线信息，这种速度会相当于2009年最新手机的传输速度的1万倍左右。

（2）网络频谱更宽

每个4G信道会占有100MHz的频谱，相当于W-CDMA 3G网路的20倍。

（3）通信更加灵活

从严格意义上说4G手机更应该算得上是一只小型计算机了，而且4G手机从外观和式样上，会有更惊人的突破，人们可以想象的是，眼镜、手表、化妆盒、旅游鞋以方便和个性为前提，任何一件能看到的物品都有可能成为4G终端。

（4）智能性能更高

4G移动通信的智能性更高，不仅表现于4G通信的终端设备的设计和操作具有智能化，4G手机可以被看作是一台手提电视，用来看体育比赛之类的各种现场直播。

（5）兼容性能更平滑

要使4G通信尽快地被人们接受，除了考虑它的功能强大外，还应该考虑到现有通信的基础，以便让更多的现有通信用户在投资最少的情况下就能很轻易地过渡到4G通信。因此，从这个角度来看，未来的4G移动通信系统应当具备全球漫游、接口开放、能跟多种网络互联、终端多样化以及能从第三代移动通信系统平稳过渡等特点。

（6）提供各种增值服务

4G移动通信系统技术则以正交多任务分频技术最受瞩目，利用这种技术人们可以实现例如无线区域环路、数字音讯广播等方面的无线通信增值服务。

(7) 实现更高质量的多媒体通信

4G通信能满足3G移动通信尚不能达到的在覆盖范围、通信质量、造价上支持的高速数据和高分辨率多媒体服务的需要，4G移动通信不仅仅是为了适应用户数的增加，更重要的是，必须要适应多媒体的传输需求，当然还包括通信品质的要求。总结来说，首先必须可以容纳市场庞大的用户数、改善现有通信品质不良，以及达到高速数据传输的要求。

(8) 频率使用效率更高

相比第三代移动通信技术来说，第四代移动通信技术在开发研制过程中使用和引入许多功能强大的突破性技术，例如运用路由技术为主的网络架构。由于利用了几项新的技术，所以无线频率的使用比第二代和第三代系统有效得多。

(9) 通信费用更加便宜

由于4G通信不仅解决了与3G通信的兼容性问题，让更多的现有通信用户能轻易地升级到4G通信，而且4G通信引入了许多尖端的通信技术，这些技术保证了4G通信能提供一种灵活性非常高的系统操作方式，因此相对其他技术来说，4G通信部署起来就容易迅速得多；同时在建设4G通信网络系统时，通信营运商们会考虑直接在3G通信网络的基础设施之上，采用逐步引入的方法，这样就能够有效地降低运行者和用户的费用。

1.6 实训 认识用户通信终端设备结构

1. 实训目的

认识各种典型用户通信终端设备的基本特点，了解其基本结构。

2. 实训器材

1) 常见无绳电话、传真机、GSM和CDMA手机、小灵通手机若干。具体种类、数量由教师根据实际情况确定。

2) 螺钉旋具、镊子（弯、直）、综合开启工具。

3. 实训内容

1) 先观察各种典型用户通信终端设备的具体型号、标识、外形特点，并做好记录。

2) 指导教师拆开机壳后，借助说明书、电路图等资料，观察其电路基本结构，并做好记录。

3) 比较各种用户通信终端设备的性能指标、工作频率、调制方式等，并记录典型数据值。

4. 注意事项

1) 养成良好的实训习惯，团结、协作、互助。

2) 对实训器材轻拿轻放，避免实训器材丢失或损坏。并特别做好防静电干扰的工作。

3) 维护实训场地的安静、卫生。

5. 实训报告要求

整理、分析实训数据，按指导教师要求完成实训报告。

1.7 习题

1. 画出通信系统一般模型，并说明其基本原理。
2. 画出数字通信系统模型，说明各个部分的作用。
3. 无线电发射机由哪几部分组成？
4. 无线电接收机有哪几种结构？分别画出电路结构图。
5. 模拟调制有哪几种？各有什么特点？
6. 数字调制有哪几种？各有什么特点？分别画出调制信号的波形。
7. 画图并解释 GMSK 调制器电路。
8. 说明压控振荡器（VCO）的特点，并画出其电路的组成形式。
9. 画出频率合成器的基本模型，并说明其工作原理。
10. 说明混频器在通信机中的作用。
11. 画出无绳电话系统的组成框图。
12. 说明 GSM 系统的组成结构。
13. GPRS 系统与 GSM 系统组成结构上有何区别？
14. 试比较 3G 移动通信系统三种标准的特点。
15. 简要说明传真机通信的过程。
16. 画出 GSM 手机的简要组成框图。

第 2 章　无绳电话机原理与维修

【本章要点】

- 电话通信基本原理与基本组成
- 市话网的组成
- 常见电话机类型与功能
- 电话机的技术指标与性能检测
- 电话机的检修方法
- 典型电话整机电路基本组成
- 典型电话整机电路原理分析
- 电话机典型故障检修
- 无绳电话机的功能与技术指标
- 无绳电话机的基本工作原理
- 无绳电话机的信号流程
- 锁相环电路的基本工作原理
- HW868（Ⅱ）P/T SD 型无绳电话主机电路原理
- HW868（Ⅱ）P/T SD 型无绳电话副机电路原理
- 无绳电话机主机射频电路故障检修
- 无绳电话机副机射频电路故障检修

2.1　PSTN 电话系统

公共交换电话网络（Public Switched Telephone Network，PSTN）是一种常用旧式电话系统，即我们日常生活中常用的电话网。

通信是人类社会中人与人之间信息交换的手段，最简便的信息交换方式是语音通信。电话通信的发明与发展实现了语音通信的空间拓展，录音机与留声电话的发明，突破了语音通信的时间限制，使人类交往与联系克服了时空局限。

自 1876 年美国人贝尔发明设计了最原始的电话机以来，经历了一百多年的发展。特别是随着通信技术、电子技术的发展和不断完善，电话机无论是从内部结构还是外形设计，都有了很大改进。目前电话机已成为电话通信网中最基本和最重要的终端设备。

2.1.1　电话通信的基本原理及其分类

电话通信就是利用电信号远距离传递人们讲话的声音。电话通信的实质就是把主叫用户端发出的声音转换成电信号，由用户线传递到被叫用户端，被叫用户端再将电信号还原成语言声音，这就是电话通信的基本原理。电话通信的分类如表 2-1 所示。

表 2-1　电话通信分类

电话通信	人工电话	磁石式			
		共电式			
	自动电话机	机电式	步进制（直接控制）		
			纵横制（间接控制）		
		电子式	按话路接续分	空间分割	采用机械接点（半电子）
					采用电子接点（全电子）
				时间分割	脉幅调制（PAM）
					脉码调制（PCM）
					增量调制（ΔM）
			按控制方式分	布线逻辑控制	
				存储程序控制	

2.1.2　电话通信系统的基本组成

PSTN 电话通信系统是借助声电与电声转换元器件，以及电信号传输设备实现远距离语言通信的一种电信系统，即常说的公用电话交换网。从发话人向送话器发出语音信号，经声电变换后进行传输，最后由受话器接收该信号，由电声变换后使收话人听到原来的语音。由于电话机都具有送话器和受话器，既能送话又能受话，所以它实现的是双向语音通信。电话通信系统不是直接传送语音信号，而是传送语音信息，它包含发话人表达的语义信息和个人特征信息。受话人听到的只是发话人语音信号高保真度的复制品。实际电话通信系统总是采用双线传输，实现语音信息的双向交换。双向电话通信原理示意图如图 2-1 所示。

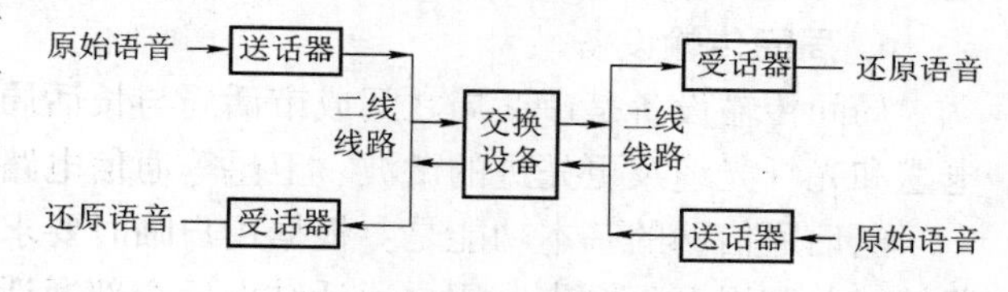

图 2-1　电话通信原理示意图

由于各种原因，主要考虑到电话线路传输设备的经济性，所以实际的电话通信系统总是采用一对导线的二线传输制来实现语音信号的双向传输，如图 2-2 所示。

遗憾的是，这种双向通话方式存在侧音效应问题，即是说双方通话时本方发出的语音不仅通过送话器转换成电信号经由电话线路送往对方的受话器，还要通过本方的电话机送入本方的受话器，使发话人通过电路传声听到自己的声音，即侧音。侧音太大会使人耳疲劳影响收听对方的声音，因此现代电话设计必须采取改进措施消除侧音，改进后的双向电话通信原理示意图如图 2-2 所示。混合电路的作用是进行 2/4 线制转换，把送话器来的电信号送往电话线路，把电话线路来的电信号送往受话器。由于混合电路上接有消侧音电路，从而可以有效地抑制侧音效应。

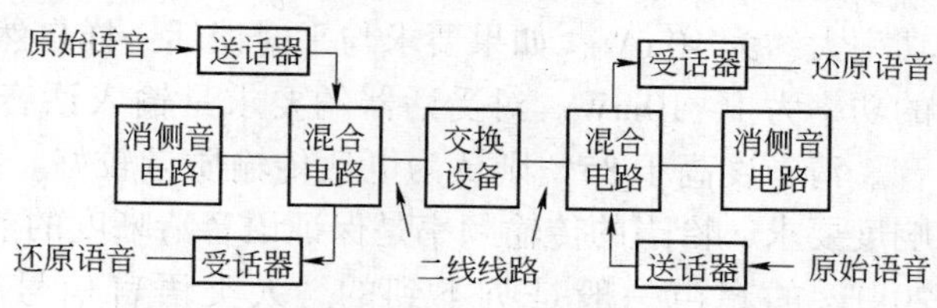

图 2-2　改进后的双向电话通信原理示意图

由上述的原理分析可知：作为电话通信终端设备的电话机其基本功能是完成转换功能，

即在发话时完成声电转换功能，而在受话时完成电声转换功能。

任何两部电话机和一对电话线就可以实现通话。如果有多个用户之间相互通话，用这种直接通话方式，线路就太复杂了。因此，在用户分布地区中心地带设立一个电话局，装设一部电话交换机就显得十分必要。每个用户的一对电话线都接到交换机上，由交换机把需要通话的用户临时接通，这样每部电话机就可以实现与局内任何用户的电话通信。这种能为任何一对电话用户提供通话的网络称为电话通信网。

电话通信网的基本结构可分为以下 4 部分。

1. 终端设备

在电话通信中，终端设备指的是电话机，电话机内的送话器将声音转换成电信号，受话器将交换机传输来的电信号还原为声音，而送、受话电路把送话器输出的电信号送往线路上并把线路上输送来的电信号送往受话器，另外，电话机还具有拨码、振铃以及监听功能。

2. 用户线路

用户线路指用户电话机引入线、配线电缆和电话局的总配架线等，是用户到电话局间的设备。连接交换机和电话机之间的线路称为用户线。用户线是一种具有分布参数的传播网络，一般采用集中参数的四端网络代表一定长度、直径、线距和材料，称之为仿真用户线。

3. 交换机

交换机指接续主叫用户与被叫用户临时通话的设备。交换设备是根据主叫话机拨出的号码选择被叫用户电话机，一般常用的交换设备有步进制、纵横制式交换机和程控数字交换机。

4. 局间传输设备

局间传输设备是市话局之间或市话局与长话局之间的局间中继线，包括架空明线、同轴电缆和光纤光缆及更先进的微波、卫星等通信电路。

电话通信网的基本功能是：根据用户临时要求提供一条电话通路，用户通话期间保持电路接续并监视是否结束，用户通话结束后全部通话设备释放复原。

2.1.3 电话通信的基本要求

电话通信应满足一定的音响度和清晰度，以获得满意的通话效果。日常谈话的语音信号功率大约为 10mW，如果要求与平时谈话一样自然的电话通信，就要求送话器接受语言信号的功率为 1 ~ 10mW。对受话器的要求是输入话音电流信号的功率超过 1mW 时便能听到声音。清晰度高于 85% 则认为电话传输质量较好。要控制电话通信系统的传输衰减，保证音响度要求，恰当的传输频率是保证语音清晰度的前提条件。音频范围是 20Hz ~ 20kHz，超过 20kHz 的超声一般是听不到的。人类语言信号频率范围与发音器官有关，一般是 80 ~ 8000Hz，话频在音频范围之内。全部话频频带较宽，传送起来所需通信设备昂贵。而恰当地选择传输频带，既经济又实用，保真度降低也不失两全其美。500 ~ 8000Hz 频段成分影响清晰度，其中 1000 ~ 2000Hz 频段是保证一定清晰度而必须传输的部分，其语音信号低频段影响话音响度。传送频带必须兼顾语音的响度、清晰度和保真度，所以在一般电话通信系统中以 300 ~ 3400Hz 为电话传输通频带。

2.1.4 市话网的组成

在一定范围内，利用一对线路就可以使两部电话单机进行电话通信。但要使一定区域内的电话用户互相通信并尽可能地减少用户之间的线路，就必须安装一部或几部电话交换机。在这个区域中的所有电话单机都与电话交换机连接，从而组成电话通信网，每一部电话单机称为交换机的一个用户。用户间的通信经交换机逐步向多品种、多功能、高可靠性的方向发展。

机关、企事业内部安装的电话交换机一般为电话总机。总机主要负责本团体内电话用户间的电话通信。而沟通城市内各电话用户或城市内某一地区的电话用户通信则由城市电话局内的电话交换机承担。由电话机和交换机组成的电话通信网又称为市话网，市话网的组成示意图如图 2-3 所示。图中，电话局到用户的线路称为用户线，电话机之间的线路称为中继线。

图 2-3　市话网的组成示意图

●为电话用户　⊙为市长途电话局　□为电话总机　○为市内电话局

二二二为长途电话中继线　－－－为市话中继线

通常，一条市话线中继线路要占用一对市话电缆。为了提高线路的利用率，增强线路的通信能力，可采用线路的二次复用设备。常用的复用设备有模拟电路为主组成的频分制多路通信系统和以数字电路为主组成的时分制多路通信系统。近年来，利用光缆进行电话和信息传输的光纤通信方式也越来越多地被人们采用。

长途中继线用于沟通城市之间的长途电话通信。目前，长话通信大量使用的是载波、微波和卫星通信系统。其中，卫星通信还可方便地进行全世界的远距离电话通信。这些现代化的通信设备极大地增加了长途中继线的数量，提高了传输质量，从而保证了长途电话的快速沟通。

市内电话网和长途电话网组成了国家电话通信网，在这个网中除了能进行电话通信之外，还可以进行电报、传真、图像传输以及数据等通信。

2.2　常见电话机类型与功能

电话机的发展很快，电话机的种类繁多，按接续方式可分为人工电话机和自动电话机两大类。人工电话机包括磁石式电话机和共电式电话机，自动电话机按发号制式可分为直流脉冲电话机和双音频电话机以及脉冲音频兼容电话机。按电话机的适用场合可分为墙式、桌式、桌墙两用式和袖珍式电话机。按电话机的功能又可分为普通电话机以及免提、扬声、录音、无绳、投币、磁卡、音乐保持、电子锁和书写、可视电话机等多种特种电话机。

1. 磁石式与共电式电话机

磁石式与共电式电话机属于第一代产品。通话部分由送话器、受话器、电感线圈、电池等构成。信号发送功能由手摇发电机完成，信号接收功能由交流铃实现。共电式电话机与磁石式电话机的区别在于共电式电话机没有内电池和手摇发电机，通话用的电源由交换机集中统一供给。

2. 拨号盘式电话机

拨号盘式电话机属于第二代产品。通话部分包括送话器、受话器和电感线圈，信号接收功能仍由交流铃完成，而信号发送部分则由机械式旋转拨号盘来实现。由于拨号盘式电话机拨号费时、卡盘回转不准易错号以及脉冲接点易损坏等原因，所以需要经常维护、维修及调整等工作。

3. 按键式电话机

按键式电话机属于电话机的第三代产品。其通话、信号发送、信号接收 3 部分均由高性能的电子器件组成。采用频响特性好、寿命长的声电、电声转换元器件作为送话器和受话器；由专用集成电路构成的送话、受话放大器来完成通话功能；由按键号盘、发号集成电路组成信号的发送部分，由振铃集成电路和压电陶瓷振铃器组成信号的接收部分。按键式电话机除了发号参数稳定、发号操作简单、通话失真小、振铃声音悦耳等优点外，还有号码重发、缩位拨号、三方通话、首位锁号、受话增音等附加功能。

按键式电话机有不同的发号制式。直流脉冲按键电话机直接发出直流脉冲信号，双音频按键电话机则发出双频制的音频编码信号，脉冲音频兼容按键电话机兼备直流脉冲与双频制音频编码拨号功能。双音频按键电话机以发号速度快、抗干扰能力强而著称，它是通过发送双音多频信号控制交换机来选择被叫用户的。每按一个号码键，话机就发送两个相应的音频信号，故称为双音频按键式电话机。其优点是发送信号快、准确、不易错号，使用简便，特别是与程控电话交换机配合使用，具有多种业务功能。目前脉冲双音频兼容按键电话机（即 P/T 型）是电话机最理想的选择。将转换键置于“P”位置为脉冲信号，置于“T”位置为双音频信号。

4. 免提式电话机

免提电话机是普通按键式电话机的改进型。在发号时，只需按下免提开关即可完成全部发号过程。全免提电话机无论发话还是收话均无需拿起手柄，因为在电话机的送话和受话电路中分别加有送话和受话放大器。新式免提电话机采用半双工工作方式，即电话机处于受话状态时，受话放大器的增益高而送话放大器增益低，当电话机处于送话状态时，送话放大器的增益高而受话放大器的增益低，用这种方法解决受话音量和送话振鸣之间的矛盾。免提电话一般均带有手柄，也可利用手柄进行通话。

5. 磁卡式电话机

磁卡式电话机是一种用磁性卡片控制电路接续的公用电话终端设备，是自动收费公用电话机的换代产品。用户通话时必须首先将磁卡插入电话机的磁卡入口，经电话机判别真伪和是否有效后才能开启电话功能。磁卡式电话机一般均有显示板，用于显示操作提示，如磁卡金额、拨叫号码、通话时间、通话费率和通话计费情况等。通话完毕挂机后，载有剩余金额信息的磁卡自动退出，以备下次通话时使用。

目前广泛使用集成电路（Integrated Circuit，IC）卡电话，这是利用微电子技术制成的集成电路卡，IC 卡电话也是一种以卡代币的自动收费电话机。IC 卡电话的使用方法与磁卡电话相同，但两种卡不能通用。

6. 无绳电话机

无绳电话机又称子母机，是一种新型的无线通信终端设备。它有一部主机和一部或多部无绳副机组成。主机和电话交换机之间采用有线通信方式相连，副机与主机之间采用无线通信方式相通。由于子机与主机之间没有一般电话机的四线绳，所以子机可以拿到远离主机的地方进行使用。无绳电话机除具有无绳子机外，主机本身还具有普通电话机的功能。主机和子机之间也可以进行内部通信联络。图 2-4 是无绳电话机组成示意图。

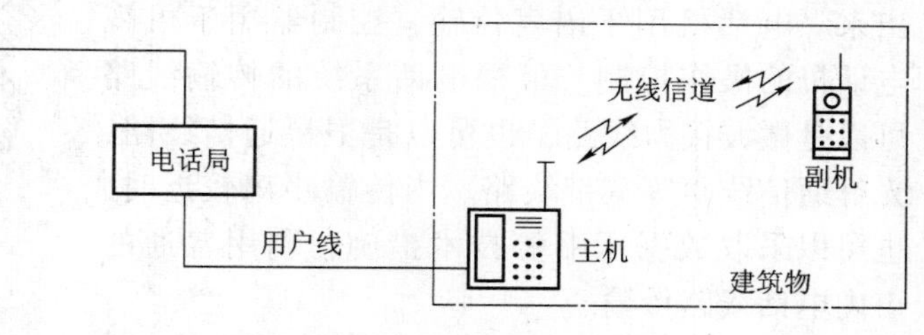

图 2-4　无绳电话机组成示意图

7. IP 电话

IP（Internet Protocol Phone）电话即互联网协议电话。与普通电话相比，IP 电话只是信号的传输路径和方式不同。一般电话信号是通过电话网传输，而 IP 电话是通话双方均为普通用户，但其语音信号经过网关（Gateway）通过互联网以数据包形式进行传输，IP 电话通信原理示意图如图 2-5 所示。经过计算机网络的传输，虽然话质不如电话网传输的话质，但由于人耳的局限性，两种传输网的语言效果是分辨不出来的，却使得通话费用大大降低。使用 IP 卡打电话时，不用将卡插入电话机，而是首先键入卡号，按听到提示音拨账号，再听到提示音后拨密码，最后根据提示音将对方的电话号码拨出即可。

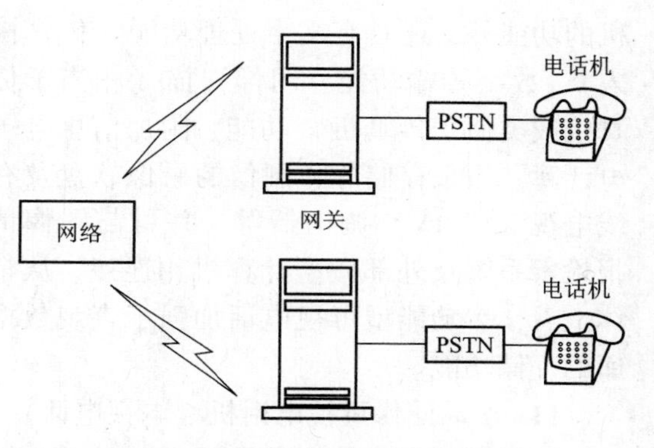

图 2-5　IP 电话通信原理示意图

8. 数码录音电话机

录音电话机目前可分为 3 种类型，即“留言”电话机、电话录音机和自动应答录音电话机。

早期“留言”电话机采用盒式录音带，目前已推出采用集成电路存储话音的产品。其原理是：当录音时把话音信号转换成数字信息存储在随机存储器中。当放音时将数字信息读出，经数-模转换和放大后将声音信号送往外线。放音时间长短与抽样速率及存储容量有关，一般可达 8s 以上。电话录音机是电话机和磁带录音机的组合，使用时由人工操作录下双方讲话内容，当需要重放时按下放音键。“录音内容”可由磁带保存下来作为“档案”备查。自动应答录音电话机是自动应答和自动录音相结合的电话机。录音结束方式有两种：一种是定时（如 1min）结束；另一种是自动识别对方停止讲话数秒后停录并自动挂机。

9. 可视电话机

可视电话机又称为电视电话机，它是一种能实现远距离面对面谈话的电信设备。用户通过可视电话机通话时，不仅可以听到对方的声音，而且可以看到对方的相貌，还可以读取对方展示的文字图形资料，给人以声形并茂的感受。可视电话机的基本结构如图 2-6 所示。它由电话机、显示器、摄像机、控制器4部分组成。摄像机用来摄取打电话者的相貌，将图像信号通过电话线路送出，在对方显示器中显示出来。电话机用于语言传输，控制器用于可视电话机的操作控制。可视电话系统的传输线路可以是微波接力线路，也可以是卫星通信线路、光纤通信线路等宽带线路。当传输距离较近时，也可以采取数据压缩等技术措施，利用普通的市内电话线路传输。

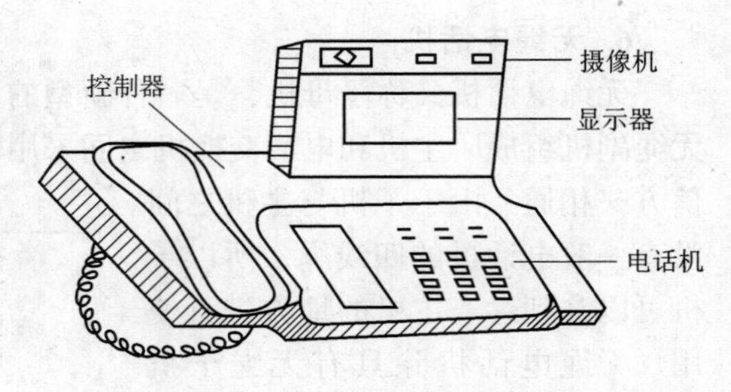

图2-6 可视电话机的基本结构

10. 多功能型可视电话机

多功能型可视电话机采用14in阴极射线管显示器（CRT），其结构框图如图2-7所示。多功能型可视电话机除了具备普通可视电话机的功能外，还具有文字处理功能（传真输入）、数字传输功能、图像扫描（相当于传真机或类似于传真机）功能、附加信息电子电话簿、用来存储静止图像的录像软盘及有线电视（CATV）调谐器等，并可与图像情报检索系统及外部微型计算机相连接。从整体上看，多功能型可视电话加强了直观数据库的存储功能。

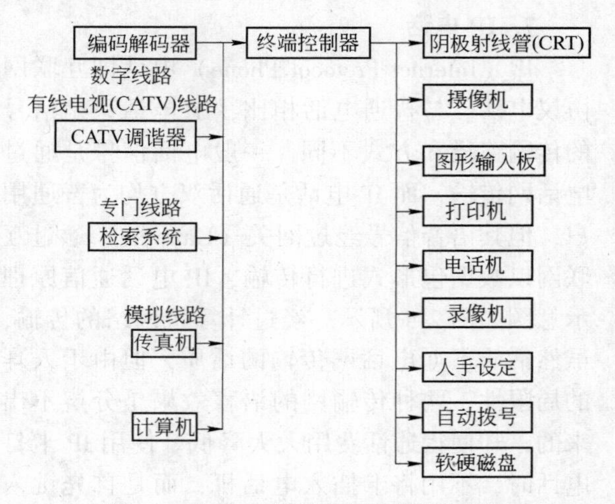

图2-7 多功能型可视电话机结构框图

11. 活动图像可视电话机（电视电话）

普及可视电话信号传输的基础是建立综合业务数字网（ISDN）。将彩色活动图像信号压缩到64kbit/s（bit/s表示信息速度，即每秒钟所传输的信息量）速率的图像编码技术已实用化，这给可视电话通信的发展带来了很大的希望。

能够在一条用户线上同时传输语音和简单的动态（或准动态）图像的设备称为电视电话。该设备图像帧频一般约为1～15帧/s左右，采用低分辨率，传输速率为14.4kbit/s、19.2kbit/s、64kbit/s、128kbit/s等。当在模拟电话线上传送图像信息时，可将信息经14.4 kbit/s或19.2 kbit/s等的调制解调器调制后进行收/发。若要在综合业务数字网上传输，则可分为3种速率。

1）速率1：有一个B信道（64kbit/s），它包括语音信号（16kbit/s）和视频信号(48kbit/s)。

2）速率2：有两个B信道。（一个B信道用于视频信号，另一个B信道用于音频信号）。

3）速率3：有2B+D信道。视频信号占据一个以上的B信道（例如：视频信号为112 kbit/s，语音信号为16 kbit/s）。

12. 可视电话系统

图2-8所示是可视电话系统示意图。将可视电话机连接在传输声音和图像信号的通信网

上，就可以进行可视电话服务。随着图像压缩编码技术，集成电路技术的发展以及 ISDN 和计算机互联网（Internet）等多媒体通信技术的迅速普及，活动（或准活动）图像可视电话机的发展将超过前面提及的普通可视电话机。

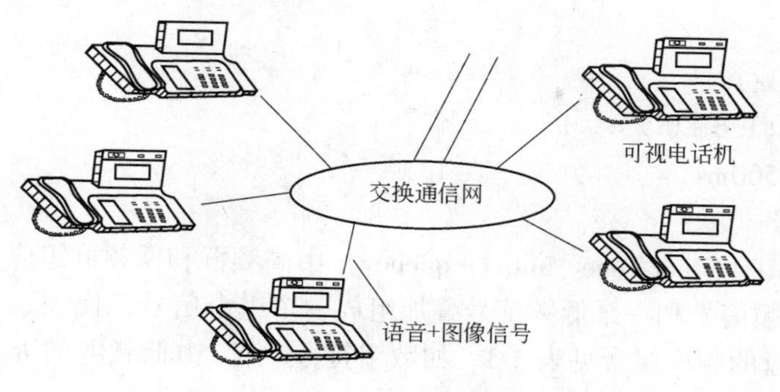

图 2-8　可视电话系统示意图

2.3　电话机检修基础

电话机作为传递信息的重要工具，一定要保证它能可靠、安全、准确、迅速、清晰地传送语音并提供多功能服务项目，从事电话机产品技术工作和专业维修人员应全面掌握电话机的质量技术指标。

2.3.1　电话机的质量技术指标

电话机的质量技术指标在国家标准中给出，这些指标能满足传输网络的要求，确保通信质量。

1. 参考当量

电话机发送、接收及侧音参考当量见表 2-2。

表 2-2　电话机发送、接收及侧音参考当量

参考当量	用户线长度		
	0km	3km	5km
客观发送参考当量	≥ -3dB	≤ +15dB	≤ +15dB
客观接收参考当量	≥ -5dB	≤ +2dB	≤ +2dB
客观侧音参考当量	≥ +3dB	≥ +10dB	≥ +10dB

2. 频率响应

对发送频率响应曲线和接收频率响应曲线，要求在 300 ~ 3400Hz 范围内平坦为合格。

3. 发送振幅特性

当激励电压由 -10dB 增加到 0dB 时，当量表上读数差值为 $|ZF_1| \geq 9$dB。

当激励电压由 0dB 增加到 +10dB 时，当量表上读数差值为 $|ZF_2| \geq 7$dB。

4. 非线性失真

发送非线性失真 ≤ 7%（0km、3km、5km）

接线非线性失真 ≤ 7%（0km、3km、5km）

5. 通话状态阻抗

通话状态阻抗在 300 ~ 3400Hz 范围内，稳定平衡回损≥9dB 回声平衡回损≥11dB。

6. 脉冲信号

脉冲速率：$10 \pm 1s^{-1}$

脉冲断续比：（1.6 ±0.2）：1

脉冲串间隔≥500ms

7. 双音频信号

双音多频 DTMF（Dual Tone Multi Frequency）由高频群和低频群组成，高低频群各包含 4 个频率。一个高频信号和一个低频信号叠加组成一个组合信号，代表一个数字。频偏不超过 ±1.5%。按键盘的频率组合见表 2-3。如数字符号“1”由低频群的 R_1（697Hz）与高频群的 C_1（1209Hz）产生。

表 2-3 按键盘的频率组合

高频群/Hz 数字符号 低频群/Hz	C_1 1209	C_2 1209	C_3 1209	C_4 1209
R_1 697	1	2	3	M_1
R_2 770	4	5	6	M_2
R_3 852	7	8	9	M_3
R_4 941	*	0	#	M_4

注：表中①－⑨分别为电话机键盘数字键，〈※〉、〈·〉、〈#〉分别为电话机键盘符号键。

双音频信号电平　低频群：　−9dBm ±3dB

高频群：　−7dBm ±3dB

高低频电平差：2 ±1dB

语音抑制≥60dB

8. 直流特性

摘机直流电阻 ≤ 350Ω

挂机漏电流 ≤ 5μA

9. 收铃特性

功率灵敏度 ≤ 80mV · A

声级≥70dB（A）

10. 安全性

绝缘电阻≥50MΩ

抗击穿：在正常大气条件下，当话机承受 50Hz，有效值为 500V 正弦交流电压 1min 时，应无飞弧和击穿现象。

11. 寿命

电话机经 50 万次按键寿命实验后，应工作正常。

电话机经 20 万次叉簧寿命实验后，应工作正常。

12. 可靠性

平均无故障工作时间≥3000h。

2.3.2 电话机的性能检测

电话机拨号性能和振铃器的特性测试基本属于纯电气、电声指标的测试，有专用仪表和较成熟的测试手段，能客观准确地测定。传输指标的测试较复杂，需要的时间较长，重复测试性差，日常检测不方便。而日常生产中，产品质量的控制需要用效率高、速度快、重复性好的检测手段。

1. 电话机的质量指标

通常电话机的质量包含 3 个方面：即逼真度、清晰度和响度。

逼真度反映电话通话的舒适程度和真实性。以用户现场通话进行试验，根据预先提出的要求或尺度作出定量的评估。通过对频率响应曲线的分析，判断其效果。

清晰度是对通话声音清晰程度的辨别。用不同的元音、辅音组成的音节、单词或句子经过电话机被听到的正确音的百分数就是清晰度。影响清晰度的主要因素为频响、非线性失真、杂音等，在现代电话机设计中都可获得满意的清晰度结果。因此，除了新设计的电话机要进行必要的清晰度测量外，一般不需要进行这种测量。

电话机的响度是传输质量的重要指标。尤其是在清晰度比较容易达到的情况下，对响度的要求更突出。

参考当量是一个主观感觉量，用来衡量一个电话系统的响度。电话系统的响度与其发送、接收灵敏度所用频率特性有密切关系，是一项重要的电声指标。参考当量由专门测试人员对被测电话系统与标准电话系统比较得出。我们把被测电话的发送响度与标准系统发送响度比较的结果叫作发送参考当量。参考当量的单位为分贝（dB）。两者响度差别越大，则测出的 dB 数值的绝对值越大，如果两者一样，则测出的数为 0dB。上述测试方法叫主观测试方法，测试过程非常复杂，不实用。为此人们制造出一种专门仪器来测试电话系统参考当量，这就是电话电声测试仪。用这种仪表测试出的值为客观参考当量值，它与主观测试出的参考当量基本一致。响度测试国际标准的第一个参考系统是 1928 年采用的“欧洲电话传输基本参考系统”（SFERT）。将被测电话机与该标准系统作响度比较，调节标准系统内的衰减器，使被测话机的响度与标准系统相等，此时衰减器指标的分贝数就称为参考当量。1984 年采用响度评定值（LR）来表征完整电话连接或其组成部分响度性能的度量，用分贝表示测量结果。

2. 电话机质量的一般检测

这是作为生产质量控制或一般性质量检查常采用的最简单的方法。电话机简易测试仪，可以定量地测试电话机的发号脉冲断续比、脉冲速率和脉冲数。还可以定性地检测振铃器以及送、受话器的基本特性。电话机简易测试仪的面板图如图 2-9 所示。

（1）振铃检测

振铃测试的原理示意图如图 2-10 所示。测试时，将被测话机接入电话机简易测试仪的 X_1 和 X_2 端，开关 S 置“无源”位置。按下〈DL〉键即能听到铃声为交流 48V、25Hz 的振铃信号音。根据铃声的正常与否判电话机振铃单元的质量。

（2）脉冲断续比、脉冲速率和脉冲数的检测

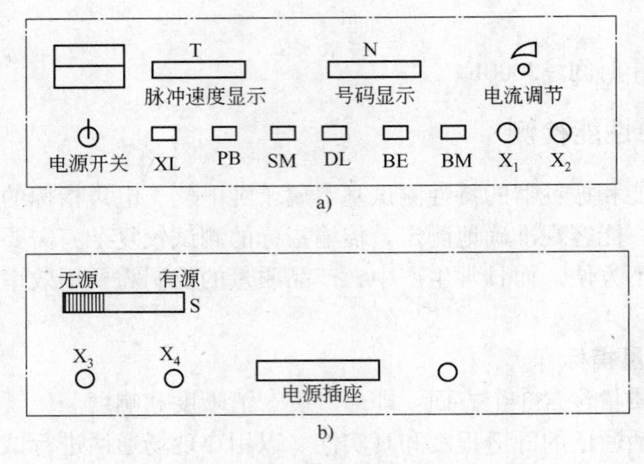

图 2-9　电话机简易测试仪面板图

a）电话机简易测试仪正面图　b）电话机简易测试仪侧面图

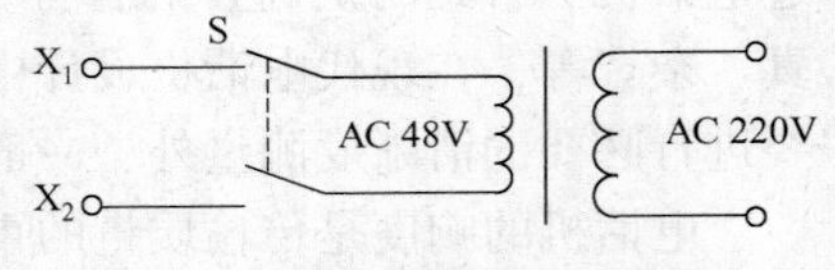

图 2-10　振铃检测的原理示意图

其原理示意图如图 2-11 所示。将被测话机接入仪器的 X_1 和 X_2 端，开关 S 置“无源”位置。当按下〈PB〉键时，－48V 电压对电话机供电，供电电流通过继电器 K 使其动作，接通另一电路，使其电路的毫安表有某一指示值。发号时，继电器 K 按发号脉冲动作，毫安表将在某一指示值附近抖动。脉冲断续比不同，毫安表在相同阻尼下，指示的抖动值不同。由该值表示不同的断续比。同时，发号脉冲被送到计数器，显示所拨号码和脉冲的周期。

（3）送、受话检测

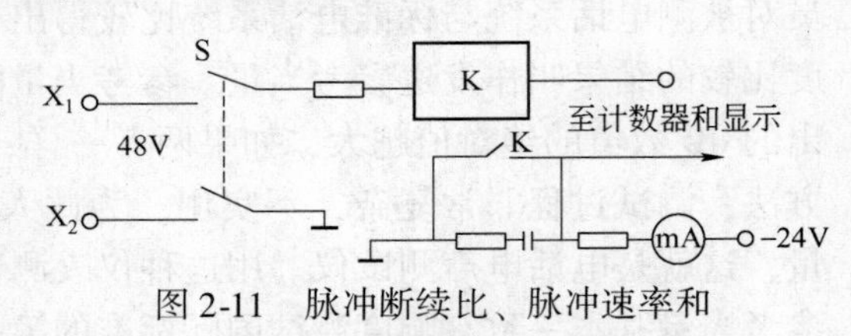

图 2-11　脉冲断续比、脉冲速率和脉冲数检测原理示意图

送、受话检测原理图如图 2-12 所示。图 2-12a 所示为送话检测原理图，按下 <BM> 键，由－24V 电压经 R 为 430Ω 电阻对电话机供电。未讲话时，VT_2、VT_3 饱和导通，发光二极管 LED 不亮。若对着送话器讲话，则 VT_2、VT_3 退出饱和区，使发光二极管 LED 发光，LED 越亮，送话电平越高。图 2-12b 为受话检测原理图，按下〈BE〉键，由－24V 电压经 $R=430\Omega$ 电阻对电话机供电，当接上 3V 工作电压后，CW380 系音乐 IC，便输出乐曲，经电容 C 送到电话机。人们可从受话器中收听到音乐声。根据其音乐声的强弱和音质，可粗略判断受话器的质量。

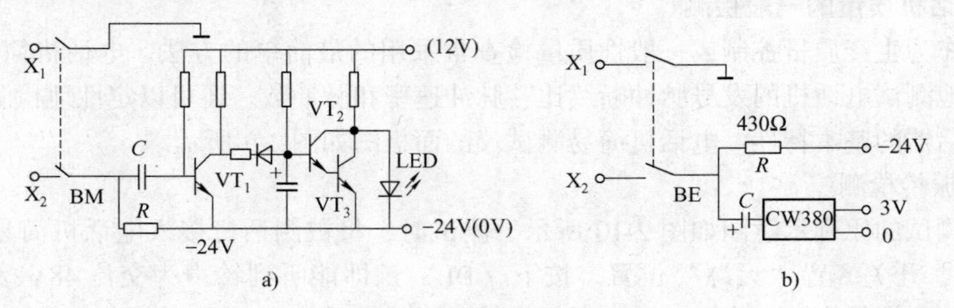

图 2-12　送、受话检测原理图

a）送话检测原理图　b）受话检测原理图

2.3.3 电话机故障的检修方法

对于有故障的电话机，首先应排除因使用不当所导致的假故障。例如：拨号无效可能是拨号方式开关（P/T）置于脉冲拨号方式而本地电话交换机采用的是双音频拨号方式（T）。若已确定电话机有故障，在具体动手检修之前，则应根据电话机各部分的作用、相互联系及工作过程结合故障现象，尽量缩小故障范围。

对故障的检测方法犹如医生看病，可归纳为望、闻、切、问。

望，即观察有无脱线、电路板铜皮开裂、电解电容漏液、元器件有烧焦的痕迹、元器件锈蚀、焊点之间因积满受潮灰尘或焊锡渣而短路的现象。

闻，即通电后闻一下是否有烧焦等异味。

切，即用手去感受元器件的状态，如轻轻摇动元器件判断是否脱焊松动，接插件、电位器是否接触不良，元器件是否过热等。

问，即向用户询问有关情况，有助于找到故障原因，如询问电话机出故障时有无雷电，使用环境是否特别潮湿或灰尘较大、以前的维修史等。

更具体的检测方法如下所述。

1. 直观检法

利用人的感觉器官对有关元器件的外表进行检查。

此法对检修一般性故障十分简单有效，通过直观检查，可发现元器件断线、元器件烧焦、元器件锈蚀、电解电容漏液或冒顶、元器件松动、通电后冒烟、打火等异常现象。

2. 清洁检查法

清扫机内灰尘，必要时用无水酒精清洗，再用吹风烘干。

此法对因使用环境灰尘大或空气潮湿以及开关、接插件、电位器等元器件接触不良所致的故障有效。特别是一些奇怪的软故障，往往是由于积尘受潮后在焊点之间不规则地接入一些电阻所引起的，清洁后可使故障排除。

3. 电压测量法

此法为检修中使用最多的方法，通过检测集成电路各脚及晶体管各脚对地的电压，看是否和正常值相差比较大，若差异明显，则检查相应的外围元器件和直流通路，往往能找到问题的症结。在外围元器件和直流通路正常的情况下，一般是集成电路或晶体管本身的问题。

4. 直流电流检测法

直流电流检测法是测量整机或部分电路的电流，与正常值相比较，看是否存在明显差异。此法对于有元器件短路（特别是负载短路）或开路（特别是供电通路断开）的故障十分有效。

5. 电阻测量法

电阻测量法是用万用表欧姆档测量各元器件以判断元器件的好坏。此法也是检修中使用最多的方法之一。

通过电阻测量法可检查元器件的开路、短路、参数变值等故障。也可用此方法检查开关、接插件、电位器接触是否良好。

6. 元器件替换法

在某些情况下，用万用表测量某元器件的电阻时是在正常范围之内，但实际却是不合格的。这主要是因为检测时的工作状态与实际工作状态不同导致的，或者由于检测条件所限，有些不合格的参数并未检测，此时用替换法可排除故障。

7. 整机对比测试法

找一台同型号的无故障电话机，检测相关参数并与故障机进行对比，就会发现故障所在的部位，此法特别适合在无维修资料的情况下使用。

8. 加温检查法

对于电话机在摘机后工作一段时间后才能正常工作或出现故障的情况，表明有元器件热稳定性不好。此时，可用烙铁靠近可疑的元器件加速温度变化的过程，当烤到某元器件时故障消失或出现，则说明该元器件有问题。

9. 冷却检查法

此法与加温检查法有异曲同工之处，用这种方法可检测出热稳定性不好的元器件。具体做法是：在通电工作一段时间后，用镊子夹住蘸有酒精的棉球，对可疑元器件逐个进行冷却散热，直到故障消失或出现。

10. 敲击法

元器件若有虚焊现象，则通过敲击可使电话机的工作状态由正常转为异常或者由异常转为正常。因此，通过敲击可判断是否有虚焊现象，若有虚焊，则可对相关元器件进行重新焊接。

11. 信号注入法

根据各部分电路的前后连接关系，可逐级注入信号，看最终的输出或本部分输出有无反应，即能够迅速判断故障部位，注入的信号可采用信号源的输出信号或利用人体感应信号，具体做法是：用手握起子碰触各部分电路的输入端。

在实际维修过程中，要根据具体情况选择不同的方法，只有综合利用各个方法，才能确诊和排除故障。

2.4 普及型电话机电路原理与故障分析

2.4.1 电话电路的基本组成

虽然按键电话机品牌众多，款式多样，但无论是简单功能的多功能的电话机还是多功能的电话机，其基本原理都是相同的，都必须具有振铃、拨号、通话3部分基本功能电路。电话机电路基本组成示意图如图2-13所示。

图2-13a为电话机基本电路示意图。图2-13b是HA868系列电话机电路基本组成示意图，HOOK1和HOOK2为收线开关，SW1和SW2为免提开关。

电话机的直流工作电压是由交换机通过外线集中供给的，交换机通过外线提供给电话机的直流电源一般为48V或60V。交换机通过外线向电话机传送交流信号主要有3种，一种是频率为25±3Hz、电压为90±15V的振铃信号，另一种是交换机输出的信号音，如拨号音、占线音、空号音、等待音等，第三种是双方的话音信号。

以HA868系列电话机为例说明其组成示意图。

1. 挂机状态

开关$HOOK_1$的HS_1-ON_1连接，$HOOK_2$的HS_2-ON_2连接，SW_1-ON_1连接，SW_2-ON_2连接。当对方呼叫时，交换机送来（90±10V，16~25Hz）振铃信号经$HOOK_1$的HS_1-ON_1和

SW_1-ON_1 到振铃电路，产生响铃信号经 SW_2-ON_2 至扬声器 BL 发出响铃。

2. 手柄通话

开关 $HOOK_1$ 的 HS_1-OFF_1 连接，$HOOK_2$ 的 HS_2-OFF_2 连接。交换机送来 48～60V 直流工作电压，经 $HOOK_1$ 的 HS_1-OFF_1 和 $HOOK_2$ 的 HS_2-OFF_2 至手柄通话电路构成回路。

3. 免提通话

开关 SW_1-OFF_1 连接，SW_2-ON_2 连接。交换机送来 48～60V 直流工作电压，经 $HOOK_1$ 的 HS_1-ON_1、SW_1-OFF_1 和 $HOOK_2$ 的 HS_2-ON_2 至免提通话电路构成回路。受话信号经免提电路输出经 OFF_2-SW_2 至扬声器 BL。

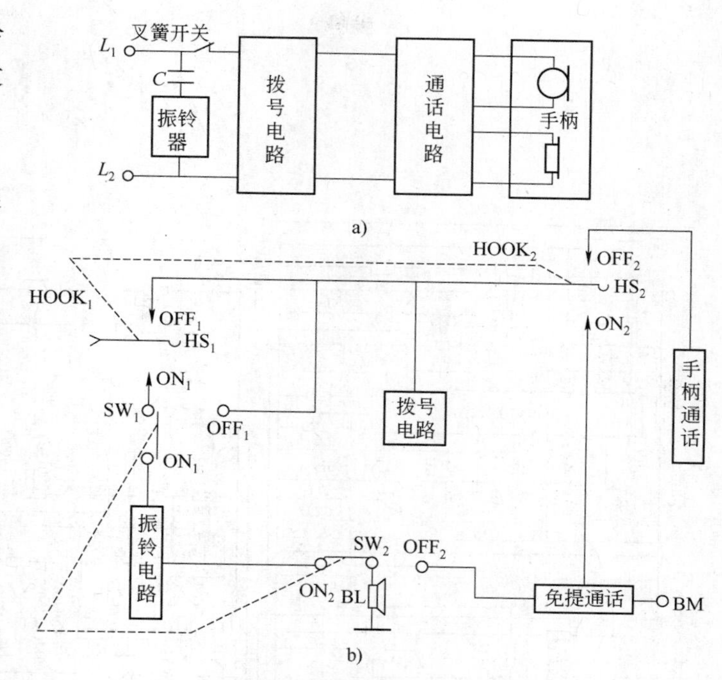

图 2-13　电话机电路基本组成示意图

a）电话机基本电路组成示意图　b）HA868 系列电话机电路基本组成示意图

2.4.2　常见电话机电路工作原理分析

下面以 HA868（Ⅲ）P/T SD 型电话机为例，对典型的电话整机电路组成、工作过程和各元器件作用进行分析，以建立整机的概念，以便于电话机的检修和测试。

HA868（Ⅲ）P/T SD 型电话机电路原理图如图 2-14 所示。主要由振铃电路、拨号电路、手柄通话电路、免提通话电路等组成。电源电路含在各部分中，不单独介绍。

1. 振铃电路

振铃电路是由 IC301（KA2410）及其外围电路等组成。外线 X_1、X_2 送来的振铃信号通过隔直流电容 C_{301}、限流电阻 R_{301} 流入，经过由 VD_{305}～VD_{308} 组成的桥式整流电路整流，C_{302} 滤波和 VD_{Z301} 稳压后送入 IC301 的第 1、5 脚。IC301 第 8 脚交替输出高、低两种频率的音频振铃信号，R_{303}、C_{303} 控制双音频振荡器的切换频率。SA_5 为铃声大小控制电路，当开关置于"LO"位置时 R_{305} 串入电话机振铃电路输出回路中，使铃声变小。

2. 拨号电路

拨号电路由 IC101（HM-9114A）及其外围电路等组成，其电源供给由 VD_{101}、R_{106}、VD_{102}、R_{102}、VD_{Z102}、C_{101} 组成，接至 IC101 的第 I7 脚。在摘机状态，外线送来的电压经极性定向电路（VD_{301}～VD_{304}）、VT_{102}、R_{106}、VD_{101} 给 IC101 第 17 脚（V_{DD} 端）提供正电源，同时向滤波电容 C_{101} 充电，VD_{Z102} 为限压保护二极管。R_{102}、VD_{102} 在摘机瞬间向 IC101 提供启动电源。此外在电路发送断续脉冲时向 IC101 提供维持工作电源。R_{114} 为记忆电阻，在挂机状态，外线电压经 R_{114}、极性保护电路、R_{101}、R_{102}、VD_{102} 向 IC101 提供记忆维持电流。

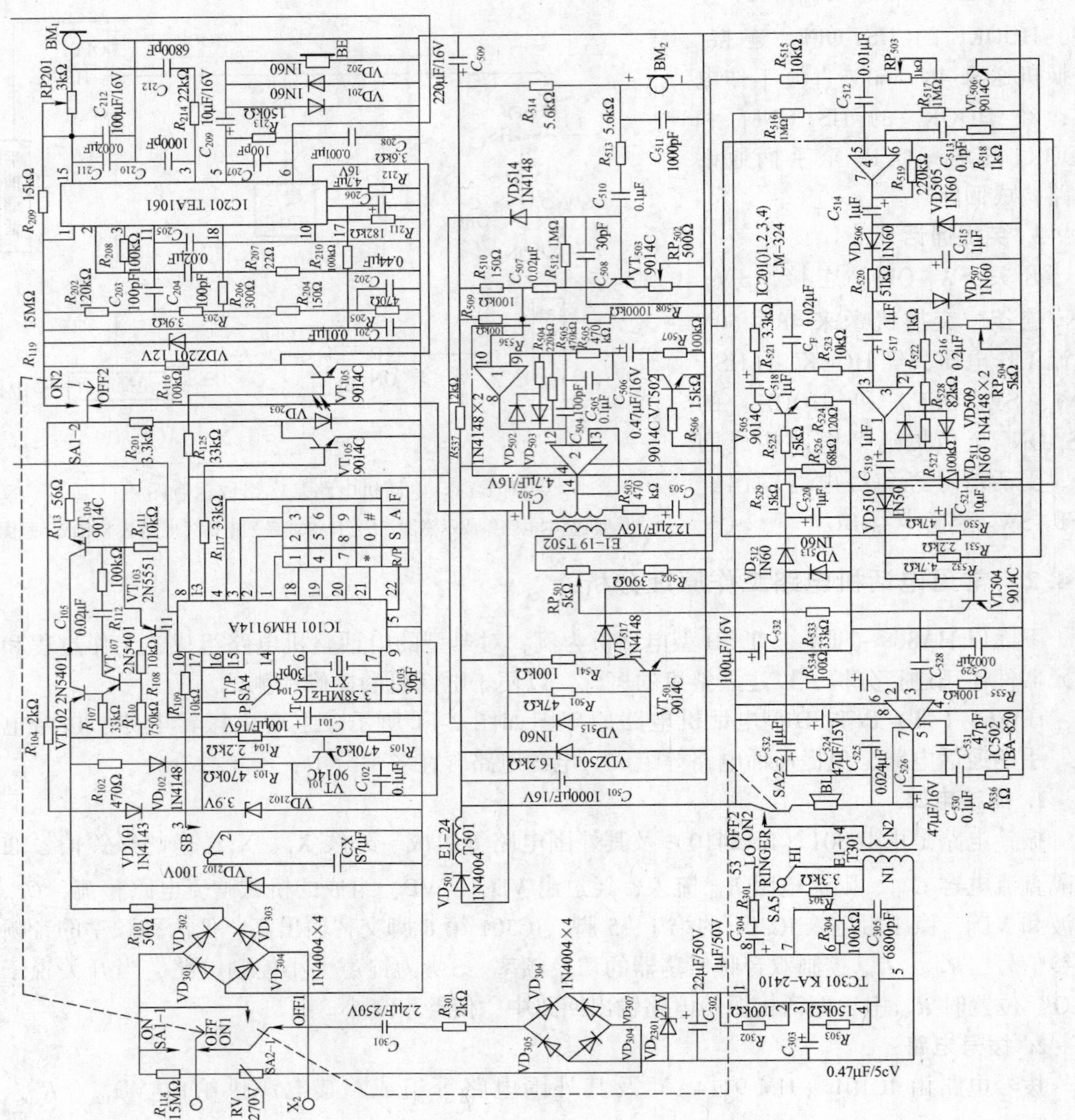

图 2-14　HA868（Ⅲ）P/TSD 型电话机电路原理图

（1）启动电路

启动电路由 R_{103}、VT_{101}、C_{102}、R_{104}、R_{105}、IC101 第 9 脚组成。在摘机状态，VT_{101} 饱和，IC101 第 9 脚输入低电平，10 脚输出高电平，VT_{103}、VT_{107}、VT_{102} 在第 10 脚高电平控制下饱和导通，电路进入待拨号或通话状态。在挂机状态，VT_{101} 截止，第 9 脚输入高电平，第 10 脚输出低电平，VT_{103}、VT_{107}、VT_{102} 在这一低电平控制下截止，电路进入休眠状态。

（2）脉冲拨号电路

脉冲拨号电路由 VT_{102}、VT_{107}、VT_{103}、IC101 第 10 脚等组成。脉冲拨号时，IC 101 第 10 脚输出的$\overline{DP}$信号控制 VT_{102}、VT_{107}、VT_{103} 交替导通、截止输出断续脉冲。在双音频拨号和通话状态，IC101 第 10 脚输出的高电平使 VT_{102}、VT_{107}、VT_{103} 均饱和导通。VT_{104} 等组成双音频放大器，在双音频拨号时，第 11 脚输出的双音频信号经 VT_{104} 放大后送往外线。在脉冲拨号时，IC101 第 11 脚输出低电平使 VT_{104} 截止。

（3）静噪控制电路

静噪控制电路由 VT_{105}、IC101 第 8 脚等组成静噪控制电路，在通话状态，第 8 脚输出的高电平控制 VT_{105} 饱和，使 IC201 的第 14 脚输入为低电平；拨号状态时，VT_{105} 在第 8 脚输出的低电平控制下截止，IC201 的第 14 脚输入为高电平，送、受话电路因此被封闭。VT_{106}、VD_{203}、IC101 第 13 脚等组成摘机和拨号指示电路，在摘机和通话状态，第 8 脚输出的低电平控制 VT_{106} 截止，外线经 R_{201} 向发光二极管 VD_{203} 提供工作电源；拨号状态时，VT_{106} 在第 13 脚的控制下交替工作在饱和、截止状态，VD_{203} 则随着 VT_{106} 输出状态而闪烁。按键 SB 与 CX 组成〈R〉键电路，静态时，SB 的 1、2 端闭合，CX 被短路，两端的电压为 0V，在摘机状态，按下 SB 时 1、3 端闭合，由于电容两端的电压不能突变，VT_{103} 的基极电压瞬间为 0V，VT_{103}、VT_{107}、VT_{102} 因此而截止，外线电流被切断。当 CX 两端的电压被外线电源充至 0.6V 时，VT_{103}、VT_{107}、VT_{102} 饱和，电路复原。

3. 手柄通话

手柄通话电路由 IC201 及其外围电路等组成。

1）送话信号电路。送话器 BM_1→C_{213}→R_{214}→IC201 的 8 脚→IC201 内部放大→IC201 的 1 脚→外线正端→交换机→外线负端→U_{SS}→送话器 BM_1。其中 C_{211}、C_{212} 为去耦电容。

2）受话信号电路。话音电流→外线正端→R_{202}→C_{203}→IC201 的 11 脚→IC202 内部放大→IC201 的 5 脚→C_{209}→受话器 BE→U_{SS}→外线负端。其中 VD_{201} 和 VD_{202} 为正反向限幅二极管，防止“喀、喀”声。R_{213} 和 C_{207} 为反馈元器件，改变 R_{213} 的阻值，可改变受话器的音量。C_{201}、C_{204}、C_{205}、C_{207}、C_{208} 等电容器的容量较小，可防止高频干扰和自激。手柄通话，免提通话断开。电源电压经 VD_{Z201}、和 C_{201} 稳压滤波后→IC201 的 1 脚和 10 脚，为 IC201 提供工作电压。传声器的话音→BM_1→电信号 C_{213}、R_{214}→IC201 的 8 脚→内部放大→IC201 的 1 脚→R_{202}、R_{203}、R_{204}、R_{206}、R_{207}、C_{202}、R_{209} 组成的消侧音电路→外线。受话器，外来话音电信号→R_{202}、C_{203}→IC201 的 11 脚→内部放大→IC201 的 5 脚→C_{209}→BE→发出声音。

4. 免提通话

在不提起手柄时，只要按一下免提功能键，通过免提转换开关电路就能断开手柄通话电路。接通免提通话电路可以进行免提拨号和通话。这样在同一个地方，几个人都可以与对方进行交谈。免提开关电路通常有两类：一类是机械免提开关，它们采用微动开关转换装置；第二类是电子免提开关，它们采用数字集成电路（CD4013）D 型触发器组成。

当话机处于免提通话时，手柄通话电路被断开。电源电压经 VD_{Z501}，C_{501} 稳压滤波后为各部分电路提供工作电压。送话时，声音→BM_2→电信号→R_{513}、C_{510}→VT_{503} 基极 b→放大后→集电极 c 分为两路输出：一路由 R_{511}、C_{507}→IC501 的 10 脚→放大后→第 8 脚输出，再经 IC501 的第 12 脚放大后从第 14 脚送往外线；另一路经电容器 C_F→控制电路。受话时，外线输入的电信号经 T_{501} 初级耦合到次级→R_{501}→VT_{501} 的基极 b→放大→VD_{517}→VT_{504} 基极 b 使其截止，再由 C_{528}→IC502 的第 3 脚→内部放大→第 5 脚→C_{526}→扬声器 BL 还原为声音。整理后的 HA868（Ⅲ）P/T SD 免提按键电话机原理如图 2-15 所示。

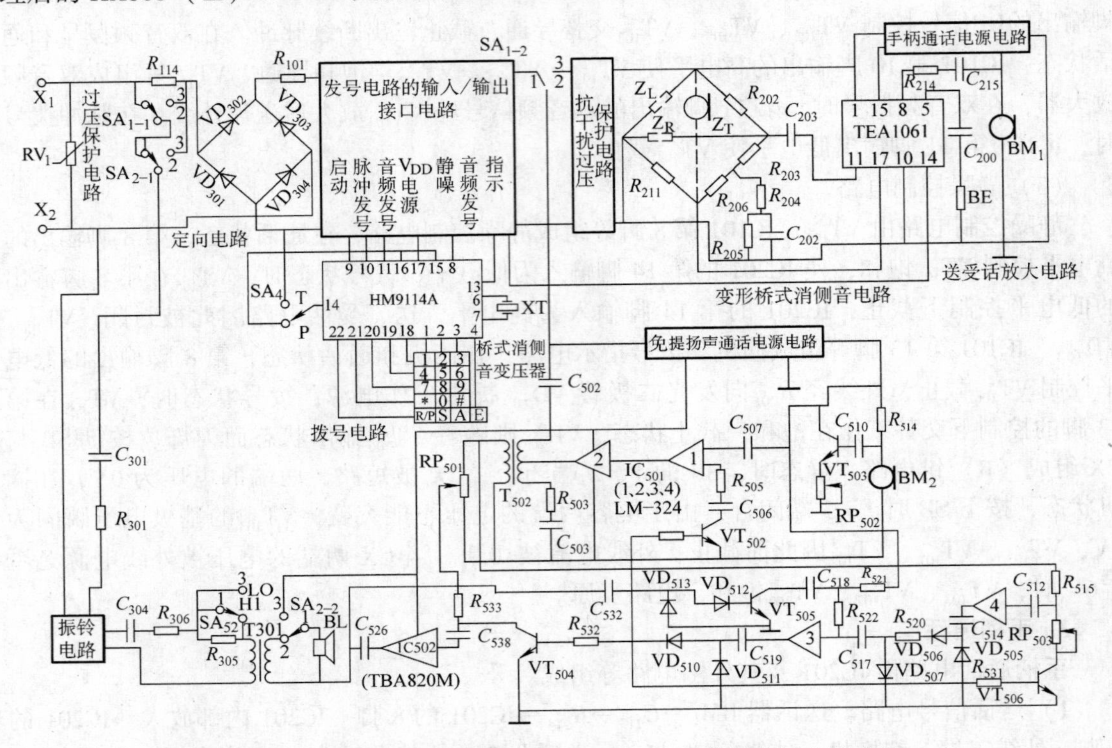

图 2-15　整理后的 HA868（Ⅲ）P/T SD 免提按键电话机原理图

2.4.3　电话机常用部件的故障检修

电话机的常用部件有：手柄，机壳，按键盘，叉簧开关，话机绳和螺旋绳等。按键式电话机多采用新型电子元器件，机械部件很少，一般无需定期检查，平时应注意清洁保养，可以用潮湿的软布擦拭电话机表面，禁止用酒精等有机溶剂，防止话机表面失去光泽或机壳印字脱落等现象的发生。

1. 叉簧开关的检修

叉簧开关是电话机的“咽喉”，一旦卡死就叫不应打不通了。应保证叉簧片平直整齐，有跟着力，簧片间绝缘良好。其接点要对正，接点闭合时压力≥0.2N，接点分开时的间距不小于 0.3mm，定期清洁接点。可用橡皮或软布沾牙膏擦拭干净。应保持叉簧压板应动作灵活，并保持活动部件清洁。国标规定叉簧开关的寿命 >20 万次。使用时不要用强力猛按或用手柄硬砸，以免缩短使用寿命。

2. 手柄的检修

手柄又叫扬声器，是电话机的重要组成部分。它的耳承和口承是装受、送话器所处的地方，它是电/声和声/电转换部件。手柄与用户接触频繁，且受外力振动，使用时应注意防振，防腐蚀，抗老化等。手柄的设计尺寸和外形与人头的最佳相对位置有关，以便获得最佳声耦合和最小信噪比。

国家规定手柄含送、受话器的重量与叉簧开关启动压力比应大于1.5：1。正反向任意挂机均能保证可靠地切断通话回路。手柄外表应光滑无划痕，无损伤及缝纹等。使用时要轻拿轻放，不要用力摇振，防止摔落。应定期清洁，特别是耳承与口承处要用细软布沾牙膏擦拭，用镊子取出听说孔中的污垢。防止污物堵塞小孔影响通话效果。若不慎摔落手柄，要细心检查，送、受话器是否脱落，有无裂痕，音量是否变化异常，以判断送、受话功能好坏。

3. 按键盘的检修

检修按键盘中导电橡胶及其按键盘印制电路板是否氧化，可用酒精清洗除去氧化物及接点间的污物，并在60℃环境中烘干。若用力压按数码键才能发号，则检查该键是否灵活，印制电路板有无断线，键孔壁若有污垢，键盘动作也不灵活，可清洗之。若是断线则应重新焊好并将焊剂清洗干净，防止焊锡碎粒短路印制电路板。还应检查按键盘连线是否完好可靠，发现问题及时修理。使用按键时不要用力过猛，以免按键压下失去弹性不能弹起而造成常通键现象。

4. 机壳的维护

机壳包括机座和罩壳两部分。机座主要是安装电路板、振铃器、叉簧支架等较重的部件。罩壳除了保护话机内部元器件外，主要作安装按键号盘、蜂鸣器、叉簧开关滑块和搁放手柄之用。造型高雅美观的艺术电话已成为当今时尚。更应注意防尘、防晒、防潮，避开电磁干扰。最好把电话放置在远离热源和电器产品的地方，有条件的要加罩布。定期用软布沾牙膏擦拭机壳，禁止用有机溶剂擦拭表面，以免腐蚀；且勿用水冲洗，以免老化变形。使用日久灰尘较多时，用家具蜡等揩擦光亮即可。

5. 电话机绳和螺旋绳的维护

电话机绳是指接线绳，螺旋绳是指耳机绳或称为弹簧绳。螺旋绳连接通话与手柄的送、受话器。其绳内一般为4芯线，它与手柄一样是受力较大的部件之一。目前耳机绳一般采用多芯多股绞合线，外表套上保护塑料。螺旋绳通常具备以下性能指标：

1）经受10万次弯曲折角90°，导电芯线应无裂断现象。

2）芯线的抗拉张力至少在6kg以上。

3）每米的绝缘电阻不低于100MΩ。

4）具有防水、防潮、防腐蚀性能和良好的温度特性。

5）具有较好的弹性和耐磨性。

6）在耳机绳两端有加固护套和金属张力勾片或卡环，钩住手柄和底座，以保证受外力作用时不脱线。

尽管螺旋绳有良好的弹性，使用时也不能无限度地反复拉伸，一旦拉力超过极限值，会造成永久性的破坏。电话机使用一段时间，弹簧绳的螺旋形会变小或有折叠时，应将手柄反向转动，使变小收紧的弹簧绳放松，恢复正常形状以防变形。另外在打电话时不要用手拨弄螺旋绳，以免绳变形缩短寿命。

话机绳是连接电话机与外线的连接导线，它有长线与短线之分。两种新型结构：一种是两端均是二芯活动插头，便于插拔；另一种是一端为二芯活动插头，另一端为Y形接线脚，可根据需要选购。使用时注意活动插头要插实插牢，不要经常插拔以免失去弹性造成接触不良。

2.4.4 电话机典型故障分析

前面已经介绍了电话机的元器件、单元电路和整机电路及维修方法。电话机各部分电路因异常所造成的故障皆有其规律性。为了便于初学者掌握基本概念和分析方法，下面讨论典型故障现象的分类及发生部位。

1）拨号电路典型故障。不能拨号；能拨号但拨号无效；拨错号；部分号码不能拨号。其故障可能发生在叉簧开关极性转换电路；拨号开关电路；拨号集成电路及键盘电路处。

2）振铃电路典型故障。无振铃；振铃时断时续；铃声异常；铃响一声即挂。其故障部位可能是叉簧开关、整流电路、极性转换电路、振铃发生电路、拨号开关电路、电路板漏电及断裂等。

3）通话电路典型故障。无受话与送话；无受话；无送话；无免提扬声；杂音大或变音。其故障在供电电路、通话电路、通话集成电路、免提集成电路、手柄及开关元器件等处。

4）锁控典型故障。不能锁零；不能拨零；拨错号。其故障可能发生在锁控计数电路；键盘电路和锁头处。

5）数字显示典型故障。无显示；断划；显示暗淡。其故障出在数显电路；液晶板；导电橡胶及电池电量不足等方面。

2.5 无绳电话机电路组成

无绳电话机由主机（也称为“座机”或“母机”）和副机（也称为“手机”或“子机”）组成，简称为“子母机”。主机通过用户线与交换机相连，副机通过“无线电”与主机相通。它是去掉有线电话中主机与扬声器之间绳线（即卷线）的电话；是集有线、无线和对讲功能于一身的电话终端设备。其特点是用户可以在离主机几十米至几百米的范围内使用副机拨打、收听电话。主、副机（母、子机）之间是无线通信，不受电话机手柄绳线的限制，使用方便灵活。无绳电话本身也具有有线电话的功能。

2.5.1 无绳电话机的功能与技术指标

无绳电话机与有线电话机相比，其主机接入有线电话网，副机由用户携带在距主机一定的范围内自由通话。主、副机之间利用无线信道保持联系。主、副机之间的信道数目有单频道和多频道之分。单频道指的是无线电话主、副机之间只有一个通话信道，若主、副机之间有多个通话信道则是多频道。

无绳电话机的主机和副机之间采用了无线双工的工作方式，即同时进行收发，因此每台无绳电话机占用了两个无线电频率分别作为主机和副机发信信道。我国规定主机发射频段为48.000～48.350MHz（15个信道）和1.655～1.740MHz（5个信道）及新增加的两个信道

1.700MHz 和 46.000MHz，副机发射频段为 74.000 ~ 74.350MHz（15 个信道）和 48.375 ~ 48.475MHz（5 个信道）及新增加的两个信道 40.000MHz 和 74.375MHz，共分 22 个信道。目前我国无绳电话机的发射频率如表 2-4 所示。在 1 ~ 15 信道和 16 ~ 18 信道中，其频率间隔为 25kHz，每台无绳电话机各使用一个信道。由于信道少，所以无绳电话机密度较大时会相互干扰。为减轻干扰的程度，无绳电话机的副机和主机发射功率不能太大。我国规定座机发射功率≤50mW，手机发射功率≤20mW。

多频道无绳电话的接收信道采用二次变频超外差方式，其频率合成器利于切换频道。多频道无绳电话采用微控制单元 MCU 芯片控制，其控制软件中有专用测试程序，为无绳电话的开发、生产和检修提供了方便。无绳电话机的电路结构有两种：

1）分立组成的调频接收、压扩器和频率合成器各功能件。

2）大规模集成综合芯片。

表 2-4　我国无绳电话机发射频率表

组　数	主机发射频率/MHz	副机发射频率/MHz
1	48.000	74.000
2	48.025	74.025
3	48.050	74.050
4	48.075	74.075
5	48.100	74.100
6	48.125	74.125
7	48.150	74.150
8	48.175	74.175
9	48.200	74.200
10	48.225	74.225
11	48.250	74.250
12	48.275	74.275
13	48.300	74.300
14	48.325	74.325
15	48.350	74.350
16	1.665	48.375
17	1.690	48.400
18	1.715	48.425
19	1.690	48.450
20	1.740	48.475
21	1.700	40.000
22	46.000	74.375

2.5.2　无绳电话机的基本工作原理

1. 无绳电话机的基本组成

一般多频道无绳电话机的主机组成原理如图 2-16 所示。其中，语音信号处理电路采用对语音信号压缩和扩展技术，语音信号在调制前先经过压缩器进行处理，以减少其动态范围。解调后的语音信号再进行扩展处理，以恢复语音信号的本来面目。加入压扩器可以改善话音质量与减小噪声的影响。带来电显示的无绳电话机的主机组成原理如图 2-17 所示。其中，FSK 表示频移键控、DTMF 表示双音多频。

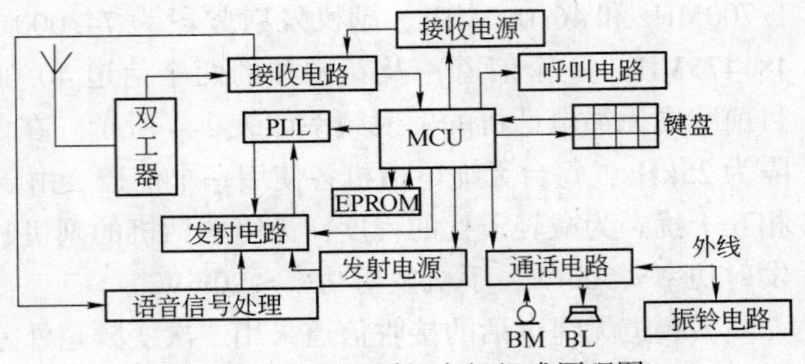

图 2-16　无绳电话机主机组成原理图

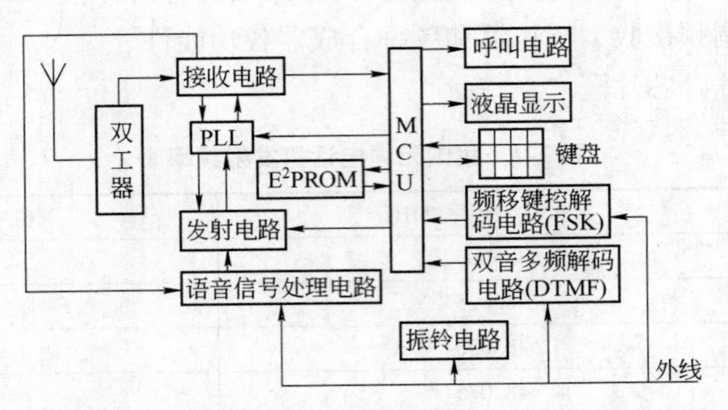

图 2-17　带来电显示的无绳电话机主机组成原理图

普通副机的组成原理如图 2-18 所示，带来电显示的无绳电话机副机组成原理图与不带来电显示的无绳电话机副机组成原理图基本相同。图中，LCD 为液晶显示器，BAT 为电池。

目前，开发生产的无绳电话机大多采用三合一射频芯片，即多频道无绳电话机的接收电路、锁相环、压扩器是集合在一射频芯片内处理的。它综合了无绳电话机需要的多种功能并集成于一个集成电路中，缩小体积，并且可以内部调整，具有接收性能好、集成度高、成本低等。

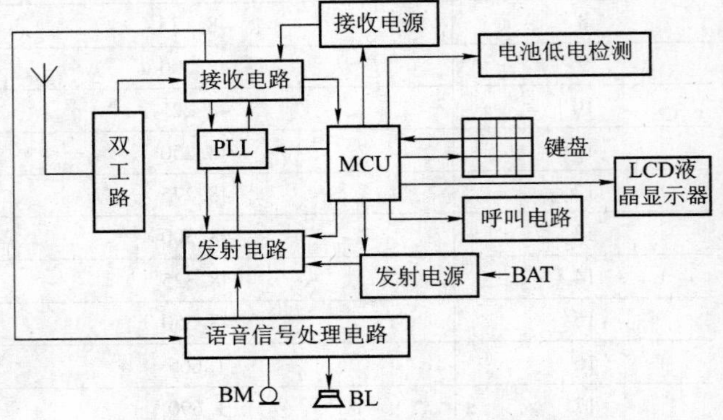

图 2-18　无绳电话机副机组成原理图

2. 无绳电话机的信号流程

主机接收部分的信号流程如图 2-19 所示；主机发射部分信号流程如图 2-20 所示。

副机接收部分信号流程如图 2-21 所示；副机发射部分信号流程如图 2-22 所示。

（1）外线电话打入

如图 2-20 所示，当有外线电话打

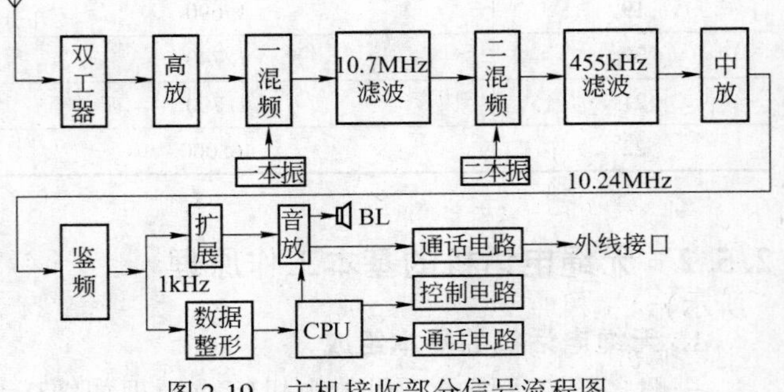

图 2-19　主机接收部分信号流程图

入时，振铃信号由市话接口电路输入，一方面使主机振铃电路工作，发出铃声；另一方面经过光耦合器形成一组铃声脉冲信号送入 CPU，经 CPU 处理后，由数据输出脚送到变容二极管调制在高频信号上，通过发射电路发往副机。如图 2-21 所示，处于等待状态的副机，收到由主机发来的振铃信号后，由控制电路使振铃电路工作，蜂鸣器发出振铃呼叫声，此时，从充电座上拿起副机，或打开通话开关，副机发射电路处于正常工作状态，将摘机信号发往主机。主机收到手机的摘机信号后，即可进行外线通话。

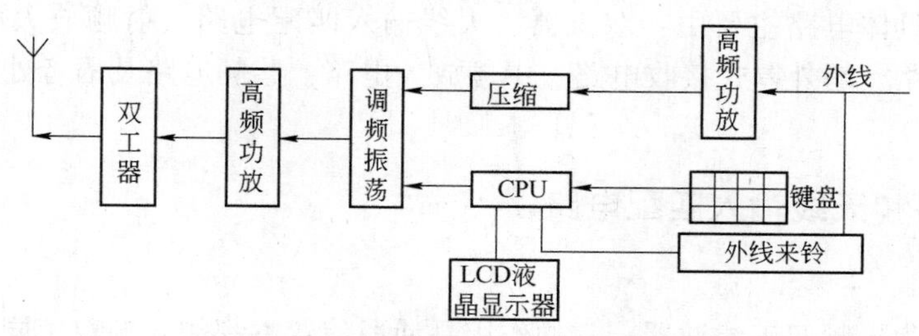

图 2-20　主机发射部分信号流程图

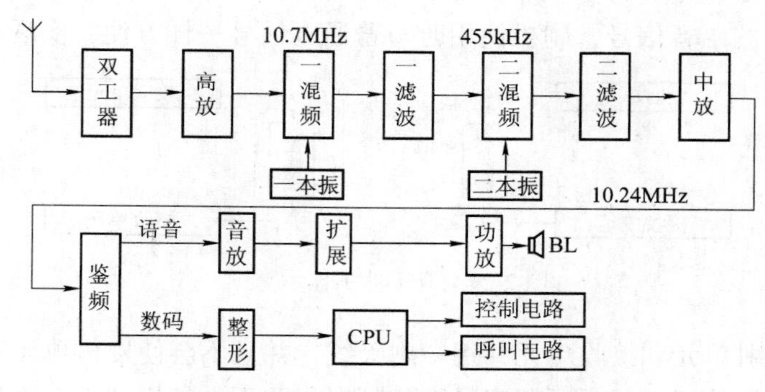

图 2-21　副机接收部分信号流程图

（2）副机打外线电话

如图 2-22 所示，向外线打出电话时，打开副机通话开关，副机发射电路工作，并将摘机信号发射给主机。如图 2-19 所示，主机收到摘机信号后，将此信号送入控制电路。控制电路一方面使发射电路工作；另一方面将市话接口电路实现摘机状态。然后，副机将拨号发往主机，经主机的 MCU 处理后，由接口电路送往外线。外线接通后，即可由副机与外线电话实现通话。

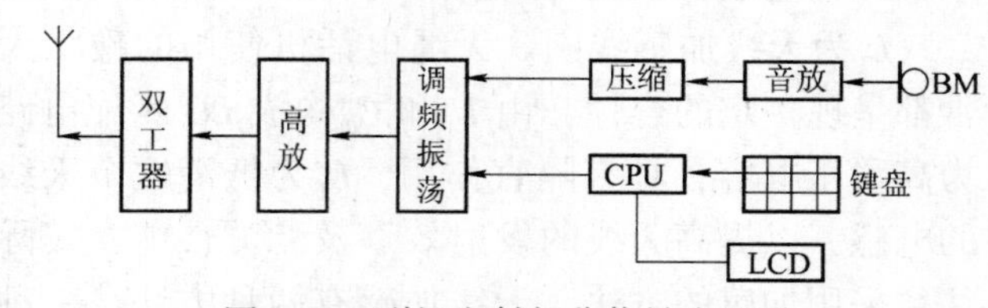

图 2-22　副机发射部分信号流程图

（3）主机和副机对讲

在图 2-22 所示的流程图中，当副机处于等待状态时，按其呼叫键，此时，控制电路使副机发射电路处于呼叫工作状态，将呼叫信号调制在高频载波上并发送到主机（如图 2-19 所示），主机收到副机发来的信号，经 CPU 处理后控制呼叫电路工作，发出呼叫声，此时，主机摘机，主机发射电路工作，并将开机信号发给副机。副机收到主机的内部对讲信号后，控制电路使副机发射电路和接收电路进入正常状态，即可进行主机和副机之间的内部对讲。

（4）三方通话

当主机处于对外线通话状态时，就按主机的内通话键，呼叫副机接通内部对讲，然后按三方会议键，则 MCU 控制打开内部通话和市话接口通路的电子开关进行三方通话。

2.6 主、副机电路分析

无绳电话机具体电路主要由：双工器、天线输入匹配电路、射频放大电路、锁相环电路、语音处理电路、超外差式接收电路、中频放大电路、鉴频电路及语音处理电路等各部分组成。

2.6.1 双工器和天线输入匹配电路

1. 双工器

双工器又称为异频双工滤波器，它的作用是使通信双方都能异频双工同时工作。双工器工作示意图如图 2-23 所示，即 A 方发话的同时可以收到 B 方发出的语音，B 方在发话同时也能收到 A 方发出的语音信号，副机使用时与普通电话号一样方便，实现全双工通信。

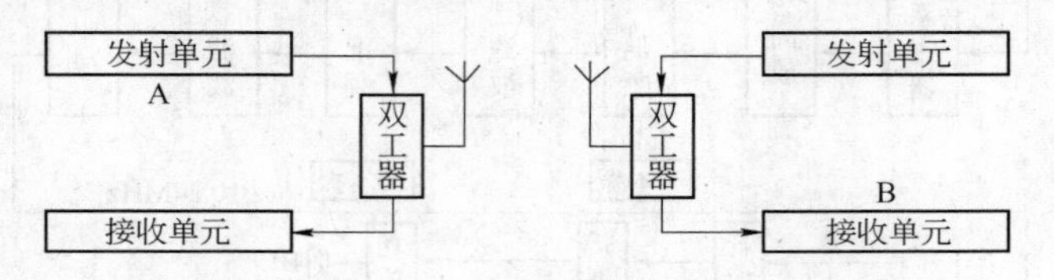

图 2-23 双工器工作示意图

双工器能使发射单元和接收单元共用一副天线，并且不会使发射单元和接收单元产生互相影响，无绳电话机的双工器主要用于异频且频率相差不大的机型中，鞭状天线的长度与无线电波长是相对应的，一般等于波长的 1/4，即天线是有一定频带宽度的。

2. 天线输入匹配电路

无绳电话机主机与副机的天线匹配电路如图 2-24 所示。

L_1为天线加感线圈。无绳电话机使用的鞭状天线通常都呈现一定的容性，由 L_1 和 C_1 构成 LC 匹配电路。C_1 为高耐压电容，具有隔直作用，L_1 为抵消这个天线电容的电感，以提高天线的发射效率及滤波性能，实际应用往往采用加感的方法，天线加感有两种方法：一种方法是把电感线圈放在天线的中部，称为中部加感，常用于副机的螺旋天线上；另一种方法是把电感线圈放在天线的底部或直接焊在电路上，称为底部加感，一般常用于主机的天线上。在相同的条件下，中部加感天线比底部加感天线效率要高，这是由于中部加感后，天线的主要辐射部分电流幅度较大，分布较均匀的缘故。

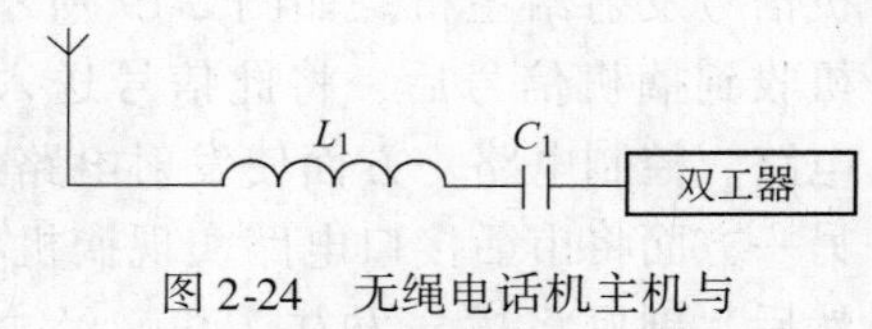

图 2-24 无绳电话机主机与副机的天线匹配电路图

2.6.2 射频放大电路

由于调频振荡器产生的高频已调波能量比较微弱，不能直接发射，所以还需要一个缓冲放大器和一个高频功率放大器，将 RF 信号进行功率放大，将其变为有适当的能量的信号，馈送到双工器，再耦合到天线发射出去。RF 功率放大器采用选频放大器，无绳电话机多采用图 2-25 所示的甲类射频放大器方式。

图 2-25 所示为甲类射频放大器电路图，晶体管 VT 工作在线性放大区，R_b为偏置电阻，中周 T 是一个 LC 谐振电路，C_S为耦合电容。一般用无感改锥调中周 T 的磁心调整发射功率和谐波分量的大小。当调整中周 T 使 LC 回路谐振于发射频率中心点时，发射功率最大。

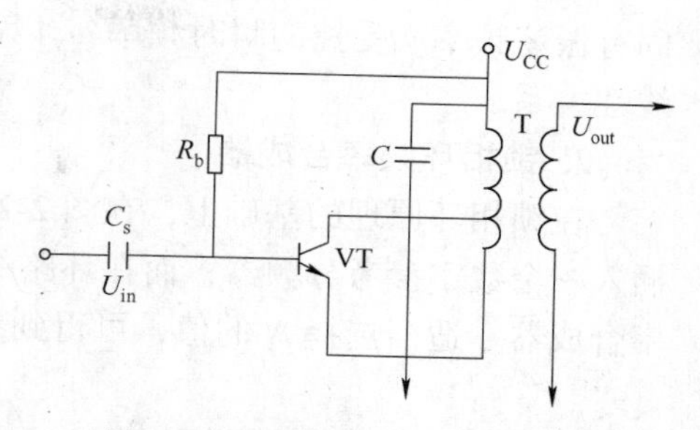

图 2-25　甲类射频放大器电路图

2.6.3　锁相环电路的基本工作原理

锁相环电路用于单片机作为控制单元的多频道无绳电话机中，在单片机的控制下，锁相环电路自动完成发射电路主振频率和接收电路本振频率的合成，使无绳电话机自动实现频道的转换以及频率锁定，得到更清晰的通话效果。

1. 无绳电话机中锁相环电路的组成

无绳电话机中的锁相环路主要由鉴相器（PD），环路滤波器（LPF）和压控振荡（VCO）3 个基本部分组成，其示意图如图 2-26 所示。

当压控振荡器的频率 f_V 由于某种原因而变化时，会产生相应的相位变化，这个相位的变化在鉴相器中与参考晶体振荡器的稳定相位（频率为 f_R）相比较，使鉴相器输出一个与相位误差成比例的误差电压 $U_d(t)$，经过低通滤波器，取出其中缓慢变化的直流电压分量 $U_C(t)$。$U_C(t)$ 控制压控振荡器中的变容二极管的电容值作相应变化，变容二极管电容值的变化将 VCO 输出频率 f_V 锁定在一个稳定频率值上。

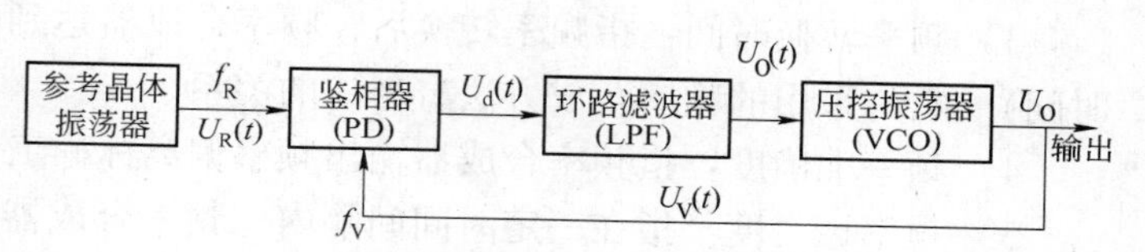

图 2-26　无绳电话机中的锁相环电路示意图

1）鉴相器（PD）。鉴相器是一个相位比较装置，用来检测输入信号（f_R）中相位与输出信号（f_V）中相位之间的相位差。输出电压 $U_d(t)$是相位差的函数。

2）环路滤波器（LPF）。环路滤波器具有低通特性，其主要作用是滤除鉴相器输出的波纹和低通型相位噪声。并对环路参数的调整起着决定性的作用。环路滤波器是一个线性电路，其输出电压与输入电压之间的关系是线性微分关系，在无绳电话机中若 LPF 损坏，会使 VCO 电压不稳定（或用示波器检测到有毛刺现象），话机将会出现频率偏移、灵敏度低和不对码等故障。

3）压控振荡器（VCO）：压控振荡器是瞬时频率受电压控制的振荡器。无论何种类型的压控振荡器其特性都可用频率与控制电压之间的关系曲线来描述，如图 2-27 所示，当控制电压 U_C 等于零时（以直流偏置电压为零参考点），VCO 振荡频率为 ω_0，称为

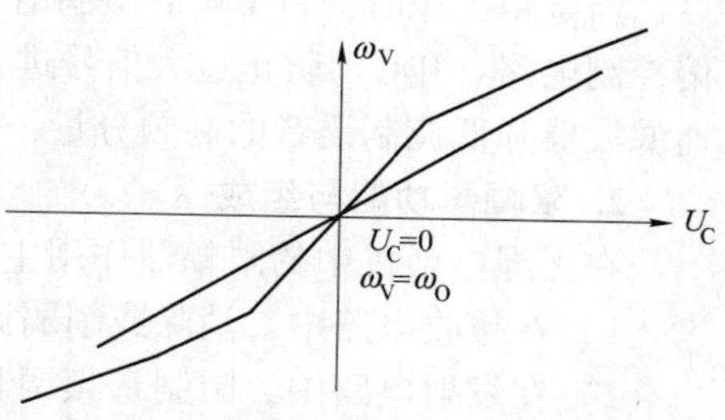

图 2-27　VCO 频率与控制电压的特性曲线

固有振荡频率。受控的瞬时频率 ω_V 以 ω_0 为中心而变化。通常在较宽的范围内，这种变化呈线性关系。

2. 锁相环频率合成器

在锁相环原理的基础上，在图 2-28 所示锁相环频率合成器组成框图中，将环路输入端插入一个数字参考分频器，而在环路的反馈支路上插入一个可编程分频器，即成为锁相环频率合成器。适当选择 N 的值，可得到各个频道的频率。

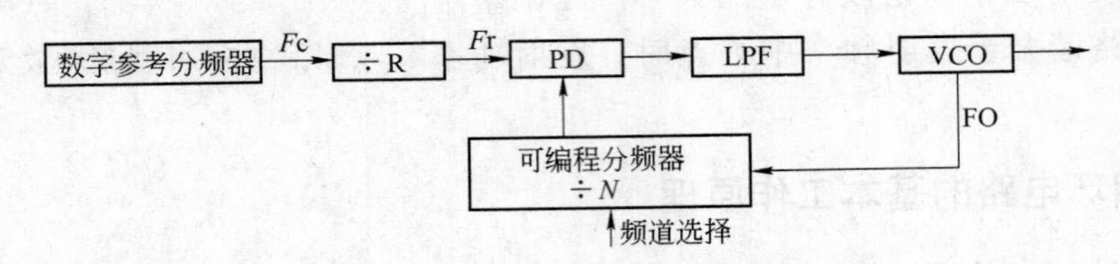

图 2-28 锁相环频率合成器组成框图

锁相环频率合成器的性能指标如下。

1）频率范围：指频率合成器最低输出频率和最高输出频率间的范围。

2）频率分辨力：频率合成器的输出频谱不连续，两相邻频率点之间的最小间隔称为频率间隔。

3）频率转换时间：指频率转换后，频率合成器达到稳定工作所需要的时间（环路锁定时间）。它与采用的频率合成方法有密切的关系。

4）频率准确度：指频率合成器输出频率偏离标称工作频率程度，即频率误差。

5）频率稳定度：指在一定时间间隔内，频率合成器输出频率变化大小，分为长期、短期、和瞬间稳定度 3 种。

2.6.4 语音处理电路

1. 语音处理部分

语音处理部分是指从传声器到调制器输入端的整个低频工作电路，其 IDC 电路流程如图 2-29 所示。

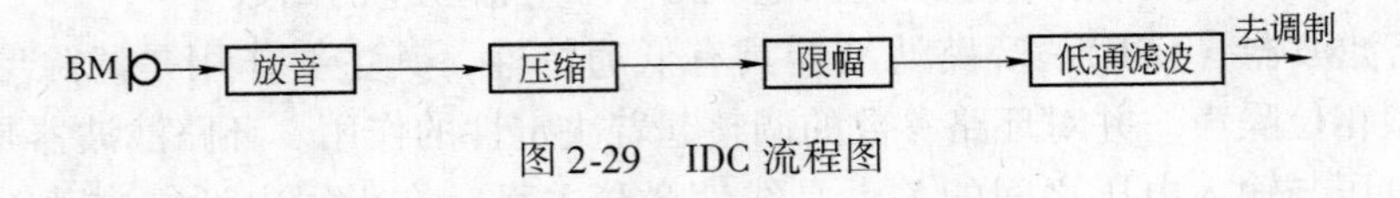

图 2-29 IDC 流程图

当电路工作时，将 BM 的微弱语音信号无失真地放大到调制器所需要的电平；用瞬时频偏控制电路（IDC）防止过大信号进入调制器而产生过大频偏，造成相邻频道的干扰；用低通滤波器降低调制语音的高频分量，实现 6dB/倍频程的预加重特性。

2. 限幅器功能与组成

在无绳电话机中的限幅器作用主要表现在以下两个方面。

1）在接收电路中，消除或削弱调频信号在空间传播的幅度调制（寄生调幅）。

2）在发射电路中，限制音频调制信号的最大幅度，使其调制的频偏不超过最大频偏。

限幅器通常由非线性元器件和滤波器两部分组成，其组成框图如图 2-30 所示。非线性元器件使输出信号幅度与输入信号幅度呈非线性关系而达到限幅的目的。滤波器的作用是滤除由于非线性元器件的作用而产生的新频率成分，一般由 *LC* 谐振回路或陶瓷滤波器组成。

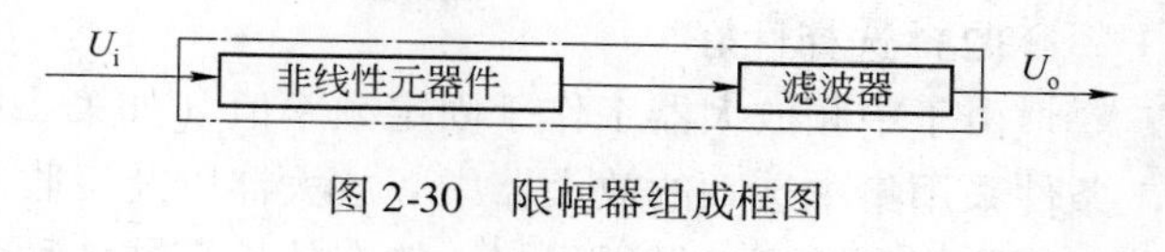

图 2-30　限幅器组成框图

由于信号经过限幅后，波形被削平，将产生丰富的高次谐波。音频话音信号的高次谐波会使话音频谱展宽，造成对邻道的干扰。为此，在限幅器后要接特性比较陡峭的低通滤波器，以抑制 3kHz 以上的谐波成分。

3. 压缩扩展器

在发射电路的语言处理部分加入压缩器，可以减少输入语音电平的动态变化范围；在接收电路的语言处理部分加入扩展器，将不失真地恢复被压缩的语音信号。这样，可以改善语音质量并减少噪声的影响。压缩器与扩展器主要由运算放大器、整流电路与压控可变电阻器 3 部分组成，压缩器与扩展器电路如图 2-31 所示。

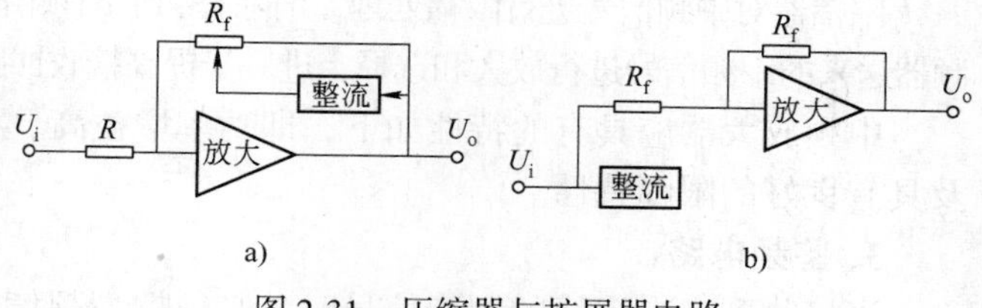

图 2-31　压缩器与扩展器电路

a）压缩器电路　b）扩展器电路

图 2-31a 所示为压缩器电路。对于运算放大器，当开环增益足够高时，有负反馈电阻 R_f 的放大器闭环增益为 R_f/R_{in}。因此，对于压缩器电路，以受整流电压控制的电阻 R_f 为负反馈电阻，而整流电压取自放大器输出端。

这样，若设 $R_f=\dfrac{K}{U_o}$，K 为常数，

U_o为放大器输出电压，其值为$\dfrac{R_f}{R_{in}}U_o=U_i=\dfrac{K}{R_{in}U_o}U_i$

从而有 $U_o=\sqrt{\dfrac{K}{R_{in}}U_i}$，显然，$U_o\propto\sqrt{U_i}$就起着压缩作用。

图 2-31b 所示为扩展器电路。若整流电压控制的电阻 R 为输入电阻，则整流电压取自放大器输入端。同样，若设 $R=\dfrac{K}{U_i}$，则有 $U_o=\dfrac{R_f}{R}U_i=\dfrac{R_f}{K}U_i^2$

有 $U_o\propto U_i^2$ 就起着扩展器作用，压扩比取决于受控电阻 R 随控制电压变化的程度。

2.6.5　接收放大电路

1. 接收电路

无绳电话机的接收方式一般都采用超外差接收方式，这是因为超外差接收方式电路具有以下两个主要特点。

（1）灵敏度高

晶体管的放大作用是随着工作频率的升高而降低的，并且当频率高时容易自激。当变成中频信号后，由于相对载波较低，所以可以大大地提高中频放大器的增益，从而提高了接收电路的灵敏度。

（2）选择性好

由于中频放大器工作于固定频率值（如第一中频为10.7MHz，第二中频为455kHz），有条件采用集中选频的放大器中频放大器以及接收中频放大器专用集成电路（如MC3361等），因而选频电路可以做得很好，能有效地衰减各种干扰，提高接收电路的选择性。

无绳电话机的工作频率在50MHz以内，直接在这样高的频率上进行高增益放大，容易引起自激，使放大器难以保证稳定工作，因此，采用超外差式进行频率变换，使高频变成中频。

2. 中频放大器

无绳电话机接收回路中的中频放大器不仅关系到整机的接收灵敏度、选择性等主要指标，而且它的限幅性能对消除干扰、提高信噪比、改善调幅抑制比、减少失真、加宽通频带等都有着重要的作用。无绳电话机中采用陶瓷滤波器和专用集成电路组成中频放大器。

限幅器对中频信号进行限幅处理，消除叠加于调频信号之上的调幅干扰信号；中频放大器将混频器送来的中频信号进行放大和选择，进一步提高接收回路的选择性，并决定了接收回路的增益。

中频放大器应具有的特性如下，即功率增益高、稳定性好、通频带宽度合适、选择性好及具有良好的限幅特性。

3. 鉴频电路

当接收到来自天线的调频信号时，必须把高频信号还原成音频信号，通过语音处理才能使扬声器发出声音。鉴频器就是对调频信号进行解调，以便得到原音频信号。将调频信号变换成音频信号的电路称为鉴频电路。鉴频电路主要由两部分组成：一部分是频率振幅变换器，其作用是把调频波变换成调频调幅波；另一部分是线性检波器，它的作用是把调幅信号变换成所需要的低频信号。

无绳电话机所用的鉴频电路的形式是模拟乘法器鉴频，又称为正交鉴频，鉴频电路原理示意图如图2-32所示。调频信号的一路 U_1 直接被接到模拟乘法器的一个输入端；另一路经相移网络移相后得 U_2 被送入模拟乘法器的另一输入端。经模拟乘法器后输出 U_3→低通滤波器→低频分量 U_4，即得到鉴频后的信号输出。

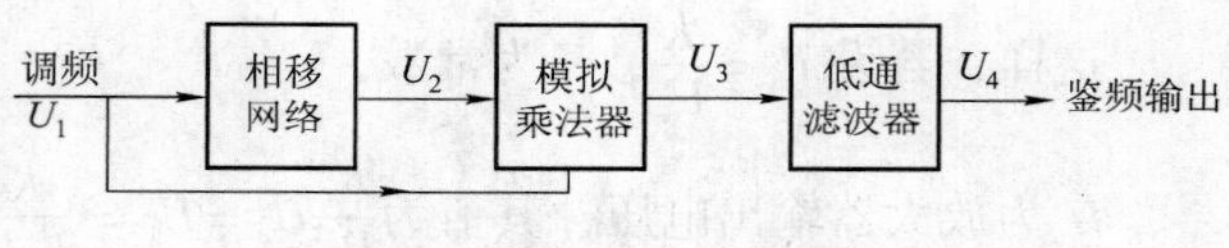

图2-32　鉴频电路原理示意图

2.7　典型无绳电话机电路分析

无绳电话机型号众多，功能各异，有些无绳电话机具有主、副机呼叫和对讲功能，主、副机随时可以接收外来呼叫和对外拨打电话，兼有免提、重拨、暂停、P/T兼容、音量调节、改变频道、主、副机转移呼叫、存储等功能。下面以HW868（Ⅱ）P/T SD型无绳电话机为例介绍其工作原理。

HW868（Ⅱ）P/T SD型无绳电话机整机集成度高，功能齐全，是一种包括无绳副机、有绳手柄和免提电话的带微处理器（MCU）的“三合一”多功能电话机。它具有先进的微处理器（MCU），可编程双工锁相环（PLL）等设计，控制功能更加齐全，电路工作更加可靠；全自动16位防盗打密码及长途锁功能，可有效地阻止非法用户盗打电话；主机和副机可实行双向呼叫和内部通话，主机设有手柄和免提两种通话方式，可方便用户使用；13信道自动/手动选择模式，可有效地解决同频干扰问题；副机、有绳手柄和免提均具有脉冲/双音频兼容拨号、重拨、暂停、存储、R 键等功能，同时保持了普通电话机的全部功能。

2.7.1 主机电路原理分析

1. 主机电路组成

HW868（Ⅱ）P/T SD 主机电路主要由微处理控制电路（MCU）、接收电路、发射电路、接口电路、手柄和免提电路、电源充电电路等组成，其主机电路原理框图如图 2-33 所示。无绳电话机大部分电路与普通电话机类似，在此只介绍无绳电话机的射频电路原理。

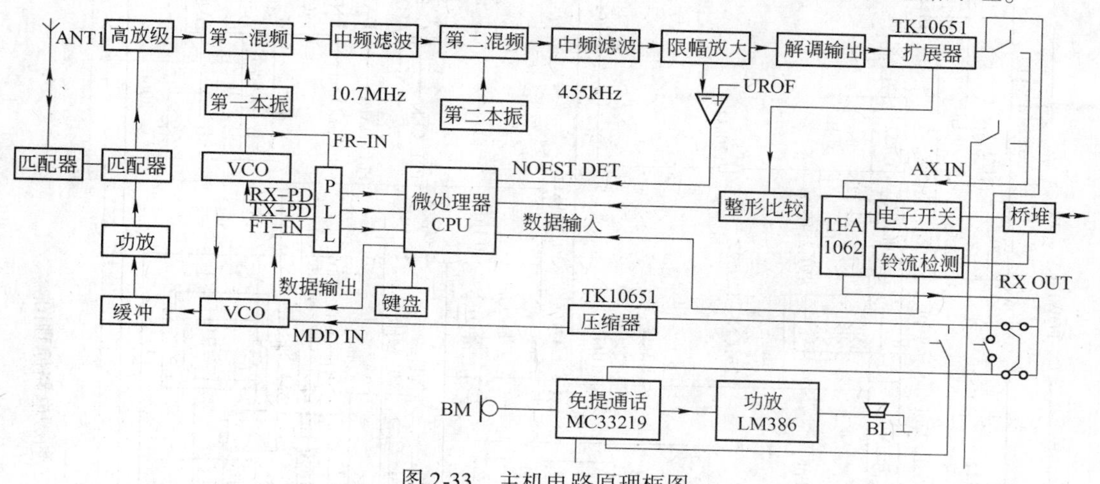

图 2-33　主机电路原理框图

2. 微处理控制电路常见故障检修

CPU 电路故障率最高的就是键盘输入电路。因键盘使用频率或有毛刺容易使键盘失去弹性，引起按键卡住；因导电橡胶老化导致接触不良；不小心使液体流进键盘，导致键盘纵、横线间绝缘不良。由上述原因引起的故障表现为：①断开电源重新接上，电路就进入所卡住键对应的工作状态。②按某键无效。③按所有键无效，电路不能工作。

上述原因引起的故障的修理办法如下：对于按键卡住故障，只要使按键复位，在卡住一边用刀片刮掉少许即可，对于键盘导电橡胶失去弹性故障，只有更换新品解决；对于键盘接触不良故障，可用无水酒精清洗，如不行可用锡箔纸剪成导电面大小形状，再用胶水贴在原导电面上解决；对于键盘绝缘不良故障，先用无水酒精清洗，再用电吹风驱潮即可。另外，因 CPU 本身引起的工作不正常故障，一般只要拔掉 DC9V 插头，重新插上就能恢复正常。

3. 射频电路原理

射频电路由接收电路和发射电路两大部分组成。其电路原理图如图 2-34 所示。

由手机发出的已调射频信号（74.150MHz）经天线 ANT_1 接收，由 C_{38}、L_2 送入双工器 IC9（48/74DUP）的 10 脚，分离后的信号从 6 脚输出→VT_4 单栅场效应管高频放大→T_6 和内附小电容组成的选频回路选频后→C_{102} 耦合→IC14（MC13135）接收专用芯片 22 脚第一混频输入端。MC13135 芯片内部包括两个本机振荡器，两个混频器，一个限幅中频放大器，一个输出功率放大器，一个独立的变容二极管。IC14 的 1、2、23、24 脚以及外接 C_{92}、C_{72}、T_8 等组成第一本振回路。从 IC14 的 3 脚输出第一本振频率→C_{124}→IC13（MC1415162）60MHz 可编

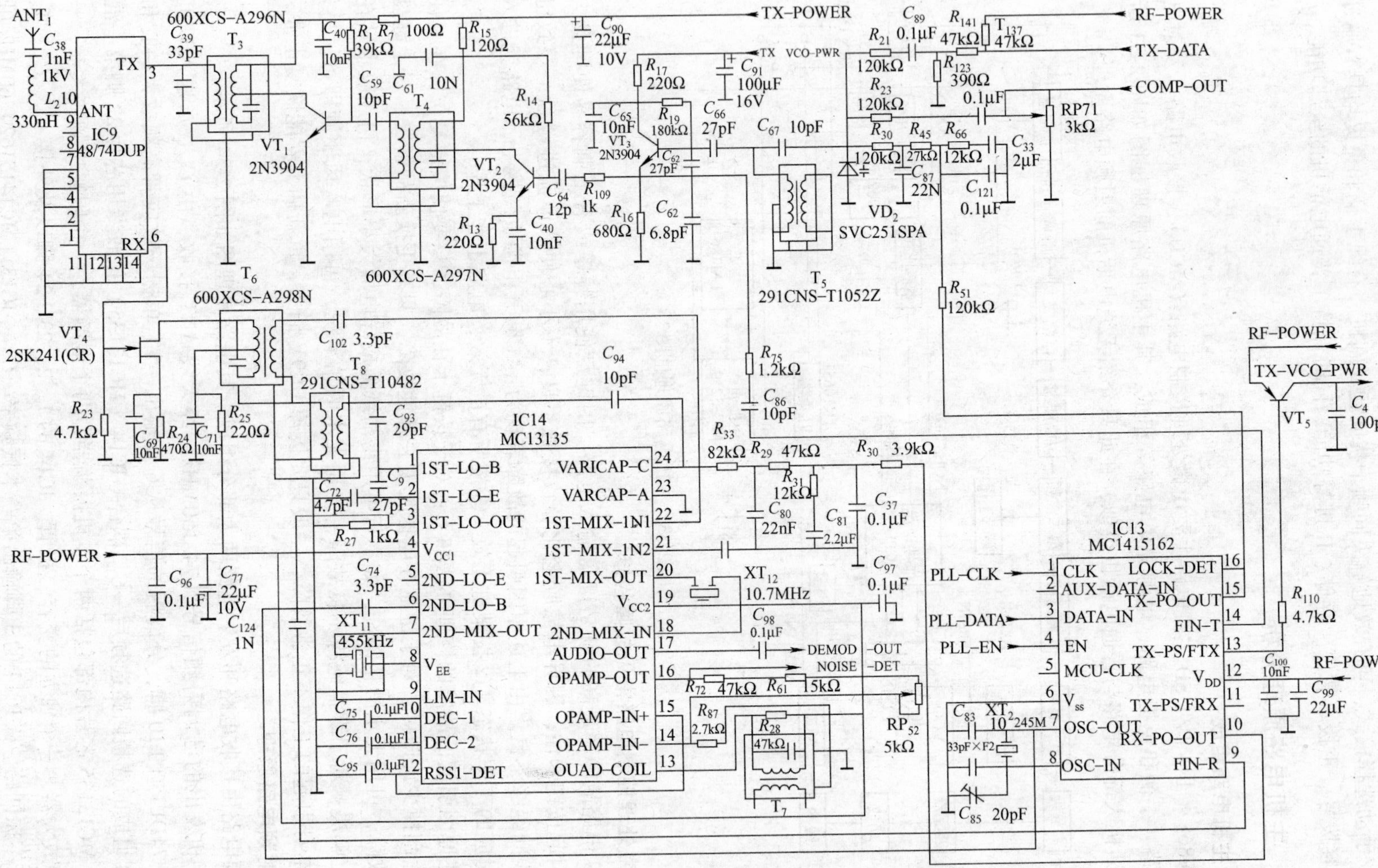

图 2-34　射频电路原理图

程双工锁相环频率合成器的 9 脚，与芯片内部的基准频率进行比较（即鉴相）后，进行环路压控振荡而锁定，使发射频率更加稳定。压控电压从 IC13 的 10 脚输出→R_{30}、R_{29}、R_{33}加至 IC14 的 24 脚，使内接变容二极管的结电容发生相应的变化，锁定第一本振频率。在 IC14 芯片内部，外来的射频信号和第一本振信号汇合，差拍出 10.7MHz 的第一中频信号，由 20 脚输出→XT_{12}（10.7MHz）陶瓷滤波器窄带滤波输出纯净的 10.7MHz 信号→IC14 的 18 脚，在内部和第二本振信号（10.245MHz）汇合（第二本振由 IC13 的 7 脚输出→C_{74}送入 IC14 的 6 脚），差拍出 455kHz 的第二中频信号。IC14 的 13 脚外接 T_7为鉴频回路的正交线圈。第二中频信号经内部限幅放大、鉴频后的复合压缩音频信号，从 17 脚输出→C_{98}耦合至压缩扩展电路的 DEMOD-OUT 端。

由压缩扩展电路来输送的 TX-DATA 数据信号→R_{141}、C_{89}、R_{21}加至变容二极管的 VD_2负极调频；COMP-OUT 输出的压缩音频信号→RP_{71}选择合适的发送当量→C_{88}、R_{22}→VD_2负极调频。发射频率经 R_{75}、C_{86}→IC13 的 14 脚，与芯片内部的基准频率进行比较后，从 15 脚输出锁定的压控电压→R_{51}、R_{49}、R_{20}→VD_2负极，锁定发射射频振荡器的频率。调制后的射频信号（48.150MHz），由 R_{109}、C_{64}→VT_2基极，经激励放大后的信号→T_4选频、C_{59}耦合→VT_1基极进行功率放大，放大后的信号→T_3选频→IC9 双工器分离→ANT_1天线向周围空间发射。

2.7.2 副机电路组成

副机电路组成与主机电路组成基本相同，主要由微处理器（MCU）、接收电路、发射电路等组成，其电路原理框图如图 2-35 所示。与主机相比副机电路没有外线连接的桥堆、电子开关、铃流检测、通话芯片 TEA1062、免提通话等电路，其工作原理也与主机类似，在此不再叙述。

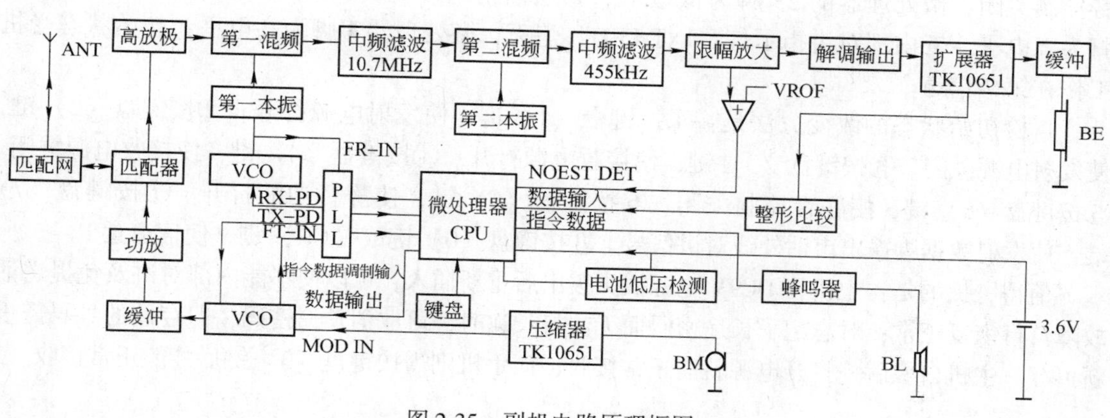

图 2-35　副机电路原理框图

2.7.3 自检功能和测试程序

在 TCL868（Ⅱ）P/T SD 无绳电话机中，为了提高整机性能，方便用户检查该机故障，特设了自检功能和测试程序。用户只要掌握这种程序的使用方法，就能方便地判断话机的故障所在部位，甚至对软件引起的这些故障还可以通过自检自动消除。

1. 主机的自检功能和测试程序

自检操作方法是：第 1 步，拔出 DC9V 电源插头，同时按住〈R〉键和〈RD/PA〉键不放，第2步，插入DC9V电源插头，此时主机会发出4声“哔哔”声而进入自检状态。此时工作指示灯“INUSE”由亮→灭→亮→灭→灭变化说明自检开始。初始状态①发射电源关闭，微处理器19脚为高电平。②内部对讲关闭，微处理器24脚为低电平。③手机外线对讲关闭，微处理器21脚为低电平。④免提关闭，微处理器14脚为高电平，22脚为低电平。⑤市话外线控制关闭，微处理器12脚为低电平。⑥工作指示灯“INUSE”熄灭，微处理器6脚为低电平。⑦发射锁相压控电压关闭，微处理器15、16、17脚为低电平。⑧初始状态工作在第七信道。

通过键盘按键数码对上述初始状态进行控制，根据结果就能大致确定故障范围。方法是：①按键盘〈1〉键使发射电源打开。②按键盘〈2〉键使发射电源关闭。③按键盘〈3〉键使免提控制打开或关闭（如按第一下打开，如按第二下关闭）。④按键盘〈4〉键，使市话外线对讲打开或关闭。⑤按键盘〈5〉键，使内部对讲打开或关闭。⑥按键盘〈6〉键，使静音功能打开或关闭。⑦按键盘〈7〉键，使发射电源打开并发出内部呼叫信号（数据信号）。⑧按键盘〈8〉键，使市话外线摘机或挂机。⑨按键盘〈9〉键，使免提通话芯片MC33219工作。⑩按键盘〈0〉键，使信道数加1（即按一下为8信道，二下为9信道）。

2. 手机的自检功能和测试程序

自检操作方法是：将电源开关置关状态，同时按住〈R〉键和〈RD/PA〉键不放，再将电源开关打开，此时手机会发出4声“哔哔”声而进入自检状态。此时通话指示灯“TALK”由亮→灭→亮→灭→灭；对讲指示灯“INTCON”由灭→亮→灭→亮→灭变化，说明自检开始。初始状态①发射电源关闭，微处理器IC_1的12脚为高电平。②发射锁相压控电压关闭，微处理器15、16、17脚为低电平。③接收关闭，微处理器的13脚为低电平。④静音控制关闭，微处理器的23脚为低电平。⑤通话指示灯“TALK-LED”熄灭，微处理器3脚为高电平。⑥内部对讲指示灯“INT-LED”熄灭，微处理器4脚为高电平；初始状态受机工作在第7信道。

自检初始状态的改变方法是：①按键盘〈1〉键，使发射电源打开。②按键盘〈2〉键，使发射电源关闭。③按键盘〈3〉键，使接收电源打开。④按键盘〈4〉键，使接收电源关闭。⑤按键盘〈5〉键，使静音控制关闭。⑥按键盘〈6〉键，使静音功能打开。⑦按键盘〈7〉键，使发射数据脚输出市话外线对讲信号。⑧按键盘〈0〉键或〈CH〉键，使信道置1。

值得一提的是：主机将DC9V电源插头拔出后重新插入，可以使不能内部对讲及免提送话故障自行恢复正常；对忘记了长途密码而无法打长途时，可取消长途密码，但存储的号码需重新再存。主机自检后一打开电源就能正常接收，而手机则需按键盘〈3〉键后才能正常接收。

2.8 无绳电话机常见故障分析与维修

2.8.1 无绳电话机故障分析

无绳电话机是一种新型的电话终端设备，集电话机电路、高/低频电路、发射接/收电路和MCU芯片控制技术于一身，综合了电子技术的各个方面功能。它利用小功率的无线信道取代副机（手机）送、受话器与电话设备间的电缆绳线。主、副机之间既有发射，又有接收。与调频广播不同的是无绳电话机没有公开、固定的信号源。

无绳电话机的电路形式有导频式、MCU芯片控制单频道和多频道之分。无绳电话机的电路形式不同，其信号流程、控制方法均有较大差别。

对于不同电路形式的无绳电话机，其故障的分析思路、修理方法均不同。而各种型号的无绳电话机天线的使用和维护，电池的充、放电方法却有相同之处，常见故障现象大致相同。

1. 导频式无绳电话机故障分析

对这类无绳电话机，可以通过分别给主机、子机通电，依照话音信号、导频信号的信号流程对电路进行检查。通过检测各单元电路信号输入输出点的工作电压、信号波形检查电路是否正常。由于导频式无绳电话大都采用通用元器件，在修理过程中，即使对故障的判断没有完全把握，也可以通过更换可疑元器件的方法进行修理。

2. MCU控制的非综合芯片无绳电话机故障分析

在这种结构的无绳电话机中，MCU芯片对其他电路的控制，是通过由外接的模拟开关或晶体管组成的电子开关的状态转换来实现的。因此，在进行修理时，可以通过给主、子机MCU芯片的电源控制输出端TXEN、RXEN人为设置低电平，使话机的发射、接收通道通电工作，给压扩器静音开关人为设置低（或高电平），使开关闭合。按照语音信号、数据（DATA）信号流程，检查各单元电路信号输入输出点的电压和波形。首先判断故障是在MCU芯片部分，还是在RF电路或通话电路（对于主机而言）。由于除了MCU芯片以外，其他的电路大都采用一些中、小规模的IC或分立元器件，所以对RF电路和通话电路，可以采用“替代”法进行修理。如果是MCU芯片损坏，则需退回生产厂家或特约维修点修理。

3. 采用综合芯片的无绳电话机故障分析

这种电路结构的无绳电话机故障分析的特点是电路集成度很高。压扩器的静音开关、接收电路电源控制等控制开关和锁相环频率合成器等都在综合芯片内部，由MCU的程序控制。MCU芯片与无绳电话机故障分析综合芯片的数据为串联传递，所以对这种无绳电话机，无法通过人为闭合电源开关、静音开关的方法让话机发射、接收电路和话音加工电路通电工作。只有进入测试程序，才能对这些电路进行检查测试。在检查话机时，可以使话机进入测试程序。如果无法进入测试程序，只能将话机退回生产厂家修理。

如果能够进入测试程序，就可以按照语音信号、数据（DATA）信号流程对电路进行检查。要提醒大家注意的是，由于无绳电话机综合芯片的集成度很高，许多单元电路和控制开关都在综合芯片内。所以在修理过程中，往往会根据以往的检修经验，判断故障出在综合芯片，但切勿轻易更换综合芯片。因为在这类无绳电话中，综合芯片内的控制开关都是由MCU芯片程序控制的。故障现象出现在综合芯片内，但原因也许是MCU芯片不良。因此无法确切判断是无绳电话综合芯片还是MCU芯片有问题，需要更换才能确定。无论是综合芯片还是MCU芯片，它们都有40多条引脚，很不容易撤除，也不容易焊接。另外，无绳电话的MCU芯片通常都是生产厂家的专利产品，不会在市场上公开出售。除非作为该厂家的特约维修点，否则根本没有可以用于更换的MCU芯片。所以，对于采用综合芯片的无绳电话待修机，最好是直接退回生产厂家修理。

4. 无绳电话机的检修设备和检修流程

根据无绳电话机的特点，修理无绳电话机时必须具备工具仪器设备和技术资料。

最简单的工具为烙铁、改锥、能测量电容容量的数字万用表（主要考虑 SMD 电容无标识，检修时可用数字表测量）和市话电话线。另外，市面上还有能提供振铃信号的设备和直流电源，并可以定性检查电话机是否能正常进行双音频拨号和脉冲拨号的简易电话机分析仪出售，利用这些工具，可以检查电路是否存在短路、开路、空焊、虚焊，电路元器件是否有烧坏，电路板是否有烧焦等现象。对于子母机无绳电话，还可以对主机的有线话机部分电路进行检查。

若要修理 RF 电路故障，则最好能配备带有显示振荡器振荡频率的高频示波器和高频调频信号源，这是修理无绳电话机发射、接收通道疑难故障必不可少的设备。从这个意义上讲，只配备有一块万用表的所谓“家电维修部”，不具备修理无绳电话机设备条件。

若没有待修无绳电话的使用说明书和电路图，则要求修理者具有根据话机实物，能大致画出基本电路结构图以及信号流程草图的能力。

由于无绳电话机功能多、按键多，各功能电路之间关系复杂，很容易造成因操作不当出现无绳电话机不能正常工作的现象。我们将因操作不当和无绳电话机安装不当造成的故障称为“假故障”。在检修前，需要认真阅读无绳电话机的使用说明书，并向用户了解故障产生的过程，排除对“假故障”。的修理。特别是对于需要采用“对码”操作，才能建立主、子机联系的无绳电话机，更是如此。

作为无绳电话检修的第一步，需要首先利用检修者的眼、手，检查电路走线、元器件有无开路、短路、空焊、虚焊、烧焦、烧坏等现象。对于采用 SMD 贴片元器件的电路板，需要特别注意贴片元器件是否有很细的裂缝，早期生产的有些 SMD 贴片元器件强度不够，在贴片时若贴片机冲力过大，容易使贴片元器件出现断裂，造成该元器件失效，话机出现故障。

5. 主、子机之间的开机过程

在无绳电话机故障当中，有 50% 以上是子机不能摘机或子母机无绳电话机的主、子机之间不能对讲。因此，在分析无绳电话机具体故障之前，我们首先介绍 MCU 芯片控制无绳电话机主、子机之间的开机过程。

1）按子机开机键，子机 MCU 芯片 DAO 端口经子机发射通道向主机送出带有“握手”信息和“开机”指令的控制命令。

2）主机 MCU 芯片 DAI 端口经接收通道收到该控制命令后，首先核对“开机密码”，密码不对，不接收后面的开机命令，话机仍然挂机；密码吻合，根据收到的子机命令，主机 MCU 芯片 PO 端口由低电平变为高电平，闭合外线电源开关，话机摘机。而后，主机 MCU 芯片 DAO 端口经发射通道向子机发出“信息收到”的信号。

3）子机收到主机发回的“信息收到”信号后，向相应控制端口发出控制命令：TXEN、RXEN 端均为低电平，以保证发射、接收通道通电工作；接通发射、接收通道的静音开关，使话音信号能由 MIC 送出、子机 DTR 可以听到主机送来的拨号音、使子机处于通话关态；若没有收到主机发回的“信息收到”信号，子机仍处在待机状态，发射通道无直流电源，同时子机 MCU 发出出告警声，通知用户不能开机。

6. 无绳电话机具体故障分析

由以上过程可以看到，要实现子机开机，在确认开机密码无误后，还必须要求主、子机发射、接收通道以及主、子机 MCU 芯片电路都处于正常工作状态。同样，如果子母机无绳电话要实现“内部通话”，也同样有上述过程，需要主、子机密码相同，发射通道及 MCU 芯片工作正常。所以，在检修过程中，利用“内部通话”功能，可以大致判断分析高频电路和 MCU 芯片工作是否正常。

“内部通话”是指按子机（或主机）内部通话键，主、子机都振铃，主机（或子机）摘机，进入内部通话状态。对于子母机无绳电话机来说，子机不能摘机的话机，主、子机之间必然不能进行“内部通话”。下面，从检修“不能进行内部通话”故障出发，针对以下具体故障介绍检修高频电路和 MCU 芯片电路的分析思路和一些方法：

1）故障现象：不能进行内部通话。

本故障有以下几种故障现象。

① 按子机内部通话键，主机振铃，子机不振铃。

分析：由于主机振铃，子机不振铃，所以可以证明子机发射通道、主机接收通道工作正常。故障可能出在子机接收或主机发射的电路上。

② 按主机内部通话键，子机振铃，主机不振铃。

分析：由于子机振铃，主机不振铃，所以可以证明主机发射通道、子机接收通道工作正常。故障可能出在主机接收或子机发射的电路上。

③ 按主、子机内部通话键，主、子机均无振铃。

分析：由于 MCU 芯片控制无绳电话的所有信息，都是通过主、子机 MCU 芯片的 DATA 信号传递。所以只要两个芯片中有任何一个芯片不正常工作，就都会造成 DATA 信号无发送或无接收。本故障很可能是两个芯片中有一个工作不正常。

检查 DATA 信号发射、接收的措施：由于无法开机，MCU 芯片不会给发射、接收通道提供直流电源，所以需要将 MCU 芯片的发射、接收电源控制端 TXEN 和 RXEN 端人为接地，使发射、接收通道电源控制管饱和导通，两通道通电工作；示波器或频率计接天线端口，有高频信号表示发射正常；无高频信号表示发射通道工作不正常，需检查调频振荡电路、高频功率放大器和输出匹配网络，为检查 DATA 信号发射是否正常，可在 MCU 芯片 DAO 端口加上矩形波电压，然后在天线端口测量频偏，正常情况下，频偏应在 4.0～5.0kHz；高频信号发生器调频信号接天线端口，在 MCU 芯片 DAI 端口，用示波器应该看到矩形波电压，如果没有矩形波电压，就需要检查高频小信号放大、变频、混频振荡、限幅中频放大器和鉴频等电路。

以上方法都是检查发射通道或接收通道工作是否正常。检查发射、接收电路的具体方法很多，这里不做详细介绍。如果发射、接收通道都正常，故障仍未排除，就需要检查 MCU 芯片及其外围元器件。对于多频道无绳电话，在正常情况下，MCU 芯片不能进入测试程序，就意味着 MCU 芯片电路不良，需要进行检查。

由于 MCU 芯片的外围元器件很少，所以对 MCU 芯片电路的检查，主要是检查 MCU 芯片的振荡电路和复位电路，如果它们工作都正常，就只有更换 MCU 芯片了。

对于单手柄无绳电话，虽然没有“内部通话”功能，但主机大都具有“PAGE”功能，所以可以利用“PAGE”功能和子机摘机来进行双向呼叫检修。

2）故障现象：子机不能摘机。

如果话机能够进行内部通话，而子机不能摘机，说明其高频通道、MCU 芯片电路工作正常，故障可能出在 MCU 芯片 PO 端至外线电源开关以及外线上。

检修方法：子机按开机键，用万用表电压档测量主机 MCU 芯片 PO 端，正常情况应为高电平，若为低电平，则需要检查 MCU 芯片电路；若 PO 端电平正常则检修电源开关管、驱动管和外线连接等。

3）故障现象：外线来电不振铃。

如果内部通话时主、子机都能振铃，则故障主要出在外线振铃检测电路的光电耦合器、振铃信号耦合电容和限流电阻。

检修方法：当外线输入振铃信号时，用指针式万用表电压挡测量光电耦合器电路的光电管集电极或 MCU 芯片外线振铃信号输入端 ASO 端，正常情况下，万用表指针应来回摆动。

4）故障现象：子机能摘机、拨号，但不能讲话。

首先检查主机有线电话通话是否能通话，如果不能通话，就说明主机通话电路工作不正常，故障可能出在有线电话通话电路的 MIC 与消侧音晶体管之间的电路上；如果能通话，就说明主机通话电路工作正常，故障可能出在子机 MIC 到调频振荡前的发射话音的加工电路上。

检修方法：对主机来说，提主机手柄摘机，对 MIC 吹气，用示波器检测 MIC 与消侧音晶体管之间的电路应有显示；对子机来说，将子机置于开机状态，对 MIC 吹气，用示波器测 MIC 输出端、压缩器输入端和输出端都应有显示。如果某级电路无显示，则故障可能就在该电路上。在检修时，要特别注意压扩器的静音开关控制端是否处于开关闭合电平。如果不是，就需检查 MCU 芯片。

5）故障现象：主、子机之间通话距离变近。

首先要检查电池电压是否不足，周围是否存在严重干扰。在排除这些因素之后，再对电路存在的故障进行分析。从理论上讲，主机发射功率变小、子机接收灵敏度降低或子机发射功率变小、主机接收灵敏度降低，才有可能使主、子机之间通话距离变近。在实际检修中发现，这种故障大部分是由于接收灵敏度下降造成的。因此在检修时，需要首先检查主、子机的接收灵敏度。

检修方法：与无绳电话的接收灵敏度调试一样，在天线端口输入高频调频信号，在鉴频器输出端用示波器观察其波形。用“信号寻迹法”检查鉴频器、中频放大器、变频器、高频放大器和输入回路等电路，也可以是鉴频正交线圈、高频放大器回路和输入回路失谐。在检修实践中发现，有一部分故障是由于 455kHz 陶瓷滤波器质量不良造成的。

另外，这种故障现象不稳定，通话距离时远时近。这是因为元器件的参数不稳定，或电路板存在“隐性”短路、开路造成的。在检修时，可用拍打、敲击和给可疑元器件、电路部位用烙铁加热等办法，使故障由不稳定变为稳定。然后按上面介绍的方法检修。

由于通话距离变近这个故障牵涉的面广，所以如果没有高频信号发生器的仪器设备，就最好不要对 *LC* 回路进行任何调整。否则，*LC* 回路被调乱后很难恢复。

6）故障现象：子机电池使用时间短，用不了多久欠电压指示灯闪烁。

无绳电话子机普遍采用镍镉充电电池作子机电源。镍镉充电电池是有使用寿命的，如果电池使用时间已到，就需要更换新电池。如果使用了新电池仍然存在这个故障，则可能是子机电流过大（用手摸电池，电池发热）或电池存在记忆效应。

检修方法：

① 用万用表电阻档测量电池插座两芯，如果电阻太小，则往往是子机的充电限压稳压

二极管击穿短路，这是造成子机电流过大的原因。

② 用万用表电压档测量电池电压。如果电压值为电池额定值，但用不了多久欠电压指示灯闪烁，可判定是电池存在记忆效应。记忆效应是镍镉充电电池特有的缺点，其表现为空载时电池两端有电压，但能提供的电流很小。

减轻记忆效应的方法是，首先以 30 ~60mA 的电流恒流放电，当电池电压降到额定值的 70% ~80% 时，以同样的电流恒流充电，达到额定值后再次放电，如此循环反复 3 ~4 次后，可基本消除记忆效应。

7）故障现象：子机无受话。

由于子机拨号正常，故障可能出在子机 DTR 至扩张器之前的接收通道话音加工电路。在检查中，要注意扩张器的静音开关是否闭合。

检修方法：在鉴频器输出加音频信号，用示波器检查接收通道话音加工电路的信号输入、输出点。

8）故障现象：主机自动摘机。

具体故障现象为只要接上外线，主机即处于摘机状态，但听不到拨号音，这个故障通常发生在雷雨天之后。

因为是在雷雨天之后发生，所以可以判断是由雷击造成的。由于用于电话机的压敏电阻反应速度较慢、导通时电流太小。在进行抗雷击测试时一般都很难通过，所以对这种故障，首先检查外线电源开关、通话电路前的12V/1W 稳压二极管是否击穿。在检修时，如果电源开关管损坏，最好把电源开关驱动管一起更换。同时要注意，12V 稳压管损耗功率至少要1W，否则很容易被击穿。当这种故障严重时，甚至会将通话电路消侧音晶体管一起击穿，所以在检修时，需要检查消侧音晶体管的工作状态。

如果想从根本上解决这个问题，则可将话机用户线输入两端所接的压敏电阻改为高速、大电流的防雷击保护器。

9）故障现象：拨号时，某些按键号码拨不出去或很难拨出去。

这种故障，无绳电话主机、子机都存在。如果某些按键号码拨不出去，故障原因大多为拨号电路板线路开路；而如果是按键号码很难拨出去，则可能是按键盘“金手指”磨损和导电橡胶老化，导致电阻率升高造成的。临时应急的办法是用酒精清洗“金手指”和导电橡胶。若有条件，则可更换导电橡胶和拨号电路板。

2.8.2 HW868（Ⅱ）P/T SD 型无绳电话主机射频电路故障检修

HW868（Ⅱ）P/T SD 型无绳电话主机射频电路如图 2-34 所示。

1）故障现象：对不上密码。

接收和发射电路有一处接触不良均会导致对不上密码，但一般以压控电压偏移引起密码对不上的原因比较多见。正常的接收、发射压控电压为（2.8 ±0.1）V，若压控电压偏移，可微调 T_5、T_8 磁心解决。测量发射压控电压在 C_{88} 两端，测量接收压控电压在 C_{81} 两端。

2）故障现象：不能接收。

当检修不能接收故障时，最好用高频示波器或超高频毫伏表跟踪信号传输路径检查。首先，用示波器观察 IC14 的 22 脚有无射频信号输入，如无，应检查 VT_4 有无不良，T_6 是否失谐，C_{102} 电容有无虚焊。如正常，再观察 IC14 的 20 脚有无 10.7MHz 输出波形，18 脚有无

10.7MHz 输入波形。如输出正常无输入，多为 XT_{12}（10.7MHz）陶瓷滤波器不良。接着观察 IC14 的 7 脚有无 455kHz 的输出波形，9 脚有无 455kHz 的输入波形。若无则应检查 XT_2（10.245MHz）时钟电路工作是否正常，以及 XT_{11}（455kHz）陶瓷滤波器本身有无不良。若正常则再观察 IC14 的 17 脚有无复合压缩音频信号输出，如无应检查 IC14 本身，但一般 IC14 损坏比较少见。若正常，应检查 C_{98}有无不良或虚焊。

3）故障现象：不能发射。

重点应检查射频振荡器工作是否正常。方法是，测量 VT_3的集电极电压，短路 T_5两端，电压应有升高，说明射频振荡器已振荡；若无变化，则可能是 VT_3不良，更换一只试试，同时还应测量 C_{88}两端（2.8 ±0.1)V 压控电压是否正常。若正常，再检查 VT_2激励、VT_1功率放大器工作是否正常，可用示波器观察，此时功率放大器级波形应比激励级波形大。

4）故障现象：不能发射和接收。

对这种情况首先检查 RF-POWER 电源是否为正常的 6V，若不为 6V，则应检查供电电路。若正常，测量 IC13 的 15、10 脚有无（2.8 ±0.1)V 压控电压；若有分别检查接收电路和发射电路；若无，用示波器观察 IC13 的 7 脚有无 10.245MHz 的时钟信号。如无此信号，则可判断为 XT_2不良，如有应检查 IC13 本身是否不良。

2.8.3 HW868（Ⅱ）P/T SD 型无绳电话副机故障分析

HW868（Ⅱ）P/T SD 型无绳电话主机副机电路原理框图如图 2-35 所示。

1）故障现象：副机不能摘机。

若话机能进行内部通话，而副机不能摘机，则故障出在 MCU 的 PO 端（外线开关控制输出端）至外线电源开关。此时，可将副机开关键按下，用万用表电压档测量主机 MCU 的 PO 端，若高电平正常，低电平应查 MCU 芯片电路；若 PO 端电平正常，则查电源开关、驱动管和外线连接处。

2）故障现象：副机不能通话。

手柄通话正常，说明通话芯片 TEA1062 组成的通话电路工作正常，故障只限于接收和发送通道。一般可以拔掉 DC 9V 插头后再插上，若是微处理器故障一般都能恢复正常。若副机能摘机拨号，不能通话，首先检查主机有线电话是否通话，如不能通话，故障可能出在有线电话通话电路的 BM 与消侧音晶体管之间电路；若能通话，说明主机通话电路工作正常，故障出在副机 BM 至调频振荡前的发射话音加工电路上。对于主机的检修应先提起主机手柄摘机，再对 BM 吹气，用示波器检测 BM 与消侧音晶体管之间电路会有显示；检修副机时，先置于开机状态，对 BM 吹气，用示波器测 BM 输出端、压缩器输入端输出端都应有显示。若哪级电路无显示，则故障就会出在哪级电路中。要特别注意压扩器的静音开关控制端应处于开关闭和电平，如果不是这样的话，需检查 MCU 芯片。

3）故障现象：主、副机间通话距离缩短。

首先检查充电电池的电压是否并排除周围的干扰，主要检查主、副机的接收灵敏度。可将高频调频信号从天线端口输入，用示波器观察鉴频器输出端的波形，其中大多是因 455kHz 陶瓷滤波器故障所致。由于元器件的质量不良，参数不稳或电路中存在隐性短路、开路等问题，使得通话距离缩短。可用拍打、敲击及给可疑元器件补焊的方法稳定电路，而后用仪器检修，千万不要在无仪器监测的情况下调整 *LC* 电路，以免失谐后难以恢复。

2.9 实训

2.9.1 实训1 普及型话机整机常规测试

1. 实训目的

通过对电话机常规测试，熟悉电话机各单元电路，包括输入电路、振铃电路、拨号电路、通话电路、免提电路常规检测及检测数据。熟悉电话机各单元电路分布位置及怎样在印制电路板上识别各单元电路。

2. 实训器材

1）HA868（Ⅱ）P/T SD电话机一部。

2）电话机测试仪一台。

3）万用表一只，示波器一台。

3. 实训内容

（1）熟悉电话机各个电路分布位置

打开电话机外壳，将电话机按输入电路、拨号电路、通话电路、振铃电路、免提电路部分分析。可按以下方法区分。

输入电路：外线接头处有压敏电阻、极性保护电路、叉簧，按这种特征可以找到输入电路。

拨号电路：找35.8MHz晶振，拨号排线、拨号集成电路，据此可以找到拨号电路。

通话电路：找TEA1061集成电路，找传声器、耳机、输入耦合信号支路，这样可以将通话电路分析出来。

振铃电路：找大容量的涤纶电容，这样可以区分振铃电路。

免提部分：找全集成免提集成电路MC34018，找LM324运算放大器、TBA820免提功率放大器，这样可以区分免提电路。

（2）各单元电路常规测试

1）输入电路。

将电话机与测试仪连接好，打开测试仪电源开关电话挂机，用万用表50V直流档测馈线电压，话机摘机测外线电压（外线接点），测整流电桥输入、输出端，Q_{102}的发射极电压，并记录。

2）拨号电路。

将测试仪与电话机连接好，按下测试仪发送键做音频脉冲拨号测试，并测拨号电路常规工作电压，万用表测主控管VT_{102}、VT_{107}的b、e、c电压，测拨号集成电路HM9114A的各引脚电压，特别注意以下引脚：电源U_{DD}第17脚、HK第9脚、OSCI（O）第6、7脚，脉冲输出第10脚，音频放大输出第11脚，静噪端M第8脚电压要求将以上检测作好记录。

3）通话电路。

将测试仪与电话机连接好，按下测试仪接收键手柄扬声器有较响的拨号长鸣音，按下发送键，吹气，有较响的“沙沙”声，说明通话电路正常，检测通话TEA1061集成电路各引脚电压并作好记录，特别注意以下关键引脚：第1脚U_{DD}、第15脚U_{CC}、第16脚REG、第9

脚稳流、第14脚M端、MIC_+、RX_+。用示波器测受话支路各点波形。

4）振铃电路。

将电话机与测试仪如上连接，按下振铃键，电话机挂机做振铃测试，并用万用表测振铃电路正常工作电压，用示波器测KA2410的第1、8、3、4、6、7脚波形，并作好记录。

5）免提电路。

将电话机与测试仪连接好，电话机挂机，按下免提开关进行送受话测试，检测LM324、TBA820M电压，并作好记录。

HA868（Ⅱ）P/T SD电话机常规工作电压测试记录表如表2-5～表2-9所示。

表2-5　测试记录表（HM9114A）

引脚	1	2	3	4	5	6	7	8	9	10	11	12	13	14	15	16	17	18	19	20	21	22
电压																						

表2-6　测试记录表（TEA1061）

引脚	1	2	3	4	5	6	7	8	9	10	11	12	13	14	15	16	17	18
电压																		

表2-7　测试记录表（DA2410或KA2410）

引脚	1	2	3	4	5	6	7	8
电压								

表2-8　测试记录表（LM324）

引脚	1	2	3	4	5	6	7	8	9	10	11	12	13	14
电压														

表2-9　晶体管测试记录表

引脚	VT_{102}			VT_{103}			VT_{104}			VT_{105}			VT_{107}		
	U_b	U_c	U_e	U_b	U_c	U_e	U_b	U_c	U_e	U_b	U_c	U_e	U_b	U_c	U_e
电压															

4. 注意事项

1）养成良好的工作习惯，正确使用测试仪器。

2）注意振铃测试时电话机必须处于挂机状态。

5. 实训报告要求

总结实训步骤，整理并分析实训结果，完成实训报告。

2.9.2　实训2　普及型话机整机故障模拟

1. 实训目的

观察电话机常见故障现象，熟悉电话机整机电路故障的常见检测、维修方法。

2. 实训器材

1）HA868（Ⅱ）P/T SD电话机一部。

2）电话机测试仪一台，万用表一只，示波器一台。

3）电烙铁、针头、镊子等常用工具。

3. 实训内容

（1）输入电路故障模拟

1）将叉簧开关 HS_1、ON_1 短接，观察故障现象，并记录。

2）将 R_{101} 开路，观察故障现象，并记录。

3）检测外线电压、VT_{102} 的发射极电压。

4）分析故障原因。

（2）拨号电路故障模拟

1）R_{106} 开路，观察故障现象，并检测 HM9114A 第 17 脚电压，与正常值比较作好记录。

2）VD_{102} 反接，观察故障现象，检测 HM9114A 第 17 脚电压，与正常值比较作好记录。

3）R_{104} 开路，观察故障现象，检测摘机时外线电压、主控管 VT_{102} 的 e、b、c 电压，HM9114A 第 17 脚 U_{DD} 电压，与正常值比较作好记录。

4）R_{113} 开路，观察故障现象，检测 VT_{104} 的 e、b、c 电压，与正常值比较作好记录。

（3）通话电路典型故障模拟

1）VD_{Z201} 反接，观察故障现象并检测 VT_{102} 的 e、b、c 极电压，通话集成电路 TEA1061 的第 1 脚电压作好记录。

2）R_{209} 开路，观察故障现象，检测集成电路 TEA1061 的第 1、15、16 脚电压，并与正常值比较作好记录。

3）C_{212} 短路，观察故障现象，检测集成电路 TEA1061 的第 1、15、16 脚电压，并与正常值比较作好记录。

4）C_{206} 短路，观察故障现象，检测集成电路 TEA1061 的第 1、15、16 脚电压，并与正常值比较作好记录。

5）R_{212} 开路，观察故障现象，检测集成电路 TEA1061 的各脚电压，并作记录。

6）C_{213} 开路或短路，R_{214} 开路分别观察故障现象；用万用表检测集成电路 TEA1061 的第 8 脚电压，并用镊子碰触 TEA1061 的第 8 脚，移动至 R_{214}、C_{213} 扬声器有无“咯咯”声。

7）C_{213} 开路，观察故障现象，检测集成电路 TEA1061 的第 11 脚电压，用 $R\times1$ 档一只表笔接地，另一只表笔从 TEA1061 的第 5 脚、C_{203} 移动碰触，听有无“咯咯”声。

8）R_{208} 开路，观察故障现象，检测集成电路 TEA1061 的第 2、3 脚电压，并与正常值比较作好记录。

9）R_{203}、R_{206}、R_{204}、R_{210} 等电阻分别开路，观察故障现象，检测集成电路 TEA1061 的第 11、18 脚电压，并作记录。

（4）振铃电路故障模拟

1）R_{201} 开路，观察故障现象，检测整流电桥输入电压，并作记录。

2）C_{301} 短路，观察故障现象，检测外线电压，KA2410 的第 1 脚电压，并作记录。

3）VD_{Z301} 反接，C_{302} 短路，观察故障现象，检测外线电压；外桥输入电压，KA2410 的第 1 脚电压，并作记录。

4）C_{303} 短路，C_{305} 短路可分别进行，观察故障现象，检测 KA2410 的第 3、4 脚和第 6、

7 脚电压，并作记录。

5）C_{304}短路，检测 KA2410 的第 8 脚电压，与正常值比较，并作好记录；用示波器检测 KA2410 的第 1 脚、第 8 脚波形。

6）R_{306}开路，观察故障现象，检测 KA2410 的第 8 脚电压，用示波器检测 KA2410 的第 8 脚、T_{301}变压器的初、次极波形，并记录。

（5）免提电路故障模拟

1）VD_{507}短路，观察故障现象，检测 LM324 电压，并记录。

2）VT_{504}的 c、e 极短路，观察故障现象，用示波器检测 TBA820M 第 3 脚波形。

3）VT_{503}的 c、e 极短路，观察故障现象，检测 LM324 电压，并用镊子碰触 LM324 的第 10 脚，R_{511}、C_{507}，听有无“咯咯”声。

4. 注意事项

1）养成良好的工作职场生产习惯，在模拟故障的实际操作中，需注意保护元器件和电路板。

2）机械元器件、螺钉等需妥善放置。

5. 实训报告要求

分析故障现象与模拟元器件之间的关系，总结实训步骤，整理、分析实训数据，完成实训报告。

2.9.3　实训 3　普及型话机整机故障检修

1. 实训目的

通过电话机整机故障的维修训练，培养分析、检测、维修电话机常见故障的能力，掌握常见故障的处理技巧。

2. 实训器材

1）HA868（Ⅱ）P/T SD 型无绳电话机一部，电话机测试仪一台。

2）万用表一只，示波器一台。

3）电烙铁、针头、镊子等常用工具。

3. 实训内容

在老师的指导下，进行整机综合故障的设置和检修训练，振铃、拨号、通话、输入电路自由组合 3 个故障，由学生独立完成检修并反复练习。完成实训报告。

故障元器件举例如下：

（1）输入电路

HS_1、ON_1短接极性保护电路开路、极性保护电路短路、R_{101}开路、VD_{Z201}反接。

（2）拨号电路

VD_{Z201}反接、VD_{101}反接、R_{106}开路、C_{101}短路、R_{104}开路、R_{108}开路、R_{111}开路、R_{113}开路、C_{104}开路、VT_{107}的发射极、集电极短路。

（3）通话电路

OFF_2焊开、R_{209}开路、VD_{Z201}反接、C_{212}短路、C_{206}短路、R_{212}开路、R_{214}开路、C_{213}开路、C_{213}短路、C_{203}开路、R_{208}开路、R_{202}开路、R_{203}开路、R_{206}开路、R_{204}开路、R_{210}开路。

（4）振铃电路

R_{301}开路、C_{301}开路、C_{301}短路、整流电桥VD_{305}、VD_{306}、VD_{308}短路、VD_{Z301}反接、C_{302}短路、R_{303}开路、R_{305}开路、C_{303}短路、C_{305}短路、C_{304}短路、R_{306}开路。

利用测试仪进行故障维修，并填写实训报告，如表2-10所示。

表2-10　实训报告示例

<table>
<tr><td>话机型号</td><td></td><td>检修人</td><td></td><td>检修时间</td><td></td></tr>
<tr><td colspan="2">故障现象1：</td><td colspan="2">故障现象2：</td><td colspan="2">故障现象3：</td></tr>
<tr><td colspan="2">初判范围：</td><td colspan="2">初判范围：</td><td colspan="2">初判范围：</td></tr>
<tr><td colspan="2">检修步骤与数据：
（1）
（2）
（3）
（4）</td><td colspan="2">检修步骤与数据：
（1）
（2）
（3）
（4）</td><td colspan="2">检修步骤与数据：
（1）
（2）
（3）
（4）</td></tr>
<tr><td colspan="2">故障元器件：</td><td colspan="2">故障元器件：</td><td colspan="2">故障元器件：</td></tr>
<tr><td colspan="2">结论：</td><td colspan="2">结论：</td><td colspan="2">结论：</td></tr>
</table>

4. 注意事项

1）必须看懂电路，了解维修方法，在认真分析的基础上维修，理论指导实践。

2）爱护器材和设备，养成良好的维修习惯，拆卸下的元器件要存放在专用元器件盒内。防止丢失或损坏话机、元器件及设备。

3）正确选择测试点。

4）正确使用测量仪器，严格按照使用规程操作。

5. 实训报告要求

总结话机振铃故障、拨号故障、通话故障、输入电路故障维修基本思路、方法，整理实训数据，写出维修体会。

2.9.4　实训4　无绳电话主机电路测试

1. 实训目的

通过对无绳电话主机进行常规测试，熟悉无绳电话主机各单元电路，熟悉主机各单元电路分布位置，识别各单元电路，掌握各个关键测试点的信号特征。

2. 实训器材

1）HW868（Ⅱ）P/T SD 型无绳电话机一部。

2）40MHz 示波器、高频调频信号源各一台。

3）电话机测试仪一台，万用表一只。

3. 实训内容

（1）熟悉电话机各个电路分布位置

拆卸 HW868（Ⅱ）P/T SD 主机机壳，熟悉微处理控制电路（MCU）、接收电路、发射电路、接口电路、手柄和免提电路、电源充电电路等组成部分。

（2）各关键信号测试

HW868（Ⅱ）P/T SD 主机电路如图 2-33 和图 2-34 所示。将以下测试结果填入表 2-11 中。

1）接收状态，测试 10.7MHz 的第一中频信号，可在 IC14 的 20 脚或 XT_{12}处测得。

2）接收状态，测试 10.245MHz 第二本振信号，可在 IC13 的 7 脚或 C_{74}处测得。

3）接收状态，测试 455kHz 第二中频信号。

4）接收状态，测试鉴频后的复合压缩音频信号，可在 C_{98}或 DEMOD-OUT 端测得。

5）发送状态，测试压控电压，可在 IC13 的 15 脚测得。

6）发送状态，测试调制后的射频信号（48.150MHz），可在 IC9 或 C_{59}处测得。

表 2-11　无绳电话主机信号测试记录

测　试　点							
工作状态							
示波器参数设置							
波形							
波形特征参数							
信号特征							

4. 注意事项

1）注意分析主机电路的工作状态。

2）正确选择测试点，避免印制电路板、集成电路的损坏。

3）养成良好的工作习惯，正确使用测试仪器。

5. 实训报告要求

总结实训步骤，整理、分析实训结果，完成实训报告。

2.9.5　实训 5　无绳电话副机电路测试

1. 实训目的

通过对无绳电话副机进行常规测试，熟悉无绳电话副机各单元电路，熟悉副机各单元电路分布位置，掌握各个关键测试点的信号特征，为下一步实际维修准备数据资料。

2. 实训器材

1）HW868（Ⅱ）P/T SD 型无绳电话机一部。

2）40MHz 示波器、高频调频信号源各一台。

3）电话机测试仪一台，万用表一只。

3. 实训内容

（1）熟悉电话机各个电路分布位置

拆卸 HW868（Ⅱ）P/T SD 副机机壳，熟悉副机微处理器（MCU）、接收电路、发射电路等组成部分。

（2）各关键信号测试

HW868（Ⅱ）P/T SD 副机电路如图 2-35 所示。将以下测试结果填入表 2-12 中。

1）接收状态，测试 10.7MHz 的第一中频信号，可在 IC14 的 20 脚或 XT_{12} 处测得。

2）接收状态，测试 455kHz 第二中频信号，可在中频滤波器处测得。

3）接收状态，测试鉴频后的复合压缩音频信号，可在 C_{98} 或 DEMOD-OUT 端测得。

4）发送状态，测试压控电压。

5）发送状态，测试调制后的射频信号，可在功率放大器处测得。

表 2-12 无绳电话副机信号测试记录表

测试点					
工作状态					
示波器参数设置					
波形					
波形特征参数					
信号特征					

4. 注意事项

1）注意分析副机电路的工作状态。

2）正确选择测试点，避免印制电路板、集成电路的损坏。

3）养成良好的工作习惯，正确使用测试仪器。

5. 实训报告要求

总结实训步骤，整理、分析实训结果，完成实训报告。

2.9.6 实训 6 无绳电话机故障维修

1. 实训目的

对无绳电话整机的典型故障进行维修训练，培养分析、检测、维修无绳电话机常见故障的能力，掌握常见故障处理的基本技巧。

2. 实训器材

1）HW868（Ⅱ）P/T SD 型无绳电话机一部。

2）40MHz 示波器、高频调频信号源各一台。

3）电话机测试仪一台，万用表一只，烙铁一把。

3. 实训内容

在老师的指导下，进行对不上密码、主机不能接收、主机不能发射、副机不能接收、副机不能发射、主副机均不能接收发射、主副机间通话距离缩短等典型故障的设置和检修训练，并参照表 2-10 的要求完成实训报告，包括故障现象、故障范围初判、检修步骤与数据、故障元器件、结论。

4. 注意事项

1）必须看懂电路，了解维修方法，在分析的基础上维修，理论指导实践。

2）爱护器材和设备，养成良好的维修习惯，拆卸下的元器件要存放在专用元器件盒内。防止丢失或损坏话机、元器件、设备。

3）正确选择测试点，在测试、焊接过程中避免损坏印制电路板、集成电路。

4）正确使用测量仪器，严格按照使用规程操作。

5. 实训报告要求

总结维修无绳电话机对不上密码、主机不能接收、主机不能发射、副机不能接收、副机不能发射、主副机均不能接收发射、主副机间通话距离缩短等典型故障基本思路和方法，写出维修体会。

2.10 习题

1. 简述电话通信的基本原理，其具体分类有哪些？
2. 改进后的双向电话通信框图如何构成？它有何特点？
3. 什么是市话网？画出市话网的组成示意图。
4. 按键电话机由哪几部分组成？
5. 什么是 IP 电话？与普通电话相比它有何特点？
6. 完成多功能型可视电话机组成框图，它具有哪些功能？
7. 电话机的质量技术指标包括哪些内容？
8. 电话机质量的一般检测包含哪些内容？
9. 对电话机的检修方法可归纳为望、闻、切、问，简述其具体内容。
10. 检修电话机的具体检测方法有哪些？
11. 如何检修电话机的叉簧和按键盘？
12. 电话机无振铃故障如何检修？
13. 电话机拨号电路典型故障有哪些？试分析。
14. 分析电话机通话电路典型故障。
15. 简述无绳电话机的组成和特点。
16. 无绳电话机主机由哪几部分组成？
17. 无绳电话机副机由哪几部分组成？
18. 简述无绳电话机外线电话打入的工作流程。
19. 简述无绳电话机副机打外线电话的工作流程。
20. 简述无绳电话机主机和副机对讲的工作流程。
21. 无绳电话机中锁相环电路由哪几部分组成？简述其工作原理。
22. 简述无绳电话机限幅器的组成和作用。
23. 什么是鉴频电路？它主要由哪几部分组成？各自作用是什么？
24. 如何检修无绳电话机主机不能发射故障？
25. 如何检修无绳电话机主机不能接收故障？

第3章　3G手机原理与维修

【本章要点】

- 手机组成
- 数字移动通信系统中的语音处理
- 频率管理、越区切换与双频切换原理
- 手机电路模块结构
- 典型手机电路原理
- 3G手机电路组成
- 3G手机电路原理
- 手机拆装技能
- 手机维修仪器使用
- 手机常见信号测试技能
- 手机故障维修方法
- 手机典型故障分析与维修方法
- 手机软件故障处理技能
- 手机典型故障维修处理技能

3.1　手机组成原理

虽然手机品牌、型号众多，但无论是哪一种手机，作为移动通信的终端设备，其电路都可分为4个部分，即射频电路部分、逻辑/音频电路部分、输入输出接口部分及电源部分，这4个部分是一个有机的整体。特别是逻辑/音频部分和输入输出接口部分电路紧密融合，具体分析时常把它们看作一个整体。

3.1.1　手机电路组成

当手机接收时，来自基站的信号由天线接收下来，经射频接收电路、由逻辑/音频电路处理后送到扬声器。当手机发射时，声音信号由传声器进行声电转换，然后经逻辑/音频处理电路、射频发射电路，最后由天线向基站发射。手机电路组成框图如图3-1所示。

1. 射频电路

射频电路部分一般指手机中的模拟射频、中频处理部分，主要由以下电路组成。

1）射频接收电路。包括天线回路、高频放大、第一混频、第一中频滤波、第一中频放大器、第二混频、第二中频滤波和正交解调。

2）射频发射电路。包括发射调制、功率放大、功率检测和功率控制电路。

3）频率合成器。包括接收本振锁相环电路和发射本振锁相环电路。

频率合成器提供接收通路、发送通路工作需要的频率，这相当于寻呼机的“改频”，不过这种“改频”是自动完成的，是受逻辑/音频部分的中央处理器控制的。目前手机电路中常以晶体振荡器为基准频率、采用 VCO 电路的锁相环频率合成器。

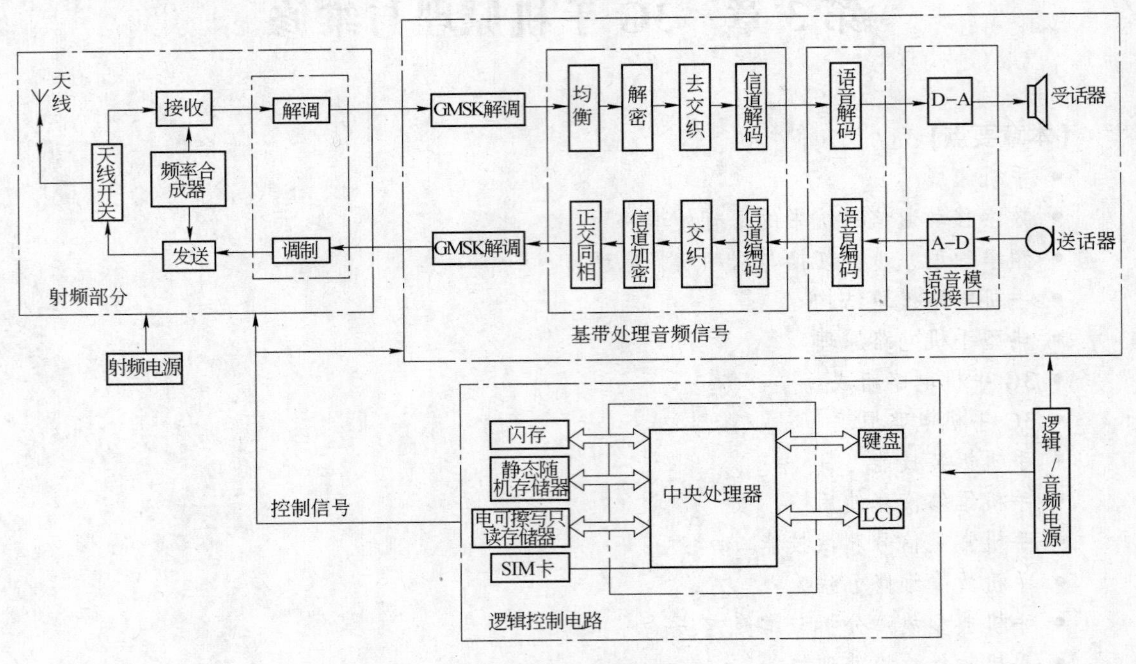

图 3-1　手机电路组成框图

频率合成器为接收的混频电路和发射的调制电路提供本振频率和载频频率。一部手机一般需要两个振荡频率，即本振频率和载频频率。有的手机则具有 4 个振荡频率，分别提供给接收一、二混频电路和发射一、二调制电路。

射频电路主要任务有两个：一个是完成接收信号的下变频，得到模拟基带信号；另一个是完成发射模拟基带信号的上变频，得到发射高频信号。

对于双频手机，一般采用射频接收和发射双通道方式。

2. 逻辑/音频电路

逻辑/音频部分主要功能是以中央处理器为中心，完成对语音等数字信号的处理、传输以及对整机工作的管理和控制，它是手机系统的心脏。逻辑电路部分主要由以下电路组成。

1）音频信号处理电路，也称为基带电路。由基带信号发送、基带信号接收、CPU 控制电路等组成。其中，基带信号发送包括语音编码、数据率适配、信道编码加密、时分多址（TDMA）帧脉冲形成及高斯滤波最小频移键控（GMSK）调制等电路。基带信号接收是基带信号发送的逆过程，包括自适应均衡、正交信号分离、信道解码、解密、GMSK 解调、语音解码及数据率适配等电路。

2）逻辑控制电路。逻辑控制部分是由中央处理器、存储器组和总线等组成。包括时基控制、数字处理系统控制、射频控制及接口控制等。逻辑电路部分离不开软件的支持。

3. 电源电路

电源电路包括射频电源和逻辑音频电源两部分。两者各自独立，但同由手机电池原始提供。手机的工作电压一般先由手机电池供给，电池电压在手机内部一般需要转换为多路不同的电压供给手机的不同电路部分。例如，功率放大器模块需要的电压比较高，有时还需要负压，用户识别卡（SIM）卡一般需要 1.8 ~5.0V 电压。而对于射频部分的电源要求是噪声小，电压值并不一定很高，因此，在给射频电路供电时，电压一般需要进行多次滤波、分路供应，以降低彼此间的噪声干扰。手机机型不同，其电源设计也不完全相同。多数机型常把电源集成为一片电源集成块来供电，如三星 A188 和爱立信 T28 等；或者将电源与音频电路集成在一起，如摩托罗拉系列；有些机型还把电源分解成若干个小电源块，如爱立信 788/768、三星 SGH600/800 等。

4. 接口电路

输入/输出（I/O）接口部分包括模拟接口、数字接口以及人机接口 3 部分。话音模拟接口包括 A-D、D-A 变换等，数字接口主要是数字终端适配器，人机接口有键盘输入、功能翻盖开关输入、传声器输入、液晶显示屏（LCD）输出、扬声器输出、振铃输出及手机状态指示灯输出等。

3.1.2 SIM 卡

手机与 SIM 卡共同构成移动通信终端设备。手机用户在“入网”时会得到一张 SIM 卡。SIM 是“用户识别模块”的意思。

无线传输比固定传输更易被窃听，SIM 卡技术的使用，使移动网络在安全方面得到了极大改进。它通过鉴权技术来防止未授权的接入，这样保护了网络运营者和用户的利益。通过传输加密技术可以防止用户信息在无线信道上被窃听，从而保护了用户的隐私。

卡上存储了所有属于本用户的信息和各种数据，每一张卡对应一个移动用户的电话号码。现行网络营运商提供的号码都是 11 位的。机卡分离后，使手机不固定地“属于”一个用户，一个移动用户用自己的卡可以使用不同的手机，当然，插谁的卡打电话，就收取谁的费用。卡中的各种数据不是一成不变的，它与移动通信系统同步发展，分阶段地增强新特性、新功能，逐步完善。

只有在处理异常的紧急呼叫（如拨打 112）时可以不插入卡。维修者也可以在无卡的情况下，通过拨打“112”来判断手机发射是否正常。

1. SIM 卡的内容

SIM 卡是一张符合通信网络规范的“智慧”卡，它内部包含了与用户有关的、被存储在用户这一方的信息。SIM 内部保存的数据可以归纳为以下 4 种类型。

1）由 SIM 卡生产商存入的系统原始数据，如生产厂商代码、生产串号及 SIM 卡资源配置数据等基本参数。

2）由网络运营商写入的 SIM 卡所属网络与用户有关的、被存储在用户这一方的网络参数和用户数据等，包括如下内容。

① 鉴权和加密信息 K_i（K_c算法输入参数之一，即密钥号）。

② 国际移动用户号（IMSI）。

③ A3：IMSI 认证算法。

④ A5：加密密钥生成算法。

⑤ A8：密钥（K_c）生成前，用户密钥（K_c）生成算法。

⑥ 手机用户号码、呼叫限制信息等。

3）由用户自己存入的数据。如缩位拨号信息、电话号码簿及手机通信状态设置等。

4）用户在使用 SIM 卡过程中自动存入及更新的网络接续和用户信息。如临时移动台识别码（TMSI）、区域识别码（LAI）及密钥（K_c）等。

2. SIM 卡的结构

SIM 卡是带有微处理器的芯片，包括 5 个模块，每个模块对应一个功能，这 5 个模块分别是微处理器、程序存储器、工作存储器、数据存储器和串行通信单元。一般有 6 个端口，即电源、时钟、数据、复位、接地和编程。图 3-2 所示为 SIM 卡触点端口功能。

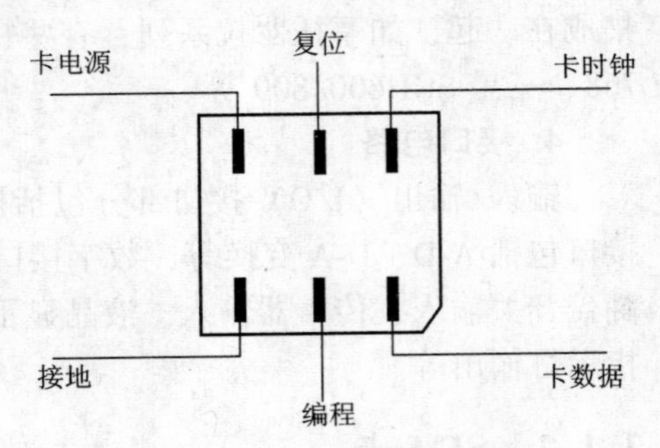

图 3-2　SIM 卡触点端口功能图

SIM 卡座在手机中提供手机与 SIM 卡通信的接口。手机通过卡座上的弹簧片与 SIM 卡接触，因此，如果弹簧片变形，就会导致 SIM 卡故障，此时会显示“检查卡”“插入卡”等。

卡电路中的电源 SIM U_{CC}、SIM GND 是 SIM 卡电路工作的必要条件。卡电源的检测用万用表就可以检测到。在 SIM 卡被插入手机后，电源端口提供电源给 SIM 卡内的单片机。检测 SIM 卡存在与否的信号只在开机瞬时产生，当开机检测不到 SIM 卡存在时，将提示“Insert Card”（插入卡）；如果检测 SIM 卡已存在，但机、卡之间的通信不能实现，就会显示“Check Card”（检查卡）；当 SIM 卡对开机检测信号没有响应时，手机也会提示“Insert Card”（插入卡）。SIM 卡的供电分为 5V（1998 年前发行）、5V 与 3V 兼容、3V、1.8V 等，当然，这些卡必须与相应的手机配合使用才行，即手机产生的 SIM 卡供电电压应与该 SIM 卡所需的电压相匹配。

对于卡电路中的 SIM I/O、SIM CLK、SIM RST，全部是通过 CPU 的控制来实现的。虽然基站与网络之间的数据沟通随时随地进行着，但确定哪个时刻数据沟通往往很难。有一点可以肯定，当手机开机时刻与网络进行鉴权时必有数据沟通，尽管时间很短，但一定能测量到数据，因此在判定卡电路故障时，在这个时隙上进行监测为最佳监测时间。正常开机的手机，在 SIM 卡座上用示波器可以测量到 SIM I/O、SIM CLK 及 SIM RST 信号，它们一般是一个 3V 左右的脉冲。若测不到，则说明 SIM 卡座供电开关管周边电阻或电容元器件脱焊、SIM 卡座脱焊，也有可能是卡座接触不良，SIM 卡表面脏或使用了废卡。使用 SIM 卡时要小心，不要用手去触摸上面的触点，以防止静电损坏，更不能折叠。若 SIM 卡脏了，可用酒精棉球轻擦。

SIM 卡的存储容量有 3KB、8KB、16KB、32KB、64KB 及 128KB 等。STK 卡是 SIM 卡的一种，它能为手机提供增值服务，如手机银行等。

每当移动用户重新开机时，移动通信网络系统要自动鉴别 SIM 卡的合法性，移动通信网络的身份鉴权中心对 SIM 卡进行鉴权，即与手机对一下“口令”，只有在系统认可之后，才能为该移动用户提供服务。系统分配给用户一个临时号码（TMSI），在待机、通话中使用的仅为这个临时号码，这就增加了保密度。

目前，网络营运商在用户入网时没有对手机的国际移动设备识别码（IMEI）实行鉴别，如果实行鉴别，带机入网的用户数量可能就会下降，不利于吸引更多的用户使用手机。

3. SIM 卡相关知识

（1）个人识别码

个人识别码（PIN）是 SIM 卡内部的一个存储单元，PIN 密码锁定的是 SIM 卡。若将 PIN 密码设置开启，则该卡无论放入任何手机，每次开机时均要求输入 PIN 密码，密码正确后，才可进入网络。若错误地输入 PIN 码 3 次，将会导致“锁卡”的现象，此时只要在手机键盘上按一串阿拉伯数字（PUK 码，即帕克码），就可以解锁。但是用户一般不知道 PUK 码。要特别注意：如果尝试输入 10 次仍未解锁，就会“烧卡”，就必须再去买张新卡了。设置 PIN 密码可防止 SIM 卡未经授权而使用。

SIM 卡在一部手机上可以用，而在另一部手机上不能用，有可能是因为在手机中已经设置了“用户限制”功能，这时可通过用户控制码（SPCK）取消该手机的限制功能。例如，三星 600、摩托罗拉 T2688 等机型，手机的“保密菜单”可进行 SIM 卡限定设置，即设置后的手机只能使用限定的 SIM 卡。设置后的手机换用其他 SIM 卡时会被要求输入密码，密码输入正确方可进入网络。如果密码忘记，则只能用软件故障维修仪重写手机码片进行解锁。而设置后的 SIM 卡能在其他手机中正常使用，不会提问密码。即“用户限制”功能用密码锁定的是手机。

在我国，有一些手机生产商或经销商把手机与“中国移动”或“中国联通”的 SIM 卡做了捆绑销售（价格相对较便宜），那么，手机在使用时就只能使用“中国移动”或“中国联通”的 SIM 卡，这不是故障，而是使用了“网络限制”功能，即“锁网”。这时可通过 16 位网络控制码（NCK）来解除锁定，但需通过网络运营商才能解决。

上述“PIN 码”“用户限制”密码和“网络限制”密码均为不同的概念，同时与“话机锁”密码也不同。设置“话机锁”密码可防止手机未经授权而使用。许多款手机出厂时的话机锁密码为“1234”，也有的是全“0”的等。

（2）国际移动设备识别码（IMEI 码）

在手机背面标签上有一些代码，这些代码有其特殊的含义。首先是 15 位数字组成的国际移动设备识别码（IMEI 码），每部手机出厂时设置的该号码是全世界唯一的，作为手机本身的识别码，不仅标在机背的标签上，还以电子方式存储于手机中，具体地说是在手机电路板中的电可擦除存储器（E^2PROM）中。IMEI 码各部分含义如下。

第 1 ~ 6 位数字：TAC（6 位）——型号批准号，由欧洲型号批准中心分配。

第 7 ~ 8 位数字：FAC（2 位）——最后装配号码，表示生产厂家或最后装配所在地，由厂家进行编码。

第 9 ~ 14 位数字：SNR（6 位）——序号码，这个独立序号唯一地识别每个 TAC 和 FAC 中的每个移动设备。

第 15 位数字：SP（1 位）——备用，一般为 0。

在手机开机的状态下，甚至不需要插卡，从键盘上输入“＊”“#”“0”“6”“#”，就会在屏幕上显示手机中存储的 IMEI 码。

3.1.3　CDMA 手机的开机自动注册过程

CDMA 手机开机自动注册流程图如图 3-3 所示。

电信机卡分离数据终端自动注册流程，在自动注册过程中，数据终端判断数据终端的

ESN（或 pseudo-ESN 或 MEID）和 UIM 卡的 IMSI 参数对是否与上次关机时的参数对匹配。如果匹配，数据终端不做任何处理，继续执行后续的开机过程；如果不匹配，数据终端应根据本节规定的处理流程将新的 ESN/IMSI 参数对以及数据终端的软件版本和数据终端型号以短消息的方式上报系统。数据终端软件版本更新后，应将“本机注册标志”置为 0。对于处于国际漫游状态下的数据终端，不执行自动注册流程。

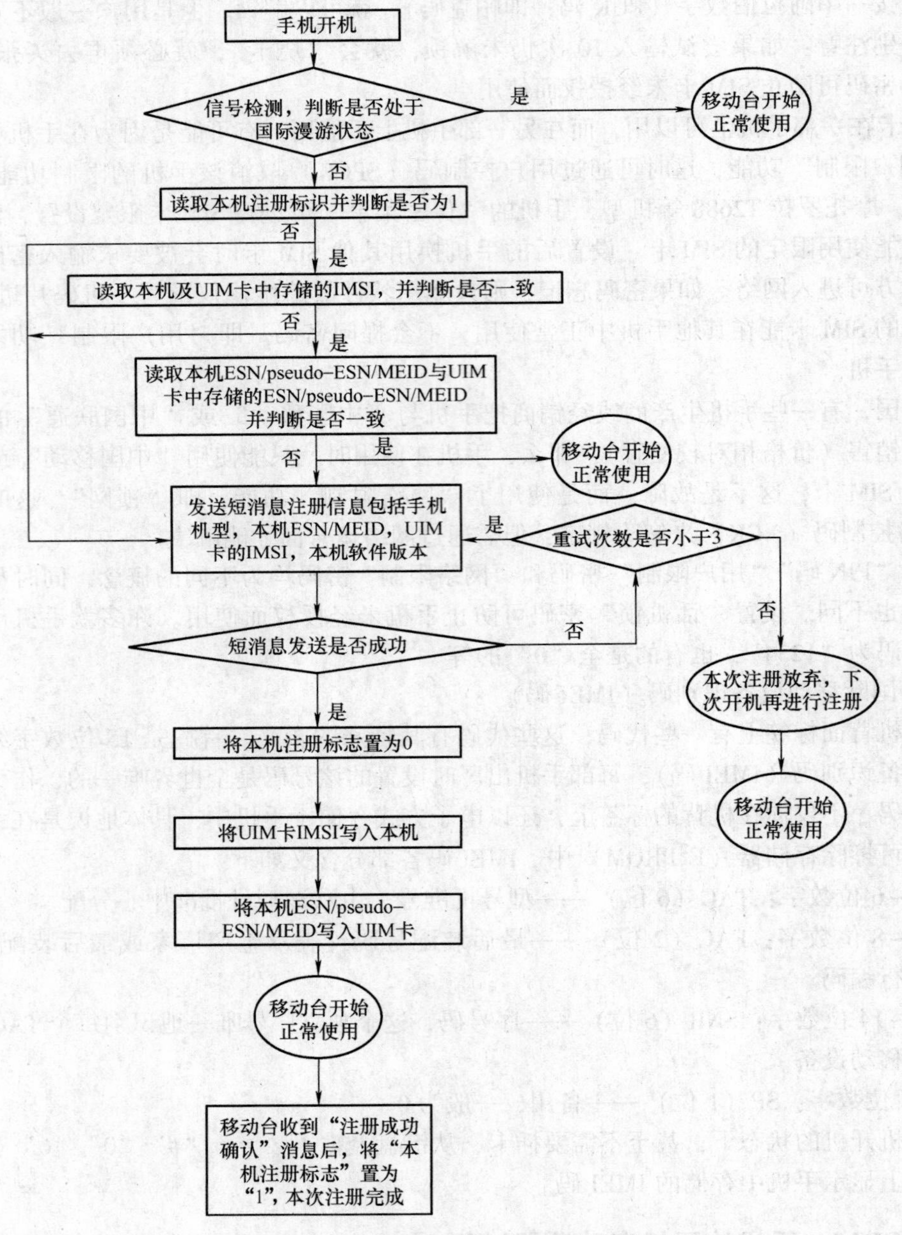

图 3-3　CDMA 手机开机自动注册流程图

数据终端每次开机后进行如下操作：

1）数据终端应根据网络下发的移动网络国家码（MCC）和网络号码（MNC）判断是

否处于国际漫游状态，如处于国际漫游状态，则不进行开机自注册流程，数据终端正常使用。

2）在完成以下步骤3）~5）中的操作前，暂不对该数据终端内存储的IMSI信息和插入该数据终端的UIM卡上存储的ESN/MEID号码进行更新。

3）读取“本机注册标志”。

4）读取本机及UIM卡上存储的IMSI号码。

5）读取UIM卡中存储的移动数据终端标识号码；如果本机为ESN数据终端，则读取本机的ESN；如果本机为MEID数据终端，则判断插入本机的UIM卡中存储的移动数据终端标识号码是否为MEID，如是则读取本机的MEID，否则读取本机的pseudo-ESN。

6）本机完成开机初始化、登录到网络并开始正常工作。

7）判断本机上次注册是否已经成功（即：判断本机注册标志是否等于“1”，若为“1”则表示已注册成功，若为“0”则表示尚未注册成功），若已注册成功则执行8），若还未注册成功则执行10）。

8）比较4）中读取的两个IMSI号码是否相同；如果两个IMSI号码相同，则执行9），否则执行10）。

9）比较5）中读取的本机内存储的移动数据终端标识号码和UIM卡中存储的移动数据终端标识号码是否相同。若相同，则注册完成，手机开始正常使用。若不同，则执行10）。

10）数据终端以普通短信方式向服务器发送“数据终端注册信息”，内容包括：本机型号，本机ESN（若数据终端使用MEID则发送本机MEID），插入本机的UIM卡的IMSI，以及本机软件版本；注册过程完全在后台进行，即：无论是发送注册短消息，还是接收注册成功确认短消息，都不给用户以提示，也不在短消息收件箱和发件箱中显示短消息，避免干扰用户正常使用。

11）短消息发送成功后，将“本机注册标志”置为“0”，即：“本次注册还未成功”，然后将本机ESN（若数据终端使用ESN）/pseudo-ESN（若数据终端使用MEID且插入本机的UIM卡不支持存储MEID）/MEID（若数据终端使用MEID且插入本机的UIM卡支持存储MEID）写入插入本机的UIM卡，同时将插入本机的UIM卡的IMSI写入本机。

12）服务器收到注册短消息后，将其中的注册信息连同注册短信自带的MDN，一同存入“数据终端注册数据库”，然后向数据终端反馈“注册成功确认”短消息；如果服务器返回的短消息格式为两个字节则数据终端执行13）。

13）数据终端收到“注册成功确认”短消息后，将“本机注册标志”置为“1”，即：“本次注册已经成功”。

为了避免数据终端自动注册与UTK卡自动注册重复发送注册信息，数据终端需要对UTK卡要求数据终端发送的短信内容进行判断，如果短信内容的前3个Bytes是“ESN”，则表示该短信是UTK卡发起的注册短信，数据终端必须忽略不发；如果短信内容的前3个Bytes不是“ESN”，则正常发送。

3.1.4 CDMA频段简介

协议中规定的频段和频点使用情况共有11个（Band Class 0到Band Class 10），其中涉及 800MHz 的包括：

Band Class 0（North American Cellular Band）

Band Class 2（TACS Band）

Band Class 3（JTACS Band）

Band Class 10（Secondary 800MHz Band）

涉及 1900MHz 的包括：

Band Class 1（North American PCS Band）

Band Class 6（IMT-2000 Band）

对于 450MHz 频段有：

Band Class 5（NMT-450 Band）

对于 700MHz 频段有：

Band Class7（North American 700MHz Cellular Band）

涉及 1800MHz 的有：

Band Class 4（Korean PCS Band） Band Class8（1800MHz Band）

对于 900MHz 频段有：

Band Class9（900MHz Band）

如果 CDMA 网络使用频点邻近有大功率的蜂窝（或其他）频率在使用，需要留出一定频宽作为保护带。根据经验，从 CDMA 信道的中心频率到另外一个非 CDMA 系统的边缘频率的频宽大于 900kHz 就被认为是足够的了。相邻的 CDMA 信道之间可以不设保护带。

3.1.5 CDMA 智能终端处理器市场分析

目前主要的 CPU 手机厂商有高通、三星、华为、英特尔、英伟达（nvidia）、MTK（联发科）、意法半导体、德州仪器和博通等。

高端市场一般都采用高通和三星的处理器，其中高通的处理器市场占有率最高，具体数字不详，其次是高端手机中用的比较多的是三星的处理器，国内的魅族（全部）和联想（部分）还有三星（大多数）自己采用的三星处理器，华为的海思处理器也只有华为自己用。

联发科的处理器主要用在中低端的手机中，在山寨机中占有率最高，因为联发科提供全套解决方案，所以很多低端手机厂商都很喜欢联发科的解决方案（高通也提供全套解决方案），中低端市场高通的占有率也很高，应该说高通是高、中、低市场都有占有。

英伟达和英特尔属于后起之秀，做手机 CPU 不久，但是芯片性能都很强悍，市场占有率不高，意法半导体的处理器在早期的诺基亚手机中占有率比较高，德州仪器去年退出手机 CPU 芯片市场，早期的 MOTO 手机还有谷歌 nexus3 采用的是德州仪器的处理器，博通的处理也比较少用。

苹果手机采用的是自己的处理器。

以上绝大多数 CPU 都是基于 ARM 推出的架构设计的处理器，只有 intel 的处理器是基于计算机处理器采用的 X86 架构的。

还有国内的展讯也在做 CPU，还有一些小厂商就不一一列举了。

3.2 数字移动通信系统中的语音处理

数字化的语音信号在无线传输时主要面临3个问题：一是选择低速率的编码方式，以适应有限带宽的要求；二是选择有效的方法减少误码率，即信道编码问题；三是选用有效的调制方法，减小杂波辐射，降低干扰。

语音信号的编码在数字手机中非常重要，属于基带信号处理电路。发送信息时需要编码，接收信息时需要解码，两者是相对应的。简单说，语音编码是将模拟的语音信号变换为数字信号的过程，语音解码则相反。

在数字通信中，注意信源编码与信道编码的不同。信源编码又称为语音编码，是为了压缩所传输原始信息的数据速率；而信道编码则是为了提高信息传输的可靠性。

在手机中，必须对语音信号进行数字化处理，使语音能够有效高质的在信道中进行传输。在发射前，首先要将其数字化，使之能以数字信号的形式传输。

由传声器产生的模拟语音信号经过编码才能变成数字信号，语音信号有多种编码方式，但最基本的是脉冲编码调制PCM。典型的脉冲编码调制包括取样，量化，编码三个密切相关的过程，脉冲编码调制电路组成如图3-4所示。

图3-4　脉冲编码调制电路组成框图

图3-5、图3-6给出了GSM（GPRS）系统语音信号在发送、接收过程中的变换流程图。

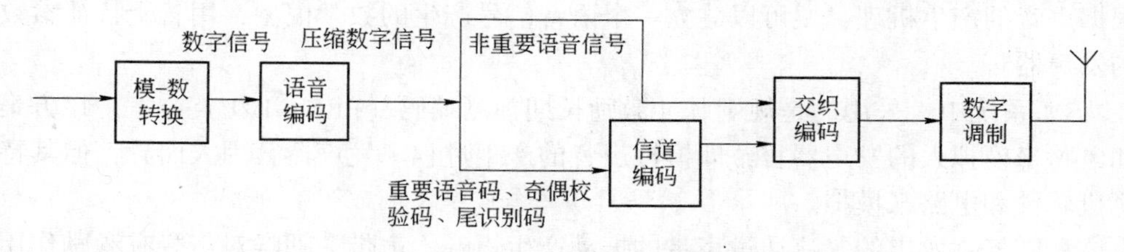

图3-5　语音信号发送变换流程框图

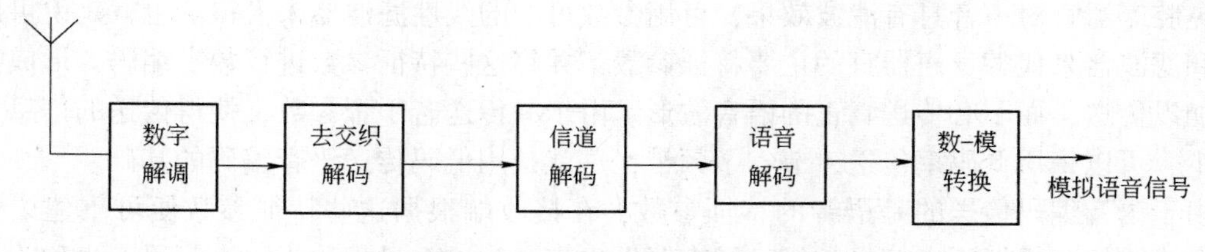

图3-6　语音信号接收变换流程框图

3.2.1 语音编码

经过模-数转换后获得的信号要受到系统带宽的限制。在维持一定语音质量的前提下，压缩语音数据量，减小所需的带宽，提高信息传输的效率，这项技术称为语音编码。语音编码有 3 种基本方案。

1. 波形编码

在一定程度上降低语音编码数码率的同时，保持较好的语音质量的编码方法。它消除语音信号的部分冗余度，是一种尽可能保持语音波形不失真的时域编码方法，PCM 就属于波形编码法，对于比特率较高的编码信号（16 ~ 64kbit/s），波形编码能够提供相当好的语音质量。

2. 参量编码

参量编码又称为信源编码，是以语音信号产生的数字模型为基础，提取若干特征参量，对特征参量进行编码的方法，如线性预测编码 LPC。在接收端，参量编码器用这些特征参量重新合成语音信号，参量编码器又称为声码器。由于参量编码只传送语音的特征参量，可实现低码率传送，一般在 1.2 ~ 4.8kbit/s 之间。

3. 混合编码

混合编码是将波形编码和参量编码相结合的一种编码分法。它兼顾了波形编码的保真度和参量编码的低速率优点。在混合编码中，对发声信号源进行波形编码，而对发生滤波器进行参量编码，克服了原波形编码和参量编码的弱点，而吸取了它们各自的长处。在混合编码中，既含有基于语音特征的参量又含有部分波形编码信息，其码率在 4 ~ 16kbit/s。混合编码数字移动通信中得到广泛应用，如 GSM 制的规则脉冲激励长期预测编码（PRE—LTP），是移动通信系统中非常成熟的实用编码方案。

人体发生器器官由 3 部分组成：肺和气管、喉、声道。空气由肺部排入喉部，经声带进入声道，最后由口腔辐射出声波，这就形成了语音。在声带以前，是肺气室和气管，它负责产生激励振动，是发声之“源”；而声带之后的声道系统实现对声音的滤波。

根据声音的产生机理，便可以建立一个语音信号产生的数学模型，用若干特征参数来表征人的发声器官。

在 GSM 系统中，采用的是规则脉冲激励长期预测编码（PRE—LTP）方案。该方案是用软件和电路来模拟人的发声器官，即模拟声音的产生过程。发声器官因人而异，但其特征可由计算机软件和电路来模拟。

人体从肺气室发出的气流通过声带的振动产生声音，声带、咽喉对声音有激励作用，可用不同频率、不同功率的脉冲信号源来模拟。脉冲信号源包含基波和丰富的谐波分量；唇、舌、鼻腔等器官对声音具有滤波效果，可用参数可变的线性滤波器来模拟。也就是说可用脉冲源和滤波器来代替发声器官的主要特征参数，并将这些特征参数进行数字编码，形成数字信号加以传送，而不必传送真正的语音波形。由于只传送若干个参数，使得传送的信息量大为减少，可以采用低码率传送，节省了频带，这就是用低码传送语音编码的基础。

由于语音编码传送的是语音的特征参数，在接收端根据这些特征参数便可重建语音模型，合成原始的模拟语音信号，经过扬声器发出声音，这个过程称为语音解码，也称为语音合成。在手机中，语音编码和解码由一个数字信号处理器 DSP 完成，常称为声码器。

为了减少编码误差，提高语音质量，在 GSM 系统中，语音编码器采用了线性预测手段，预测的含义是指一个语音的抽样值可用过去若干个语音抽样值的线性组合来逼近。即用以前的若干个抽样值与当前值比较，产生预测误差，从而确定一组预测的加权系数，可使语音编码的误差最小。

3.2.2 信道编码

语音信号经过语音编码后，紧接着还要进行信道编码。由语音编码过程可以看出，采用PRE—LTP编码方案，可以降低数字信号的传输速率，实现数字信号压缩。而信道编码却与之相反，在语音码中增加纠错码元，使传送的码率增加。

作为移动通信终端设备，手机在移动条件下进行通信，经常受到各种干扰，传播信道十分复杂，场强不稳定，导致传输的部分数据块（代表语音或有用数据）丢失。为了防止上述情况，提高通信的可靠性，采取了信道编码技术。可以看出，信道编码是一种抗干扰、防止信息丢失的措施。

1. 信道编码的基本原理

信道编码的基本思想是，在传递语音的信息码元中，增加一些码元，并进行交织重组，新增加的码元称为纠错码或冗余码。在信号传输过程中，当数字信号成片丢失或产生误码时，由于纠错码元的存在、交织技术的采用，会使有用码元损失数量减少。更为重要的是，通过纠错码可以检出误码并能纠正误码。信道编码可以理解为是一种“掺杂”法，当然，掺入的杂质最后是要除去的。

可见，信道编码是通过增加冗余数据来克服信息传送过程中出现的误码，提高了纠错能力。

具体的讲，信道编码采用交叉交织技术，掺入新码元，并将原来的码打乱，这叫作交叉交织重组。将每段时间的语音内容分成几个时隙，与前后几段的内容放在一个突发脉冲中，然后传送出去。接收端在收到这些码元后，进行信道解码，即用相反的过程，去交织、恢复原来的码元排序，并剔除以前掺入的纠错码元，恢复原始数据。显然，在受到干扰时，会使有用信息的损失减小，保护了有用信息的安全。

正是因为语音信号经过上述编码过程后就送到信道（发信机）向外传送，是进入信道前的编码，故上述过程称为信道编码，它不是对信道号进行编码。

2. 交织编码

在移动电话数据信号的传送过程中，出现错误有两种情况：一种是由噪声随机引起的单个错码，称为随机错码；另一种为突发性错码，这多是由于传输中的衰减或阴影等引起的连续数个数据发生错码。信道编码对于纠正随机性出现的个别错码是十分有效的，但对于突发性错码或成串连续差错则显得无能为力。因此，数字移动系统采用交织技术，其目的是将成串的错码转换为随机性差错，然后再用信道编码加以纠正。

所谓“交织”技术就是在发送端将信息码排列顺序打乱，重新排列组合，使不同帧的信息码相互穿插交织后再发送到信道中去。在信道中即使产生成串突发性差错，由于相邻的数码已化整为零分散在不同的信息帧中，因此只引起随机差错。在接收端只要将数据去交织，恢复原来的数据序列后，可按随机错码的方法加以解决。

在GSM系统中，语音编码是将260bit的数据组成20ms语音块，传送速率是13kbit/s（260b/20ms = 13kbit/s）。然后进行信道编码，增加196bit的纠错码元（针对个别bit误码），组成456bit的数据组，这456bit仍然是20ms的语音块，因此传送码率为22.8kbit/s（456b/20ms = 22.8kbit/s），也就是在语音编码传输速率13kbit/s的基础增加9.8kbit/s的纠错码。将这456bit的码元进行交织重组（针对数据成片丢失），GSM交织重组示意图如图3-7

所示。

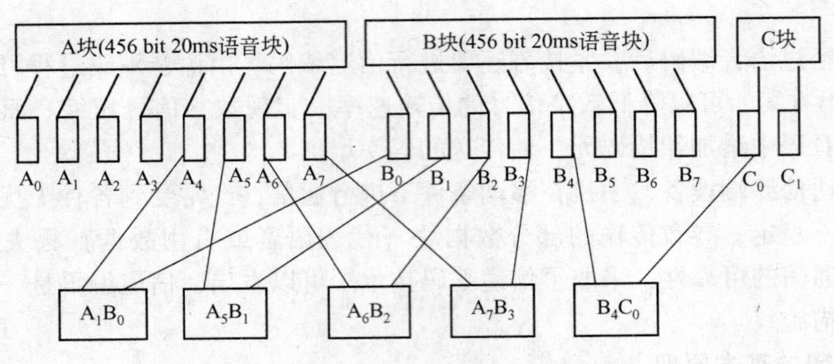

图 3-7 GSM 交织重组示意图

3.3 频率管理、越区切换与双频切换

无线通信是利用无线电波在空间传递信息的，所有用户共用同一个空间，因此不能在同一时间、同一场所、同一方向上使用相同频率的无线电波，否则就会形成干扰。当前移动通信发展所遇到的最突出问题，就是如何利用有限的可用频率资源来有秩序地提供给越来越多的用户使用而不相互干扰，这就涉及频率的管理。

3.3.1 频率管理

国际上，由国际电信联盟召开世界无线电行政大会，制定无线电规则，它包括各种无线电系统的定义，国际频率分配表和使用频率的原则、频率的分配和登记、抗干扰的措施、移动业务的工作条件以及无线电业务的分类等。

国际频率分配表按照大区域和业务种类给定。全球划分为 3 个大区域：第 1 区是欧洲、非洲和东亚五国及蒙古地区；第 2 区是南北美洲（包括夏威夷）；第 3 区是亚洲（除第 1 区的亚洲部分）和大洋洲。业务类型划分为固定业务、移动业务（分陆、海、空）、广播业务、卫星业务及遇险呼叫等。

各国以国际频率分配表为基础，根据本国的情况，制定国家频率分配表和无线电规则。我国位于第 3 区，结合我国具体情况作些局部调整，分配给民用移动通信的频段主要在 150MHz、450MHz、900MHz 频段和 1800MHz 频段，各项具体业务（如专向对讲电话、单频组网话机、双频组网话机、无线电寻呼、无绳电话、无中心组网、无线送话器及蜂窝移动电话网等）的使用频率均有具体的明确规定。

1）基站对移动台（下行链路）为发射频率高，接收频率低；反之，移动台对基站（上行链路）为发射频率低，接收频率高。

2）在我国 GSM 900 最初使用的频段为：

905 ~ 915MHz　　上行频率

950 ~ 960MHz　　下行频率

每频道 200kHz，频道号为 76 ~ 124，共 10MHz 带宽。

中国移动公司：905 ~ 909MHz（上行），950 ~ 954MHz（下行），共 4MHz 带宽，20 个频

道，频道号为76～95。

中国联通公司：909～915MHz（上行），954～960MHz（下行），共6MHz带宽，29个频道，频道号为96～124。

随着中国移动TACS网的压频、停用，为GSM网留出了更大的空间，因而GSM实际可用频段为890～915MHz（上行），935～960MHz（下行）。

3）目前只有中国移动公司拥有GSM 1800MHz网络，可用频段为1710～1785MHz（上行），1805～1880MHz（下行）。目前各移动分公司大多只申请10MHz的带宽，频道号为512～562。

4）无线寻呼系统：频段为130～300MHz，频率间隔为25kHz。

5）集群调度系统：380MHz、450MHz和800MHz左右。

6）采用CDMA制式的数字蜂窝移动电话系统：中国联通上行频率为825～839MHz，下行频率为870～884MHz。

7）第三代蜂窝移动系统（IMT-2000）：国际上使用频率在2GHz左右，即在1700～2300MHz左右。

我国第三代公众移动通信系统的主要工作频段如下。

频分双工（FDD）方式：1920～1980MHz／2110～2170MHz。

时分双工（TDD）方式：1880～1920MHz／2010～2025MHz。

国家统一管理频率的机构是国家无线电管理委员会，移动通信组网必须遵守国家有关的规定并接受当地无线电管理委员会的具体管理。

3.3.2 越区切换

移动通信网络是由许多正六边形的蜂窝小区组成的，在实际通信过程中，必然会发生用户携带话机从一个小区移动到另一个小区的情形，这就是越区切换。

在某一小区内移动的用户处于开机空闲状态时，它被锁定在该小区的BCCH（广播控制信道）载频上，该载频的零时隙有BCCH和CCCH（公共控制信道）。

当移动用户向离开这个小区的基站方向移动时，信号强度会减弱。当移动到两个小区的理论边界附近时，移动台会因信号强度太弱而决定转到邻近小区的无线频率上，为了正确选择无线小区，移动台要对每一个邻近小区的BCCH载频的信号强度进行连续测量。当发现新的基站发出的BCCH载频信号强度优于原小区时，移动台将锁定在这个新载频上，并继续接收广播消息及可能发给它的寻呼信息。

可见，越区切换是蜂窝移动电话系统的不可缺少的功能。

切换是指在移动通信的过程中，在保证通信不间断的前提下，把通信的信道从一个无线信道转换到另一个无线信道的功能。

这种切换过程是移动台先暂时断开通话，在与原基站联系的信道上，传送切换的信令，移动台自动向新的频率调谐，与新的基站联系，建立新的信道。简单来说就是“先断开、后切换”，切换的过程中约有1/5s时间的短暂中断。

我们现在使用的“全球通”（GSM）系统采用的就是这种方式。在该系统中，切换中断时间大约为200ms，它对通话质量有点影响。如果在中断期间，恰巧又遇到某种外界干扰或其他原因，就有可能使切换失败，造成“掉话”现象。

3.3.3 双频切换

目前，为了满足用户数不断增加的要求，开通了“双频手机”。这里的双频在我国是指900MHz 和1800MHz 两个频段。它们在传播特性上存在以下差异：

自由空间的传播损耗不同，GSM 1800 的衰耗比 GSM 900 多6dB。

建筑物贯穿损耗不同，1800MHz 比900MHz 的建筑物贯穿损耗小，但两者的差别不是很大。以混凝土建筑为例，实测结果对应于900MHz、1800MHz、2300MHz 分别为14.2dB、13.4dB、12.8dB。

绕射损耗不同，高频段电磁波的绕射能力较差。

双频手机有两个特点，一是支持一个以上的频段；二是可以在同一 PLMN（移动通信网）中不同频段之间执行切换、信道指配、小区选择和小区重选。

1. GSM 900/1800 系统介绍

随着 GSM 移动通信网络用户数量的迅速增长，GSM 900 频段的有限资源已经明显不够用，有必要引入另一个频段以满足 GSM 网络容量增长的需求。900MHz 和1800MHz 两个频段的传播特性基本相似，利用1800MHz 频段比较宽松的资源，采用 GSM 900/1800 双频段操作，极大缓解 GSM 900 的容量压力。同时，由于 GSM 1800 与 GSM 900 在系统组网、工程施工、网络维护及支持的业务等方面比较一致，因此，采用 GSM 900/1800 双频段系统，能有效经济地解决 GSM 900 系统频率较窄、容量不足等问题，新的 GSM 1800 系统不仅比原有 GSM 900 系统的性能更加先进、业务种类更多，而且使用的频段也更宽了。所以，双频系统的容量要比原来的容量大好几倍。

GSM 900/1800 系统组合成一个网后，原来的 GSM 900 网和新增的 GSM 1800 网仍然分别工作在两个不同的频段。因此，原来用户的单频 GSM 900 手机将仍然是在原来的 GSM 900 网中应用。如果用户改换使用双频手机，就可以在双频系统中自动漫游、自动切换，双频系统将使双频手机始终保持在相对最佳信号状态下，从而提供更加良好的通话质量以及更多的业务种类。这是因为双频系统和双频手机具有更为先进的性能，当双频手机开机后收到信号，就开始扫描选择通信质量相对最佳的信道，首先选择 GSM 1800 小区内的信道，如果这时恰好是这个小区的语音信道全忙，双频系统就会立即向周围 GSM 900 小区查询有无空闲信道，如果有，就会向该双频手机指派一个 GSM 900 小区的信道来完成呼叫的建立和接续。这样一来，便提高了系统的通话容量。例如，当双频手机从 GSM 1800 覆盖区漫游到 GSM 900 的覆盖区时，双频手机将尽量维持在 GSM 1800 系统，直到通话质量降低到规定的限度时才自动切换到 GSM 900 系统，保持双频手机的通话质量，而用户本人处于通话状态，感觉不到所处系统的变化。

2. 双频切换

手机开机后将会选择一个合适的小区，在 GSM 900 与 GSM 1800 的共同覆盖区内，手机将会优先选择1800MHz 小区。

当手机开机后处于空闲时，手机会停留在所选的小区中，通过接收该小区的系统消息来测量邻近小区 BCCH 载频的信号电平，移动台可以记录其中信号电平最大的6个相邻小区。在通过不同小区过程中，如果有更适合的小区出现时，手机会自动切换到该小区，以保持良好的通话质量。

根据小区的容量、防止连续切换等情况，规定在双频分层网络中 GSM 1800 系统比 GSM

900 系统具有更高的优先级。这样手机更容易切换到 GSM 1800 系统，通话也尽可能保持在 GSM 1800 系统中，GSM 900 系统的负荷量得到减轻。

通过这种双频结构的切换算法，可以知道在 GSM 1800 系统的覆盖区内，双频手机基本上保持在 GSM 1800 上，进行 GSM 1800 系统内的切换；当 GSM 1800 小区信号覆盖变差时，双频手机切换到 GSM 900 小区。

GSM 900/1800 双频网目前正在大力推广，并在许多城市投入运营。实际使用中，通过跟踪网络质量和双频用户的增长速度，对网络进行优化，使 GSM 1800 尽量吸收双频用户，起到缓解 GSM 900 压力的作用，提高网络的整体性能。

3. 电路举例

双频切换在天线开关电路实现。天线开关电路一般由集成电路和外接元器件组成。图 3-8 所示为摩托罗拉 P7689 型手机天线开关电路。该天线开关电路既要实现接收时切换、收/发切换，还完成了内置天线 ANT1 与外接天线 EXT-ANT 的切换。

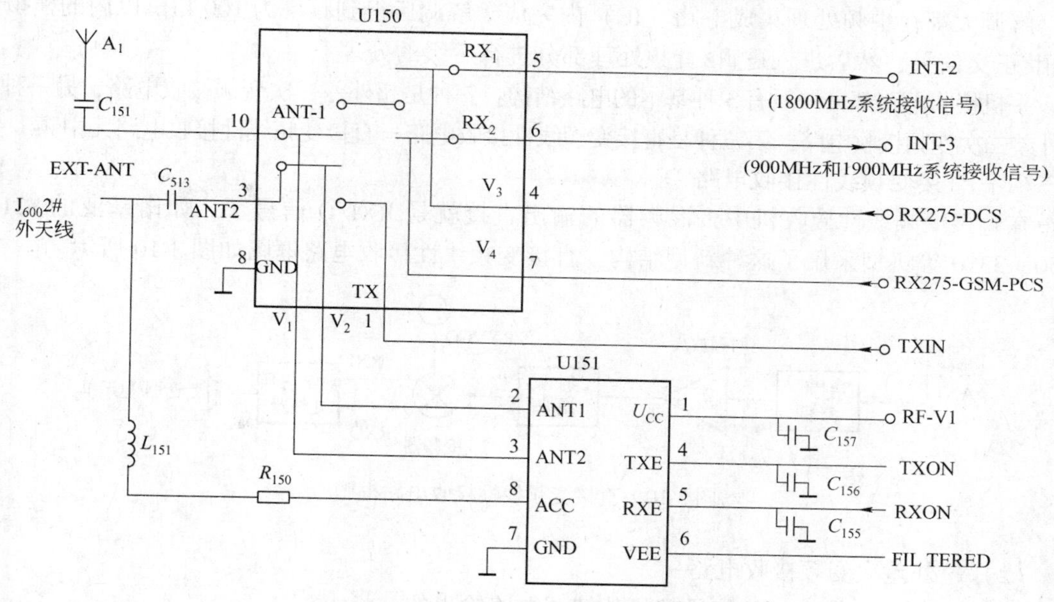

图 3-8　摩托罗拉 P7689 型手机天线开关电路图

外接天线由手机底部插座 J600 的 2#提供。INT-2 是接收的 1800MHz 频段信号输出，INT-3 是接收的 900MHz 和 1900MHz 信号输出，RX275-DCS 是 DCS 的频段控制信号，RX275-GSM-PCS 是 GSM、PCS 频段控制信号，它们都来自于 CPU。TXIN 为发射信号输入，RF-V1 收发切换电路正电源，TXON 为发射允许信号，RXON 是接收允许信号，FILTERED 是负电源。图中，RX275-GSM-PCS 信号控制 U150 内的 GSM、PCN 频段信号是否与内置或外接天线接通。

3.4　手机电路模块结构

3.4.1　射频电路

射频电路部分一般指手机电路的模拟射频、中频处理部分。它在接收时，主要完成接收信号的下变频，得到模拟基带信号；在发射时完成发射模拟基带信号的上变频，得到发射高频信号。从电路结构上，可将射频电路分为接收部分、发射部分与频率合成器3部分。

1. 接收电路部分

接收电路部分一般包括天线、天线开关、高频滤波、高频放大、变频、中频滤波、中频放大和解调电路等。它将925～960MHz（GSM 900频段）或1805～1880MHz（DCS1800频段）的射频信号进行下变频，最后得到67.768kHz的模拟基带信号（RXI，RXQ），手机接收电路框图如图3-9所示。

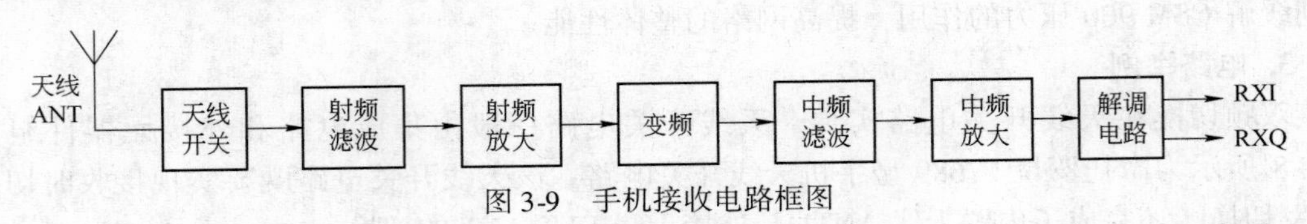

图3-9　手机接收电路框图

解调大都在中频处理集成电路（IC）内完成，解调后得到频率为100 kHz以内的模拟的同相/正交信号，然后进入逻辑/音频处理部分进行后级的处理。

手机接收电路部分一般有3种基本的电路结构：一种是超外差一次变频接收电路，另一种是超外差二次变频接收电路，第三种是直接变频线性接收电路。直接变频线性接收电路无中频。

（1）直接变频线性接收电路

在直接变频线性接收机中，混频器的输出直接就是RXI/Q信号了。如诺基亚的8210、8250、3310等机型采用了这种新型结构，直接变频线性接收电路框图如图3-10所示。

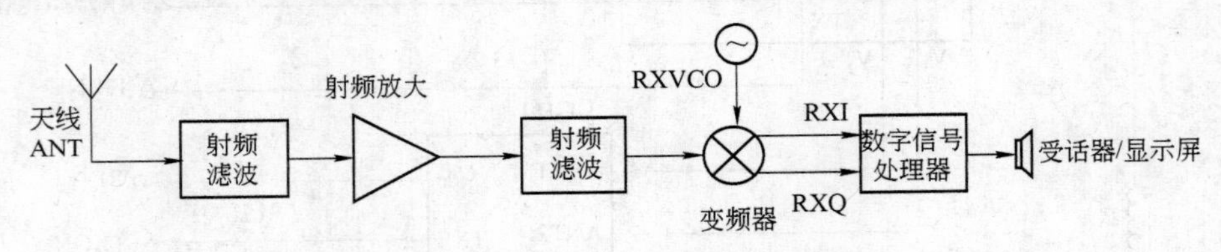

图3-10　直接变频线性接收电路框图

（2）超外差次变频接收电路

超外差接收电路RXI/Q信号都是从解调电路输出的。

天线感应到的无线蜂窝信号经天线电路和射频滤波器进入接收机电路。接收到的信号首先由低噪声放大器进行放大，放大后的信号再经射频滤波器滤波后，被送到混频器。在混频器中，射频信号与接收VCO信号进行混频，得到接收中频信号。中频信号经中频放大后，在中频处理模块内进行RXI/Q解调，得到67.768kHz的RXI/Q信号。解调所用的参考信号来自接收中频VCO。RXI/Q信号在逻辑音频电路中经GMSK解调、去交织、解密、信道解码及PCM解码等处理，还原出模拟的语音信号，推动扬声器发声。摩托罗拉手机大多采用这种结构。超外差一次变频接收电路框图如图3-11所示。

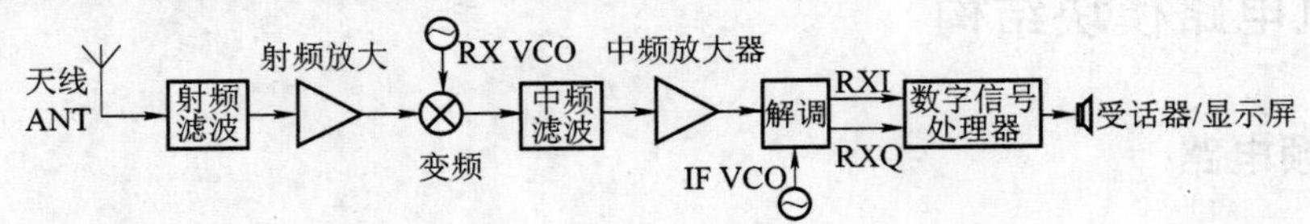

图3-11　超外差一次变频接收电路框图

(3) 超外差二次变频接收电路

与一次变频接收机相比，二次变频接收机多了一个混频器和一个 VCO，这个 VCO 在一些电路中被叫作 IFVCO 或 VHFVCO。在第一次混频后得到接收第一中频信号，第一中频信号与接收第二本机振荡信号混频，得到接收第二中频。诺基亚手机、爱立信手机、三星、松下和西门子等手机的接收机电路大多数属于这种电路结构，超外差二次变频接收电路框图如图 3-12 所示。

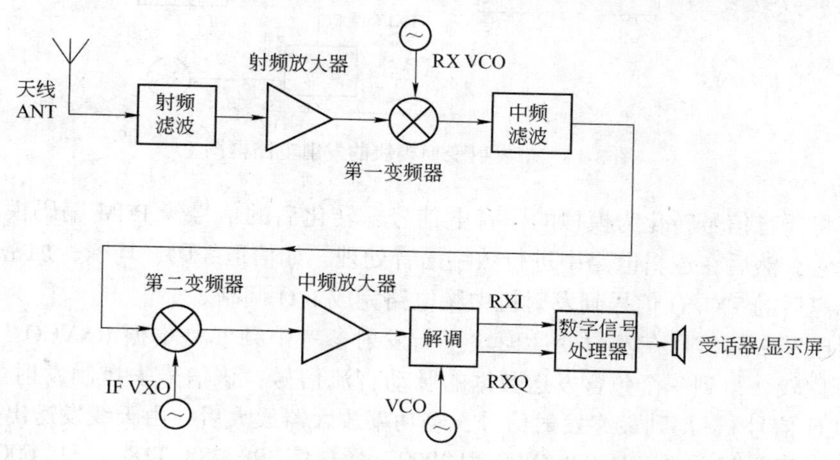

图 3-12　超外差二次变频接收电路框图

可以看出，无论采用哪种电路结构，信号是从天线到低噪声放大器，经过频率变换单元，再到语音处理电路。

2. 发射电路部分

发射电路部分一般包括调制器、带通滤波、射频功率放大器、天线开关等，以 I/Q（同相/正交）信号被调制为更高的频率模块为起始点。它将 67. 768kHz 的模拟基带信号上变频为 880 ~ 915MHz（GSM 900 频段）或 1710 ~ 1785MHz（DCS 1800 频段）的发射信号，并且进行功率放大，使信号从天线发射出去。手机发射电路框图如图 3-13 所示。

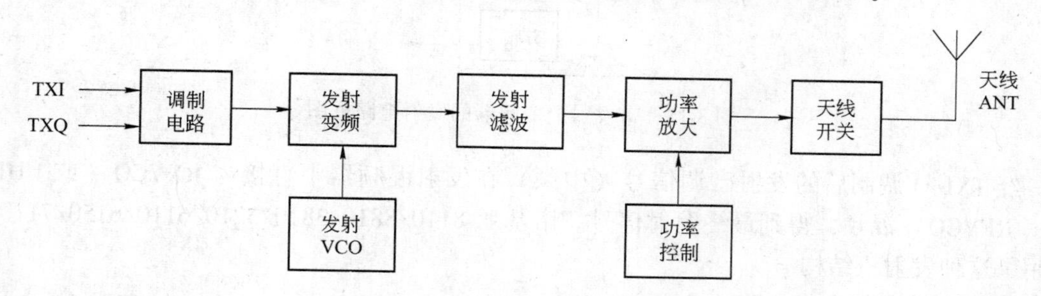

图 3-13　手机发射电路框图

手机的发射电路部分一般有 3 种电路结构：带发射变换模块的发射电路、带发射上变频器的发射电路、直接变频发射电路。

(1) 带发射变换模块的发射电路

这种结构有一个专门的 TXVCO，发射电路稳定性好，只是电路稍复杂。带发射变换模块的发射电路框图如图 3-14 所示。

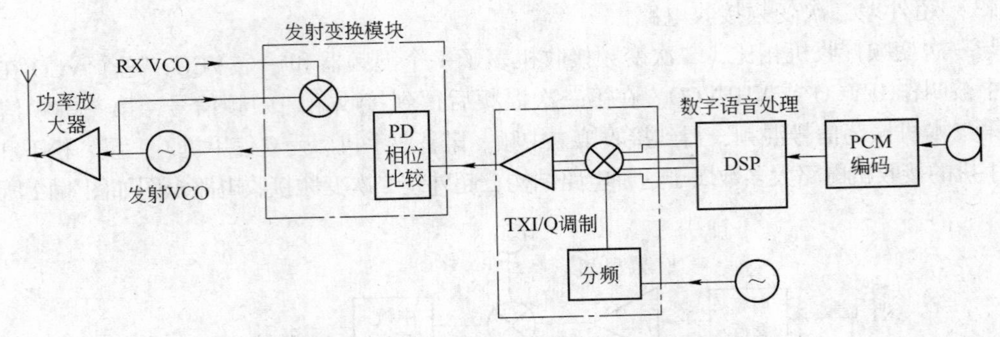

图 3-14　带发射变换模块的发射电路框图

传声器将语音信号转化为模拟的语音电信号，转化后的信号经 PCM 编码模块将其变为数字语音信号，然后在逻辑电路中进行数字语音处理，如信道编码、均衡、加密以及 TXI/Q 分离等，分离后的 TXI/Q 信号到发射机中频电路完成 I/Q 调制。

该发射已调中频信号在发射变换模块里与发射参考中频（一本振 RXVCO 与 TXVCO 的差频）进行比较，得到一个包含发送数据的脉动直流信号，该信号去控制发射 VCO 的工作（调制 TXVCO 信号），得到最终发射信号，经功率放大器放大后，由天线发送出去。

摩托罗拉 328/87 系列 CD/928/V998/L2000、爱立信 398/788/T18、三星 600/500、西门子以及松下手机都采用了这种发射机电路结构。

（2）带发射上变频器的发射电路

这种结构电路简单，但稳定性较差。带发射上变频器的发射电路框图如图 3-15 所示。

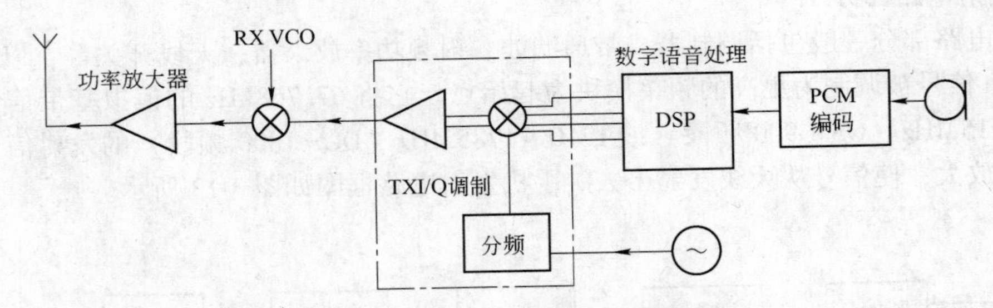

图 3-15　带发射上变频器的发射电路框图

经 TXI/Q 调制后的发射已调信号（中频）在发射混频器中直接与 RXVCO（或 UHFVCO、RFVCO）混频，得到最终发射信号。诺基亚 8110/8810/3810/3210/6110/6150/7110 等采用了这种发射机结构。

（3）直接变频发射电路

这种结构中，发射基带 I/Q 信号不是去调制发射中频信号，而是直接对 SHFVCO 信号（专指此种结构的本振电路）进行调制，一次性的得到最终发射频率的信号。如诺基亚的 8210/8250/3310 等机型，直接变频发射电路框图如图 3-16 所示。

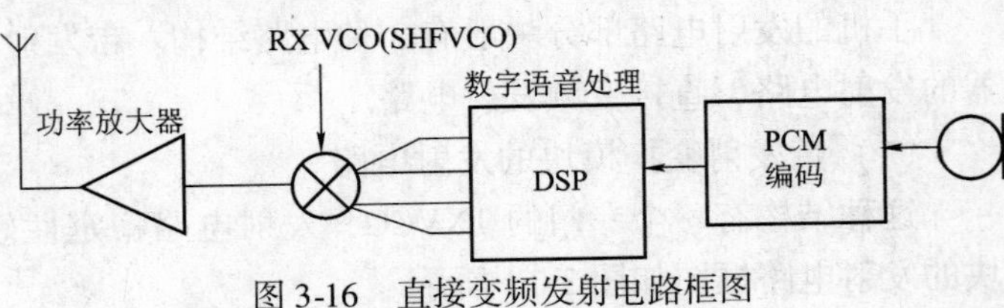

图 3-16　直接变频发射电路框图

3. 频率合成器

频率合成电路为接收的混频电路和发射的调制电路提供本振频率和载频频率。目前手机电路中常以晶体振荡器为基准频率、采用 VCO 电路的锁相环频率合成器。在手机中，通常包含 3 个频率合成环路：一本振 VCO 频率合成环路（UHFVCO、RFVCO、RXVCO）；二本振 VCO 频率合成环路（IFVCO、VHFVCO 等）；发射中频 VCO 频率合成环路。这 3 个频率合成器的参考信号都来自基准频率时钟电路。

接收一本振可以分为高本振和低本振。当本振频率高于接收射频信号的频率时，称为高本振，反之为低本振。例如，诺基亚 8810 型 GSM 手机，其接收一本振为高本振，频率为 1006～1031MHz，高于接收射频信号的频率 935～960MHz，而摩托罗拉掌中宝 338 型 GSM 手机的接收一本振为低本振，频率为 720～745MHz，低于接收射频信号的频率。

对于采用带发射变换模块发射电路的手机，一本振 VCO 频率合成器产生的一本振信号，一方面送到接收一混频电路，与接收信号进行混频得到一中频信号；另一方面，与发射 VCO（TXVCO）输出的信号进行混频得到发射中频参考信号，发射中频参考信号与发射已调中频信号在发射变换模块鉴相器中进行比较，输出包含发送数据的脉动直流信号，该信号去调制 TXVCO，得到最终发射信号。

对于采用带发射上变频器的发射电路的手机，一本振 VCO 频率合成器产生的一本振信号，一方面送到接收一混频电路，与接收信号进行混频得到一中频信号；另一方面，直接与发射已调中频信号进行混频（因为没有发射 VCO 电路），得到最终发射信号。

4. 双频手机

对于双频手机，一般采用射频接收和发射双通道方式，图 3-17 所示为摩托罗拉 V998 双频手机射频部分框图。

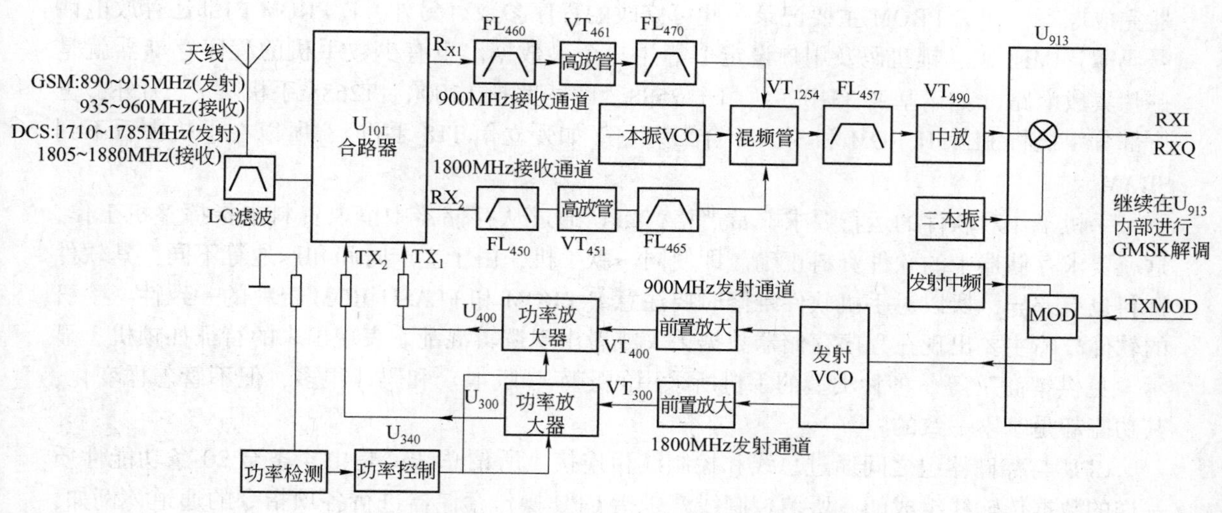

图 3-17　摩托罗拉 V998 型双频手机射频部分框图

3.4.2　逻辑/音频电路

逻辑/音频部分包括音频信号处理（也称为基带电路）和系统逻辑控制，它以中央处理器为中心，完成对语音等数字信号的处理、传输以及对整机工作的管理和控制，是手机系统的心脏。逻辑/音频部分电路由众多元器件和专用集成电路（ASIC）构成。

1. 系统逻辑控制部分

系统逻辑控制对整个手机的工作进行控制和管理，包括开机操作、定时控制、数字系统控制、射频部分控制以及外部接口、键盘、显示器控制等。

逻辑控制部分主要是由中央处理器、存储器组和总线等组成。

存储器组一般包括两种不同类型的存储器：数据存储器和程序存储器。数据存储器即SRAM（静态随机存储器），又称为暂存器；手机的程序存储器多数由两部分组成，包括E^2PROM——电可擦写只读存储器（俗称为码片）和FLASH ROM——闪速只读存储器（俗称为字库或版本）。手机的程序存储器是只读存储器，也就是说，手机在工作时，只能读取其中的数据资料，不能往存储器内写入资料，但只读存储器并不是真正的“只读”，也就是说，在特定的条件下也能向只读存储器内写入资料，各种各样的软件维修仪都是通过向存储器重新写入资料来达到修复手机的目的。

SRAM作为数据缓冲区，内部存放手机当前运行程序时产生的中间数据，如果关机，则内容全部消失，这一点和我们在计算机中常讲的内存的功能是一致的。

字库（版本）FLASH ROM的功能是以代码的形式存放了手机的基本程序和各种功能程序，即存储手机出厂设置的整机运行系统软件控制指令程序，如开机和关机程序、LCD字符调出程序、与系统网络通信控制及检测程序等，它存储的是手机工作的主程序；一般FLASH的容量是最大的，它也存放字库信息等固定的大容量数据。

码片E^2PROM容量较小，主要存储手机机身码（IMEI）及检测程序，如电池检测、显示电压检测等。它存储手机出厂设置的系统控制指令等原始数据，但其数据会通过本机工作运行时自动更新，也可让用户通过本机键盘进行修改，手机设置的使用菜单程序均在本存储器完成擦写，即E^2PROM主要记录一些可修改的程序参数。另外，E^2PROM内部还存放电话号码簿、IMEI码、锁机码及用户设定值等用户个人数据。也有少数手机的程序存储器就是一片集成电路（如诺基亚3310、西门子2588、摩托罗拉L2000、T2688手机等）。另外，也有部分手机将FLASH ROM和SRAM合二为一（如爱立信T18手机），所以在手机中看不到SRAM。

手机工作对软件的运行要求非常严格，CPU通过从存储器中读取资料来指挥整机工作，这就要求存储器中的软件资料正确。即使同一款手机，由于生产时间和产地等不同，其软件资料也有差异，所以对手机软件维修时要注意E^2PROM和FLASH ROM资料的一致性。手机的软件故障主要出现在程序存储器数据丢失或者出现逻辑混乱。表现出来的特征如锁机、显示“见供销商”等。各种类型的手机所采用的字库（版本）和码片很多，但不管怎样变化，其功能却是基本一致的。

CPU与存储器组之间通过总线和控制线相连接。所谓总线，是由4条至20条功能性质一样的数据传输线组成的，所谓控制线就是指CPU操作存储器进行各项指令的通道，例如，片选信号、复位信号、看门狗信号和读写信号等。CPU就是在这些存储器的支持下，才能够发挥其繁杂多样的功能，如果没有存储器或其中某些部分出错，手机就会出现软件故障。CPU对音频部分和射频部分的控制处理也是通过控制线完成的，这些控制线信号一般包括MUTE（静音）、LCDEN（显示屏使能）、LIGHT（发光控制）、CHARGE（充电控制）、RX-EN（接收使能）、TXEN（发送使能）、SYNDAT（频率合成器信道数据）、SYNEN（频率合成器使能）及SYNCLK（频率合成器时钟）等。这些控制信号从CPU伸展到音频部分和射频部分内部，使各种各样的模块和电路中相应的部分去完成整机复杂的工作。

所有电路的工作都需要两个基本要素：时钟和电源。时钟的产生按照机型的不同，有时从射频部分产生，再供给逻辑部分，有时从逻辑部分产生，供给射频部分。整个系统在时钟的同步下完成各种操作。系统时钟频率一般为13MHz。有时可以见到其他频率的系统时钟，如26MHz等。另外，有的手机内部还有实时时钟晶体，它的频率一般为32.768kHz.。用于为显示屏提供正确的时间显示。没有实时时钟晶体的机型当然也就没有时间显示功能。

2. 音频信号处理部分

音频信号处理分为接收音频信号处理和发送音频信号处理，一般包括数字信号处理器DSP（或调制解调器、语音编解码器、PCM编解码器）和中央处理器等。

（1）接收音频信号处理

接收时，对射频部分发送来的模拟基带信号进行GMSK解调（模-数转换）、在DSP（数字信号处理器）中解密等，接着进行信道解码（一般在CPU内），得到13kbit/s的数据流，经过语音解码后，得到64kbit/s的数字信号，最后进行PCM解码，产生模拟语音信号，驱动受话器发声。图3-18所示为接收信号处理变化示意图。

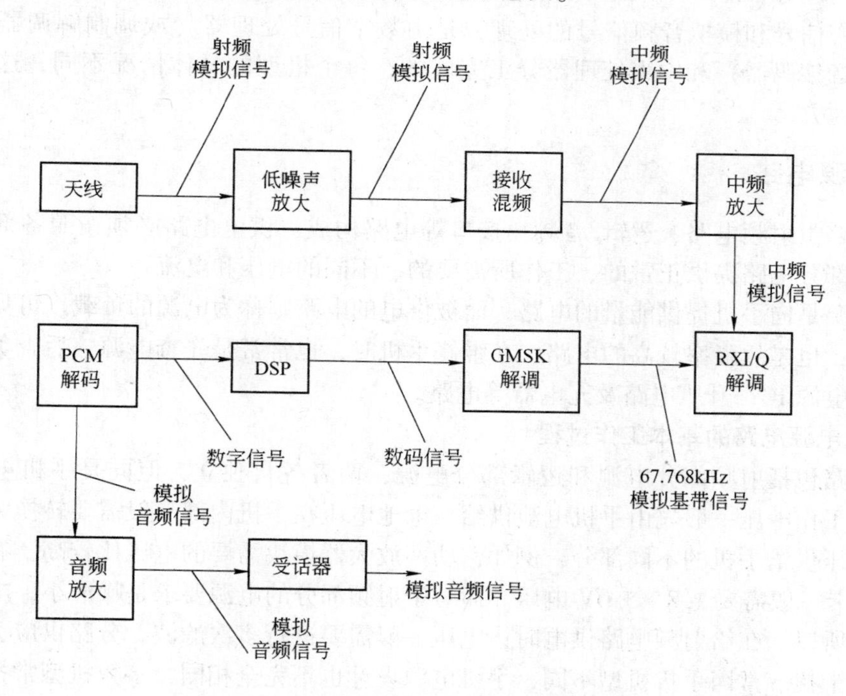

图3-18　接收信号处理变化示意图

应注意图中DSP前后的数码信号和数字信号。GMSK解调输出的数码信号是包含加密信息、抗干扰和纠错的冗余码及语音信息等，而DSP输出的数字信号则是去掉冗余码信息后的数字语音信息。

（2）发送音频信号处理

发送时，送话器送来的模拟语音信号在音频部分进行PCM编码，得到64kbit/s的数字信号，该信号先后进行语音编码、信道编码、加密、交织、GMSK 调制，最后得到 67.768kHz 的模拟基带信号，送到射频部分的调制电路进行变频的处理。图 3-19 为发送音频信号处理变化流程示意图。

信号 1）是传声器拾取的模拟语音信号。

信号 2）是 PCM 编码后的数字语音信号。

信号 3）是数码信号。

信号 4）是经逻辑电路一系列处理后，分离输出的 TXI/Q 波形。

信号 5）是发射已调中频信号。

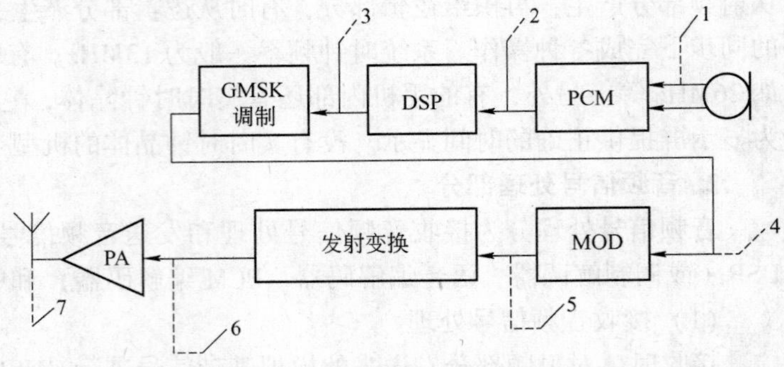

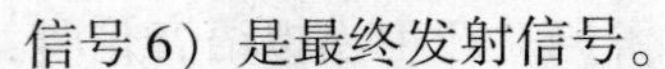

图 3-19　发送音频信号处理变化流程示意图

信号 6）是最终发射信号。

信号 7）是功率放大后的最终发射信号。

对于基带信号和模拟音频信号的处理，是由数字信号处理器（或调制解调器、PCM 编解码器、语音编码器）和中央处理器分工完成的，每个机型的具体情况不同，这是读图中值得注意的地方。

3.4.3　电源电路

手机电路由射频电路、逻辑/音频、接口等电路构成，供电电路必须按照各部分电路的要求，给各部分电路提供正常的、工作所需要的、不同的电压和电流。

整机电源是向手机提供能量的电路。而被供电的电路则称为电源的负载。可见，电源电路非常重要，也是故障率较高的电路，在维修手机时，也常常是先查电源，后查负载。手机的电源包括电源 IC、升压电路及充电器等电路。

1. 手机电源电路的基本工作过程

电源电路包括射频部分电源和逻辑部分电源，两者各自独立，但同是手机电池原始提供。手机的工作电压一般先由手机电池供给，电池电压在手机内部一般需要转换为多路不同电压值的电压供给手机的不同部分，例如，功率放大器模块需要的电压比较高，有时还需要负压，SIM 卡一般需要 1.8～5.0V 电压。而对于射频部分的电源要求是噪声小，电压值并不一定很高，所以，在给射频电路供电时，电压一般需要进行多次滤波，分路供应，以降低彼此间的噪声干扰。常因手机机型不同，手机电源设计也不完全相同，多数机型常把电源集成为一片电源集成块来供电，如三星 A188、爱立信 T28 等。或者电源与音频电路集成在一起，如摩托罗拉系列。有些机型还把电源分解成若干个小电源块，如爱立信 788/768，三星 SGH600、800 等。

无论是分散的还是集成的电源都有如下共同的特点：都有电源切换电路，既可使用主电，也可使用备电；都能待机充电；都能提供各种供逻辑、射频、屏显和 SIM 卡等各种供电电压；都能产生开机、关机信号；接受微处理器复位（RST）、开机维持（WDOG）信号等。

手机内部电压产生与否，是由手机键盘的开关机键控制。手机电源开机过程如图 3-20 所示。手机的开机过程如下：

当开机键按下后，电源模块产生各路电压供给各部分，输出复位信号供 CPU 复位，同时，电源模块还输出 13MHz 振荡电路的供电电压，使 13MHz 振荡电路工作，产生的系统时钟输入到 CPU；CPU 在具备供电、时钟和复位（三要素）的情况下，从存储器内调出初始化程序，对整机的工作进行自检，这样的自检包括：逻辑部分自检、显示屏开机画面显示、振铃器或振荡器自检、背景灯自检等。如果自检正常，CPU 将会给出开机维持信号，送给电源模块，以代替开机键，维持手机的正常开机。在不同的机型中，这个维持信号的实现是不同的。例如在爱立信机型中，CPU 的某引脚从低电压跳变为高电压以维持整机的供电；而在摩托罗拉机型中，CPU 将看门狗信号置为高电压，供应给电源模块，使电源模块维持整机供电。不同机型的开机流程不尽相同。

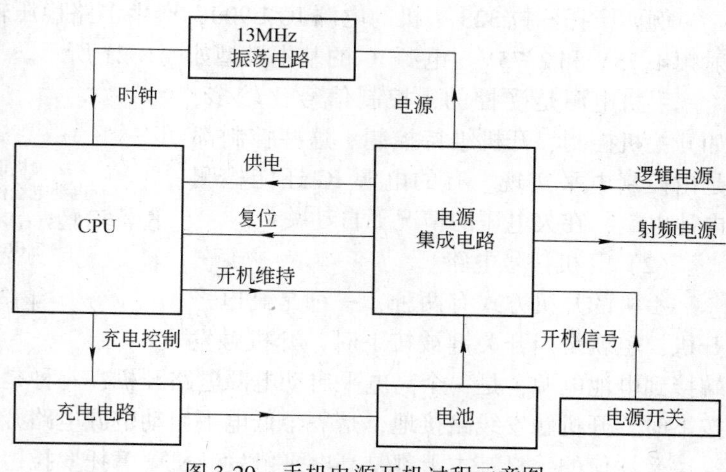

图 3-20　手机电源开机过程示意图

手机中的很多电压是不受控的，即只要按下开机键就有输出，这部分电压大部分供给逻辑电路、基准时钟电路，以使逻辑电路具备工作条件（即供电、复位、时钟），并输出开机维持信号，维持手机的开机。非受控电压一般是稳定的直流电压，用万用表可以测量，电压值就是标称值。

手机中还有部分受控电压，也就是说，输出的电压是受控的，这部分电压大部分供给手机射频电路中的压控振荡器、功率放大器、发射 VCO 等电路。受控电压一般受 CPU 输出的 RXON、TXON 等信号控制，由于 RXON、TXON 信号为脉冲信号，因此，输出的电压也为脉冲电压，需用示波器测量，用万用表测量要小于标称值。

2. 手机电源的基本电路

（1）电池供电电路

手机采用电池供电，电池电压是手机供电的总输入端，电池电源通常用 VBATT、BATT、BATT + 表示。也有用 VB、B + 来表示的。外接电源用 EXT – B + 表示。经过外接电源和电池供电转换后的电压一般用 B + 表示。

有的手机电池电路中还有一个比较重要的部分——电池识别电路。电池通过 4 条线和手机相连。即电池正极（BATT 等）、电池信息（BSI，BATD，BATT-SER-DATA 等）、电池温度（BTEMP）、电池地（GND）。此识别电路通常是手机厂家为防止手机用户使用非原厂配件而设置的，它也用于手机对电池类型的检测，以确定合适的充电模式。其中，电池信息和电池温度与手机的开机也有一定的关系。接触不良，手机也可能不开机。

B + 是一个不稳定电压，需将它转化为稳定的电压输出，而且要输出多路（组）不同的电压，为整机各个电路（负载）供电，这个电路称为直流稳压电源，简称为电源。大多数手机的电源采用集成电路实现，称为电源 IC。

例如摩托罗拉 328 手机的电源 IC-U900，产生多路稳压输出，分别是逻辑 5V 和 2.75V，射频 4.75V 和 2.75V。电源 IC 的基本模型如图 3-21 所示。

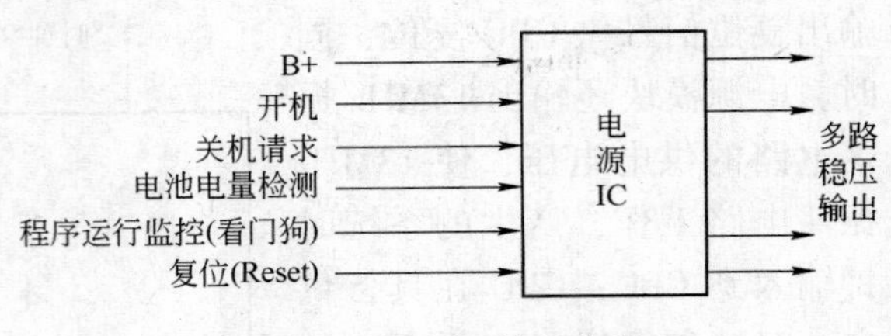

图 3-21 电源 IC 的基本模型

手机电源是受控的，控制信号比较多，如开关机控制、开机维持控制。这些控制都是由控制电平实现。有的电源 IC 还能检测电池电量，在欠电压的情况下自动关机。

（2）开机信号电路

手机的开机方式有两种，一种是高电平开机，也就是当开关键被按下时，开机触发端接到电池电源，是一个高电平启动电源电路开机；一种是低电平开机，也就是当开关键被按下时，开机触发线路接地，是一个低电平启动电源电路开机。

爱立信的手机基本上都是高电平触发开机。摩托罗拉、诺基亚及其他多数手机都是低电平触发开机。如果电路图中开关键的一端接地，则该手机是低电平触发开机，如果电路图中开关键的一端接电池正极，则它是高电平触发开机。

开机信号常用 ON/OFF 或 PWR-SW、PWRON、POWKEY 等表示。另外，在开机信号电路中，会看到开机维持信号（看门狗信号），这个信号来自于 CPU，以维持手机的正常开机，开机维持信号常用 WDOG、DCON、CCONTCSX、PWERON 等表示。

（3）升压电路

目前手机机型更新换代很快，一个明显的趋势是降低供电电压，例如 B+采用 3.6V、2.4V。而有些电路则需要较高的工作电压，如需要 4.8V 为 SIM 卡供电，需要为显示屏、CPU 等提供较高电压，另外，电池电压随着用电时间的延长会逐渐降低，为了供给手机各电路稳定的且符合要求的电压，手机的电源电路常采用升压电路。

升压电路其实是一种开关稳压电源，开关稳压电源最明显的特点是电路中有一个电感，这个电感是储存能量用的，称为储能电感，它要与电源 IC、放电电容、续流二极管等配合起来工作才能稳压供电。

手机中经常用到升压电路和负压发生器。负压也是由升压电路产生的，只不过极性为负而已。升压电路属于 DC-DC 变换器（即直流-直流变换），常见的升压方式有两种。

1）电感升压。

电感升压是利用电感可以产生感应电动势这一特点实现的。电感是一个储存磁场能的元器件，电感中的感应电动势总是反抗流过电感中电流的变化，并且与电流变化的快慢成正比。电感升压基本原理图如图 3-22 所示。

当开关 S 闭合时，有一电流流过电感 L，这时电感中便储存了磁场能，但并没有产生感应电动势，当开关突然断开时，由于电流从某一值一下跳变为零，电流的变化率很大，电感中便产生一个较强的感应电动势，虽然持续时间较短，但电压峰值很大，可以是

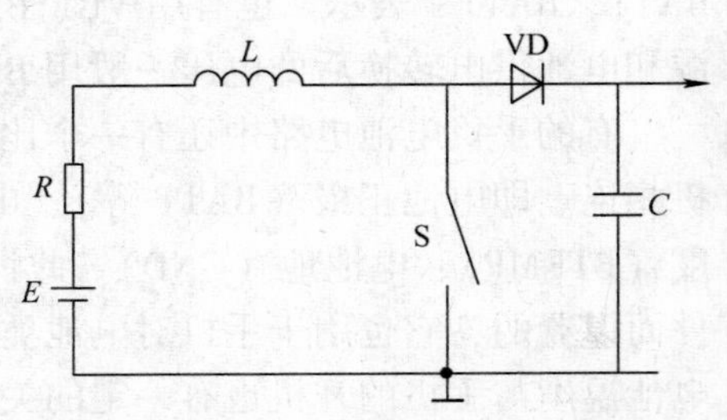

图 3-22 电感升压基本原理图

直流电源的几十倍、几百倍，也称为脉冲电压。若开关 S 是电子开关，用一个开关方波来控制开关不断动作，产生的感应电动势便是一个连续的脉冲电压，再经整流滤波电路即可实现升压。

2）振荡升压。

振荡升压是利用一个振荡集成块外配振荡阻容元器件实现的。振荡集成块又称为升压 IC，一般有 8 个引脚。内部可以是间歇振荡器，外配振荡电容产生振荡；也可以是两级门电路，外配阻容元器件构成正反馈而产生振荡。阻容元器件能改变振荡频率，所以又称为定时元器件，振荡电路一般产生方波电压，此电压再经整流滤波器形成直流电压。

（4）机内充电器

机内充电器又称为待机充电器。手机内的充电器是用外部 B+（EXT－B+）为内部 B+充电，同时为整机供电，手机机内充电器基本组成如图 3-23 所示。

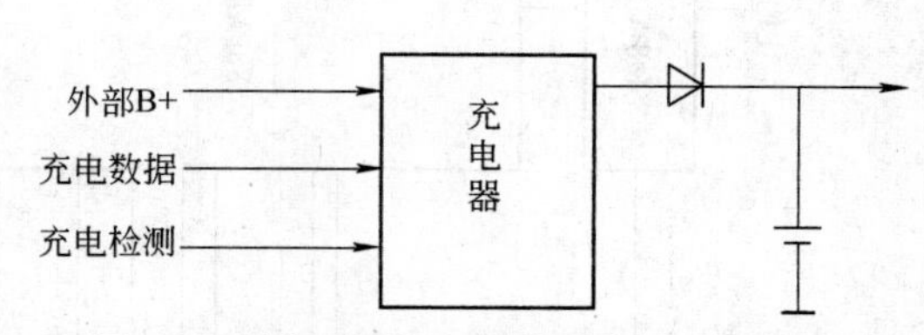

图 3-23　手机机内充电器基本组成示意图

充电器可以是集成电路，也可以是分立元器件电路，其外特性很简单。其中，充电数据是 CPU 发出的，可以由用户事先设定（用户不作设定时默认厂商设定）。充电检测是检测内部 B+是否充满，可以检测充电电流，也可检测充电电压；二极管用来隔离内部 B+与充电器的联系，防止内部 B+向充电器倒灌电流。

3.4.4　输入输出接口部分

输入/输出（I/O）接口部分包括模拟接口、数字接口以及人机接口 3 部分。话音模拟接口包括 A-D、D-A 变换等，数字接口主要是数字终端适配器，人机接口有键盘输入电路、功能翻盖开关电路、传声器输入电路、液晶显示屏（LCD）接口电路、受话器接口电路、振铃输出电路、手机状态指示灯电路等。从广义上讲，射频部分的接收通路（RX）和发送通路（TX）是手机与基站进行无线通信的桥梁，是手机与基站间的 I/O 接口。

3.5　典型 3G 手机电路分析

本节以华为 U8666 手机为例展开分析。

3.5.1　华为 T8828 电路组成

1. 华为 T8828 电路组成

华为 T8828 电路组成框图如图 3-24 所示。

单板包含：基带处理模块、电源管理模块（88PM8606/8607 等）、射频模块（RF 收发、PA 及天线等）、人机交互及外设以及专用功能模块（CMMB、WIFI、GPS、BT 等）。

（1）基带处理模块

基带处理子系统包含一片 Marvell 的基带处理芯片 PXA920H，一个 MCP 4GB FLASH ROM+4Gb RAM。

（2）电源管理模块

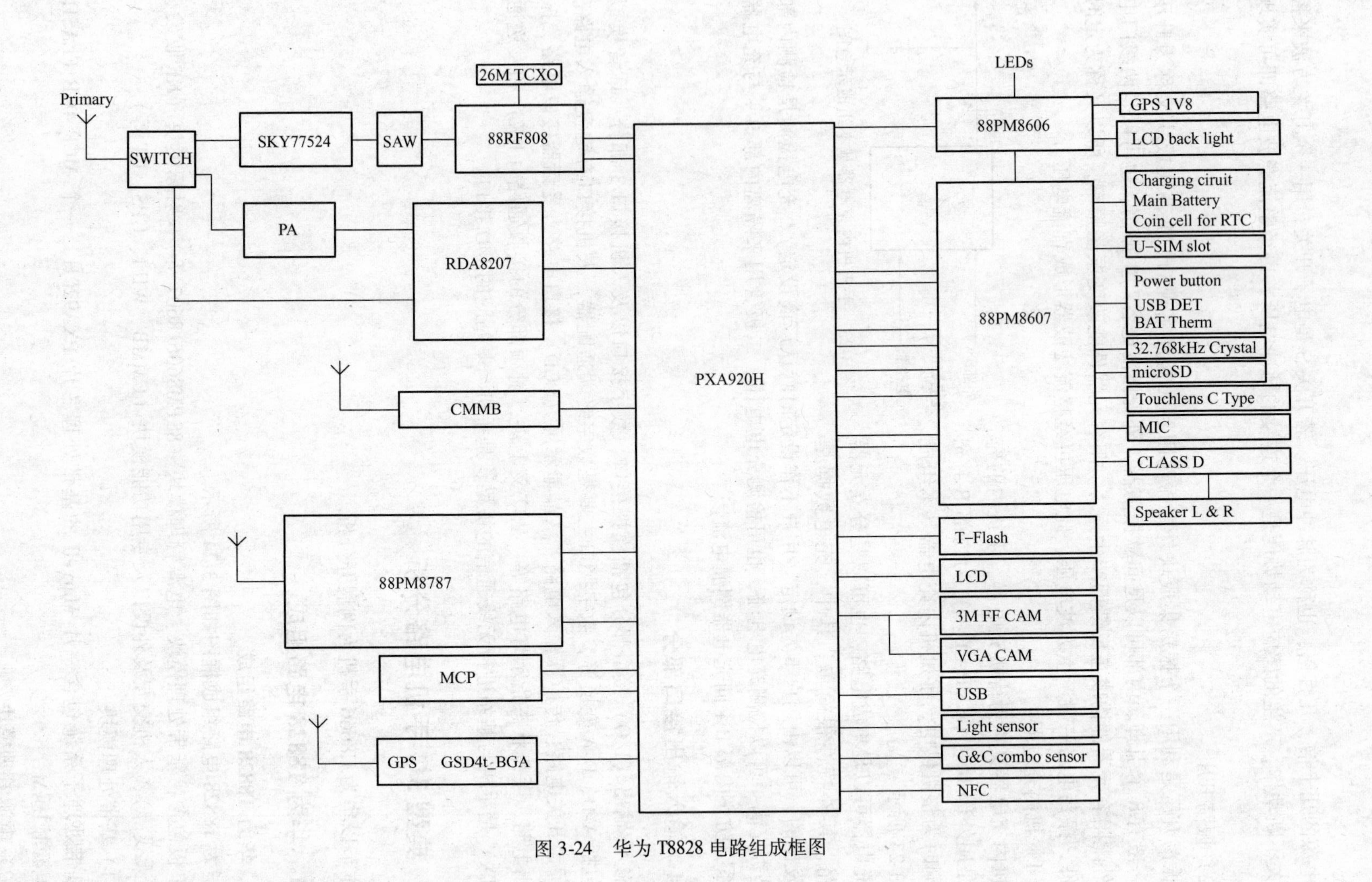

图 3-24　华为 T8828 电路组成框图

系统采用 Marvell PM8606 + PM8607 电源芯片组来完成 PMU 的功能。

（3）射频模块

射频模块包括 TD-SCDMA 部分和 GSM 部分的 RF 收发、PA、SAW 及天线部分等。

（4）人机交互及外设部分

人机交互及外设部分包括电声、键盘、LED 背光、LCD 屏、触摸屏、CAMERA、震动器、环境光传感器、接近光传感器、加速度与电子罗盘传感器、USB 及 TF 卡等。

（5）专用功能模块

专用功能模块包括蓝牙、FM、WIFI、GPS 及 CMMB 等。

2. 基带芯片 PXA920H 介绍

基带处理功能由 Marvell 公司的基带处理芯片 PXA920H 完成，包括 GSM/EDGE/TD-SCDMA 等协议处理。

单板中主程序存放于三星公司的 MCP（Multi-chip Package）芯片 K524G2GACB-A050000，该芯片包括一片 MCP4GB FLASH ROM + 4Gb RAM。单板主程序加工时加载至 NAND FALSH 中，上电后由 PXA920H 将程序搬至 SDARM 中运行。PXA920H 提供 USB 和 USIM 卡接口，由 PXA920H 直接接出。

3. PXA920H 工作原理

1）PXA920H 是 Marvell 公司推出的应用于 TD-SCDMA 和 EDGE 的多媒体终端平台套片中的基带处理芯片，支持 TD-SCDMA，2.8Mbit/s 的 HSDPA，2.2Mbit/s 的 HSUPA，支持 Class12 4 频 EDGE，支持数字射频 3G3.09 接口和 10 位 TD-SCDMAI/Q 接口，支持 3.5G 的协议栈，与高度集成的平台解决方案经过了 IOT、GCF 和外场测试。

2）PXA920H 提供 3 个核：MSA DSP、Seagull for CP、PJ1 for AP，共享存储器硬件结构。专门的 Modem 和应用处理器核使得普通的应用处理器软件栈通过多路空中接口和蜂窝网络可以再利用，阻止 AP 和 Modem 子系统之间不必要的交互作用，保护蜂窝网络免受应用处理器的安全威胁；高性能的内部存储器结构使得在不增加独立的 flash 和 DDR 的情况下可以共享外部存储器，节约成本和空间。AP 和 Modem 之间的交互接口通过共享的外部 DDR 来实现。Modem 处理器包括两个核：RISC 和 DSP 核。

3）支持多种无线平台应用，包括 3G/WLAN/BT，可以支撑 IMS、VOIP 和其他高级服务，本板设计支持 BT、FM、WIFI。

4）支持多种多媒体应用，包括视频重放、录像、3D 图像、音频加速器、图像传感器、LCD 控制器等，T8828 设计支持这些功能。

5）PXA920H 一共有 3 个 UART：UART1、UART2 和 UART3，3 个接口都支持 RS232 协议。其中 UART2 与 USIM 接口复用。T8828 中用 UART1 作为调试串口，用 UART2 作为 USIM 接口，UART3 作为 GPS 数据通信接口。

6）PXA920H 支持 USB OTG，兼容 USB2.0 规范，支持速度为 High-speed（480MHz）。

3.5.2 华为 T8828 手机电源电路

1. 电源分配方案

电源管理芯片采用 Marvell 的 88PM8606 和 88PM8607，它集成了系统的电源管理功能，包括为系统提供所需的分支电压，华为 T8828 手机电源分配方案流程图如图 3-25 所示。

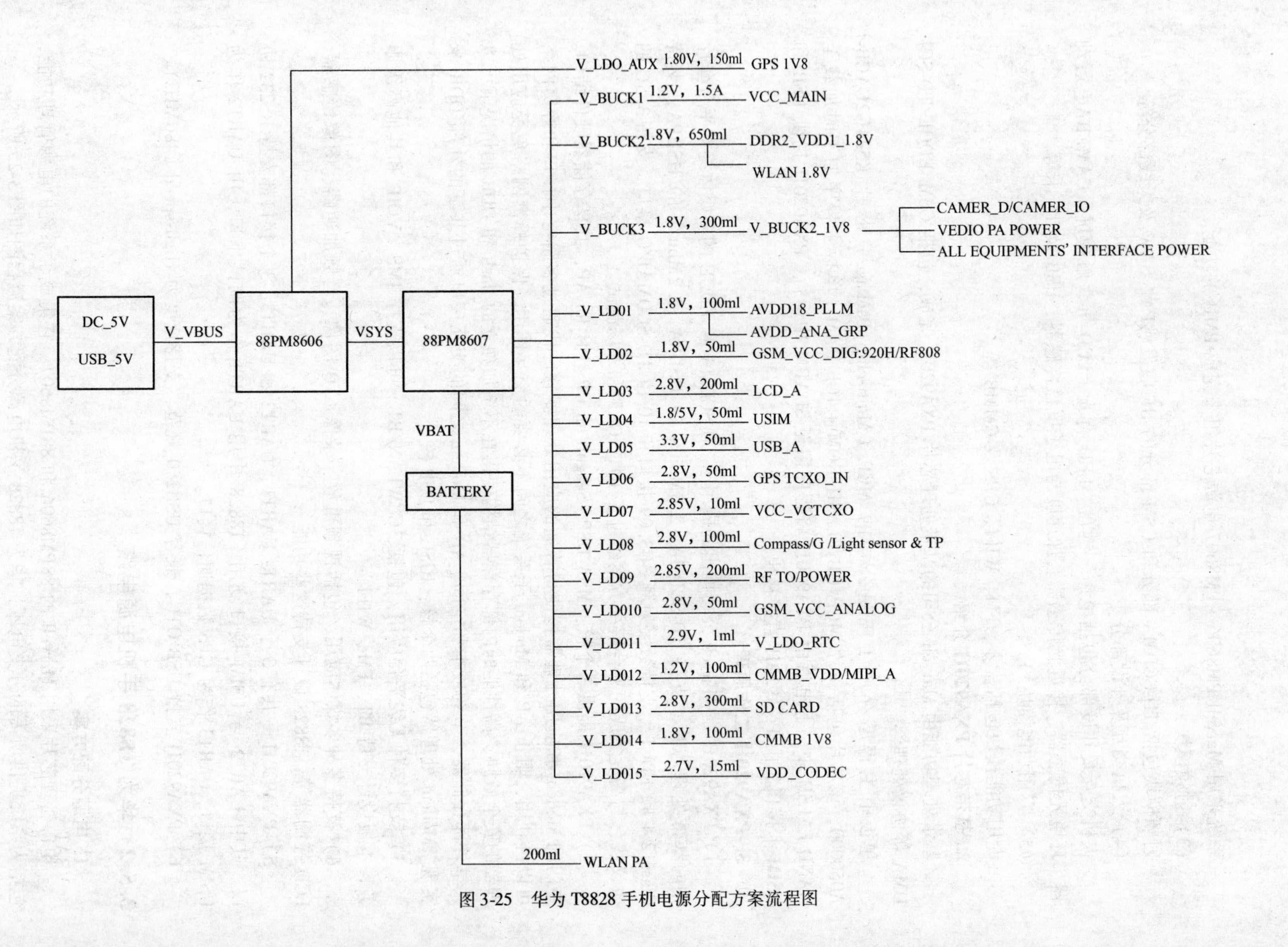

图 3-25　华为 T8828 手机电源分配方案流程图

2. 充电电路

88PM8607 支持线性和脉冲方式充电，对于完全放电的电池可以进行预充电，充电精度为 1%，可以使用交流电源适配器进行充电，使用 USB 充电器从主机充电，在插充电器情况下，即使电池没电或不在位时也可以保证系统可以正常工作，具有单输入充电端口，通过 I^2C，软件是完全可编程并且可控制的，预充电截止电流，预充电阈值电压，快速充电截止电流，目标电压，充电结束阈值电流，充电时间都是可编程的充电设置。具有自动能量管理功能，具有过载、过温、过压以及低压保护功能，系统可以调整监控充电器电压、主电池电压、系统电压以及充电电流，动态充电电流控制防止过热。

88PM8606 + 88PM8607 支持两种外部供电方式：非整流式外部电源和 USB 供电。下面详细介绍输入电源电路。图 3-26 所示为输入电源电路示意图，我们将外部电源只接到 88PM8606 的 VCHG 引脚，由 88PM8606 输出两路电压信号，一路作为 BB 内部用于提供 USB 电源的输入，另一路作为 88PM8607 内部用于提供 3 路 BUCKs 和 15 路 LDOs 的电源输入。

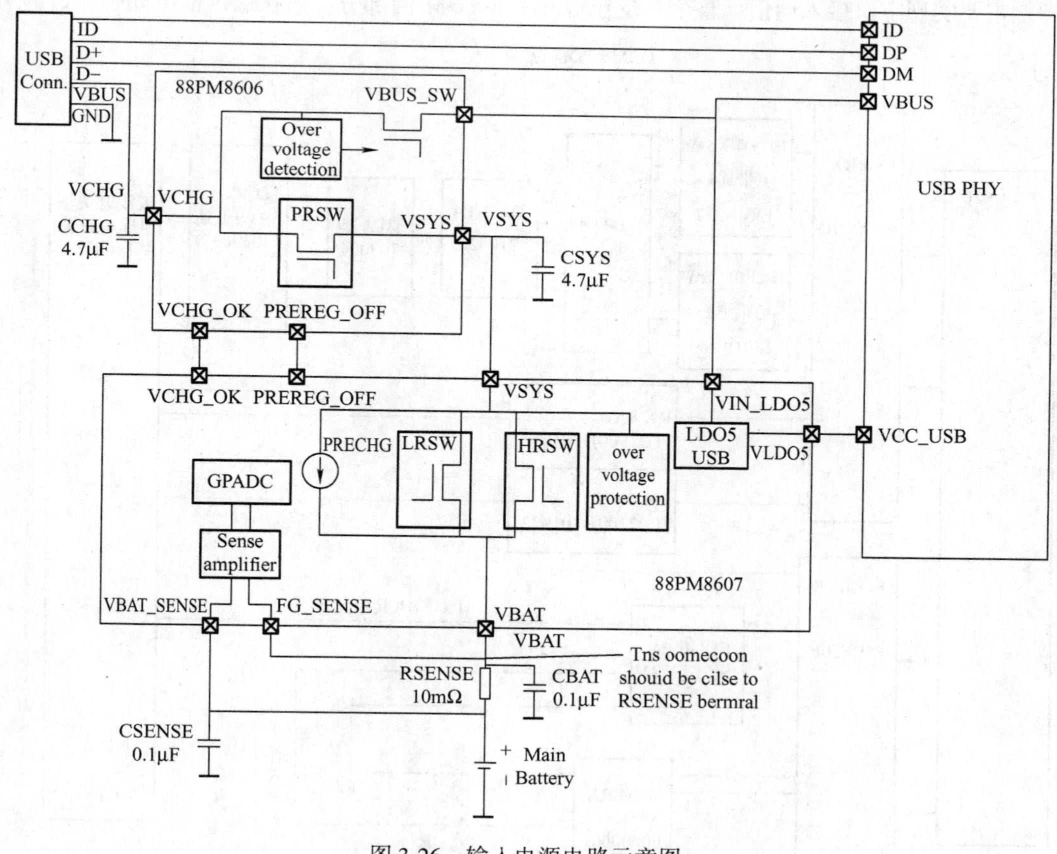

图 3-26　输入电源电路示意图

(1) 外部电源检测

当外部电源不在位的时候，低阻抗开关（LRSW）关闭，VSYS 由 VBAT 来提供（VSYS 和 VBAT 通过 LRSW 连通），当唤醒事件（可以是按下 ONKEY，有 EXTON 信号，RTC 定时器醒来或者插入电池）发生时，BB 处理器在 30s 内开始上电工作。

当外部电源在位的时候，低阻抗开关（LRSW）打开，高阻抗开关（HRSW）关闭。此时 88PM8606 的预置寄存器将 VCHG 电压加到 VSYS（4.5V）上，而高阻抗开关也起到保护电池的作用。当唤醒事件（充电器在位）发生时，BB 处理器在 30s 内开始上电工作。此时即使电池没电（discharged）或者不在位，系统也可以上电工作。BB 可以根据电池电压，充电器的电压测试值以及其他信号决定充电过程：BB 可以通过点亮预充 LED 或其他充电指示来进入低功耗模式；当预充电或者线性充电结束后，PMIC 再将 BB 从低功耗模式唤醒。

（2）充电模式

如果 PMIC 下电时电池在位，并且 PMIC 状态不确定，PMIC 默认从充电器取电，然后才是从电池取电。

3.5.3 华为 T8828 手机射频子系统

单板基于 Marvell PXA920H 平台套片方案设计研发，在 T8828 产品中作为无线通信处理模块——主要实现空口接入通信。整个系统包含 TD 和 GSM 两部分，射频系统框图如图 3-27 所示。

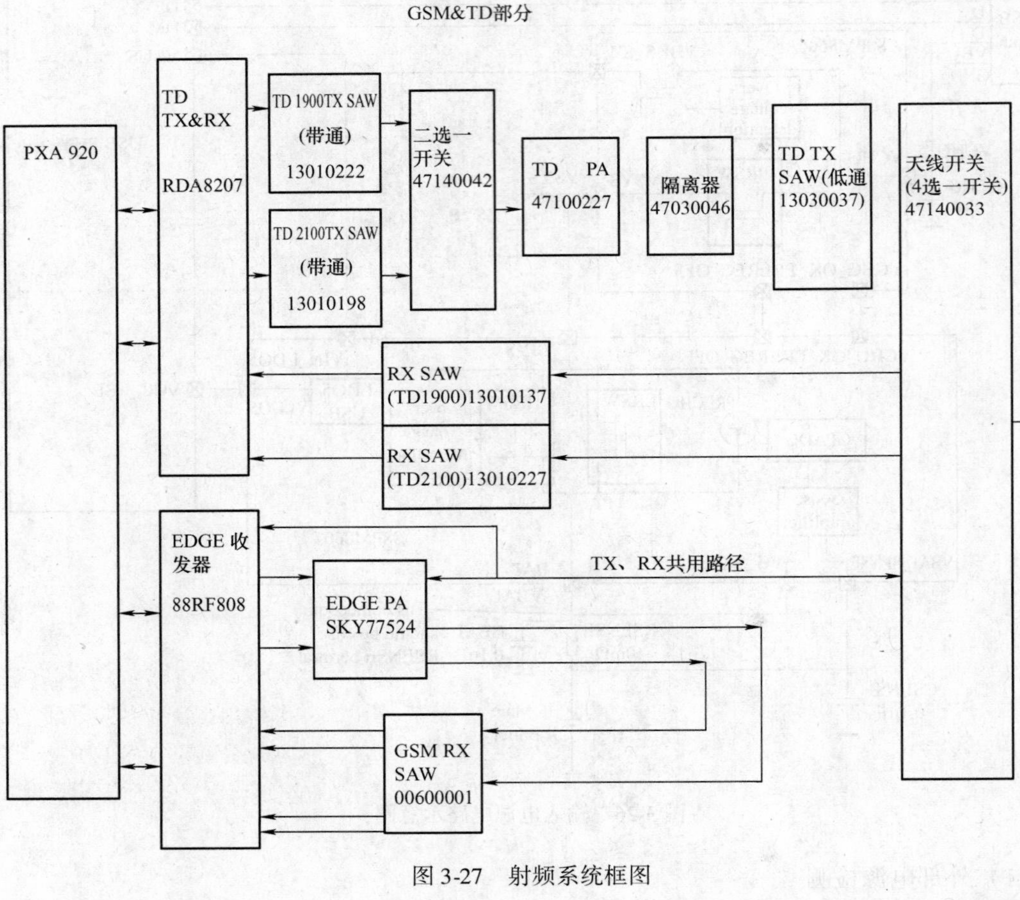

图 3-27 射频系统框图

1. TD RF 接口

TD RF 接口主要包括 RDA8207、ACPM7887、隔离器及低通滤波器。RDA8207 框图如图 3-28 所示。

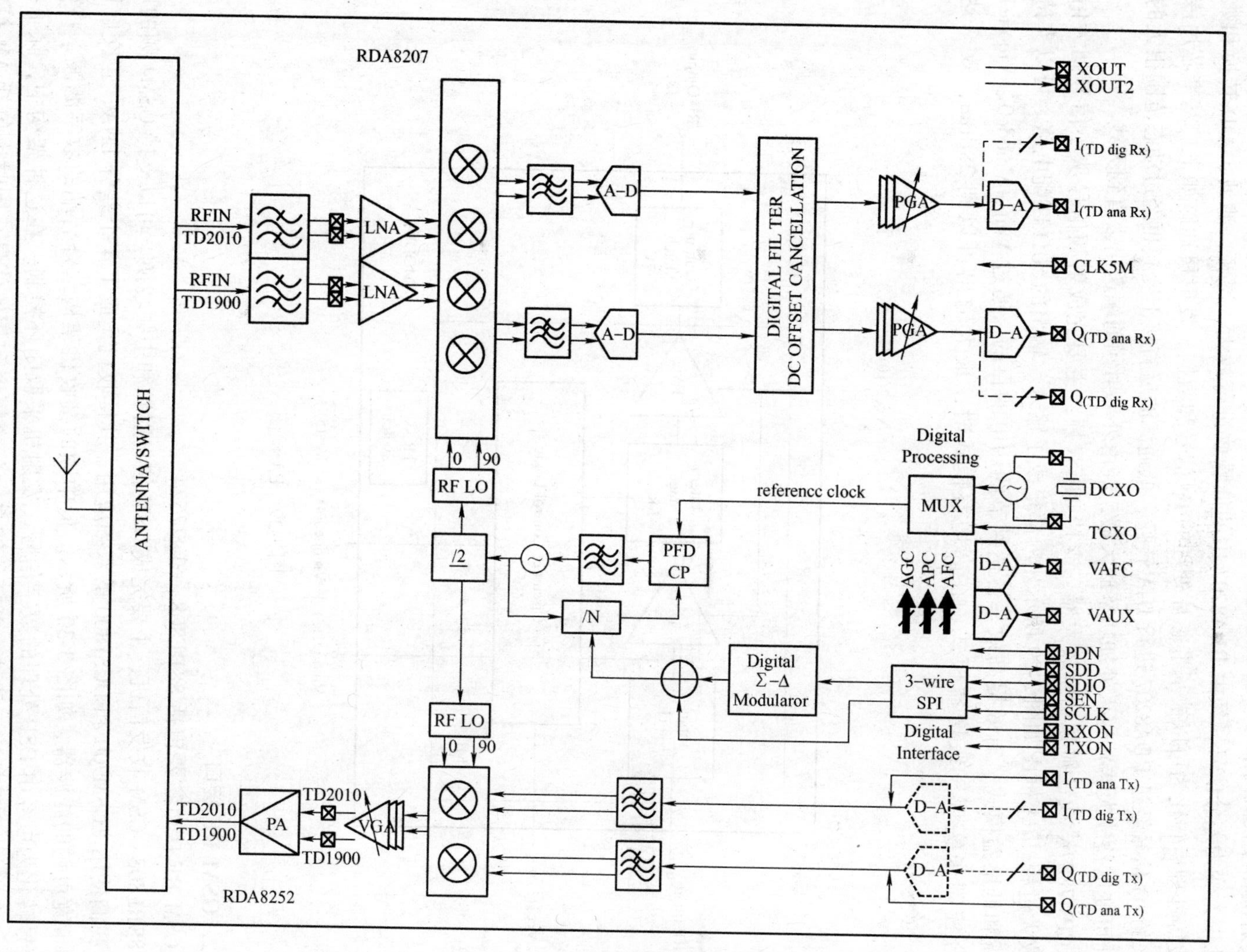

图 3-28　RDA8207 框图

RDA8207：主要完成 TD 射频到中频的转换，将中频信号传入基带，由基带芯片进行处理。包括发射机和接收机两部分。接收机通路如下；射频小信号经过天线口传入后，进入前端滤波电路处理，变为差分信号，经由 RDA8207 中的低噪放进行放大、混频、滤波、A-D 转换和数字滤波等处理后转化为可以被基带芯片处理的 IQ 信号和数据。发射机通路如下：基带芯片传输过来的 IQ 信号经过 RDA8207 进行 D-A 转换，低通滤波后直接上变频再经过动态范围很大的 VGA（可变增益放大器）送入外加功率放大器，经由外部射频前端送出去直到天线。

ACPM7887：线性射频功率放大器，支持 TD 双频，主要完成射频信号从小信号到大信号的放大过程。PA 框图如图 3-29 所示。内部集成了输入、输出的 50Ω 匹配电路。可以支持中增益和低增益模式，有效提高效率，达到节约用电的目的。通过 Ven、Vmode0、Vmode1 的组合控制来实现三级增益模式。在高增益模式时，最大输出可以到 28dBm，效率达到 41.8%。

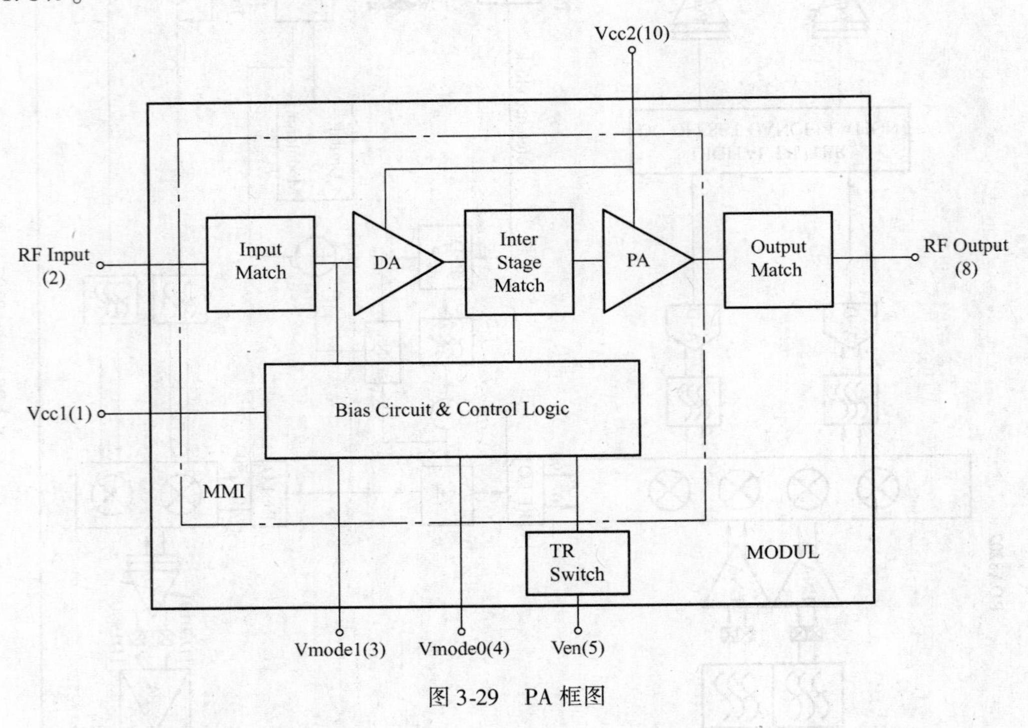

图 3-29　PA 框图

2. GSM RF 接口

GSM RF 接口主要包括 88RF808、Sky77524 等。

88RF808：GSM 收发信机，主要完成 GSM 信号射频和中频转换。可以支持 GSM4 频的应用，我们使用 EGSM900 和 DCS1800 的双频应用。其接收机集成了 4 个差分 LNA，正交解调器和带宽可调的滤波器，如图 3-30 所示。低中频的接收机架构结合后端的数字滤波，将模拟信号转化为可经由 DSP 处理的数字信号。发射机采取闭环控制。在这种架构中，除了有传统的模拟 IQ 信号外，元器件内部还能够自动分离幅度和相位信息。同时也包括 AM 控制环路来提供 AM 信息和功率控制信息。88RF808 需要外加 26MHz 的参考时钟来实现多种制式共存，同时，其内部也有集成的 VCXO 电路。88RF808 需要搭配使用闭环 polar 的 FEM，需要 FEM 内部集成耦合器和 LDO 调节器才能实现其闭环功能。

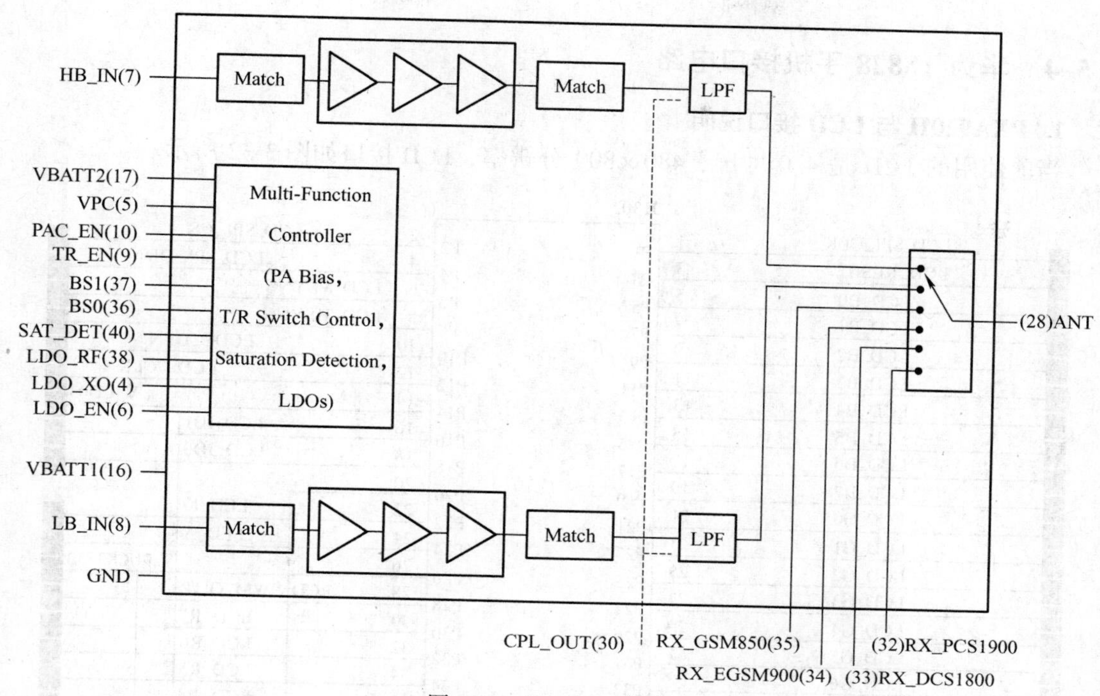

图 3-30　Sky77524 框图

Sky77524：与 88RF808 搭配使用的收发 FEM。本身支持 GSM850、EGSM900、DCS1800 和 PCS1900 四频，我们使用 EGSM900、DCS1800 双频。在 EGSM900 时最大效率为 46%，DCS1800 为 47%。其内部集成了耦合器、天线开关、输入输出匹配和低通滤波器。Sky 77524 框图如图 3-30 所示。和 88RF808 搭配使用采用闭环模式，内部为 polar PA。

3. TD RF 和 GSM RF 之间接口

TD RF 和 GSM RF 之间接口主要包括天线开关和时钟。

天线开关：选用 RFMD 的四选一开关 RF1450。最大输入功率可达到 36dBm，RF1450 框图如图 3-31 所示。该元器件为 ESD 敏感元器件，需要外加隔直电容。

天线开关逻辑表如表 3-1 所示。

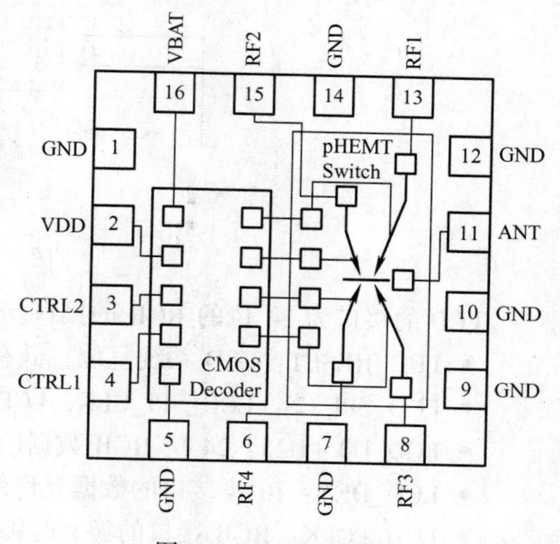

图 3-31　RF1450 框图

表 3-1　天线开关逻辑表

选择频段	CTRL1	CTRL2	选通支路
GSM	VLOW	VLOW	RF1→ANT
TD_TX	VLOW	VHIGH	RF2→ANT
TD1900_RX	VHIGH	VLOW	RF3→ANT
TD2000_RX	VHIGH	VHIGH	RF4→ANT

3.5.4 华为 T8828 手机接口电路

1. PXA920H 与 LCD 接口说明

当前使用的 LCD 是 4.0 寸屏，480×800 分辨率，LCD 接口如图 3-32 所示。

J1302

信号	引脚	引脚	信号
LCD_SPI_CLK	1 P1	P2 2	LCD_SPI_CS
LCD_RESET	3 P3	P4 4	LCD_SPI_DIN
LCD_B0	5 P5	P6 6	LCD_VSYNC
LCD_B1	7 P7	P8 8	LCD_HSYNC
LCD_B2	9 P9	P10 10	LCDC_DEN
LCD_B3	11 P11	P12 12	LCD_PCLK
LCD_B4	13 P13	P14 14	V_LD03
LCD_B5	15 P15	P16 16	LCD_ID1
LCD_B6	17 P17	P18 18	LCD_ID0
LCD_B7	19 P19	P20 20	
LCD_G0	21 P21	P22 22	LED_K
LCD_G1	23 P23	P24 24	LED_A
LCD_G2	25 P25	P26 26	V_BUCK3 110
LCD_G3	27 P27	P28 28	LCD_PWM_OUT
LCD_G4	29 P29	P30 30	LCD_R7
LCD_G5	31 P31	P32 32	LCD_R6
LCD_G6	33 P33	P34 34	LCD_R5
LCD_G7	35 P35	P36 36	LCD_R4
LCD_R0	37 P37	P38 38	LCD_R3
LCD_R1	39 P39	P40 40	LCD_R2
	41 S1	S2 42	
	43 S3	S4 44	

C_{1357} 1μF　C_{1358} 1μF

图 3-32 LCD 接口

LCD 的接口为 24 位的 RGB 的接口。接口信号说明如下。

- LCD_RESET：LCD 系统复位，低有效。
- LCD_SPI_CS，LCD_SPI_CLK，LCD_SPI_DIN：SPI 总线接口。
- LCD_D0～D23：24 位 RGB 数据信号。
- LCD_DEN：RGB 接口的数据允许信号。
- LCD_PCLK：RGB 接口的像素时钟。
- LCDC_HSYNC/LCDC_VSYNC：RGB 接口的行/帧同步信号。
- LCD_ID：ID 信号。
- VBOOST：背光 LED 的阳极。
- STR1：背光 LED 的阴极。

背光驱动使用外部驱动 IC，TPS60230，五路并联共阳，此芯片通过 PWM 信号控制背光亮度。该芯片通过 PWR_SDA，PWR_SCL 连接 PXA920H 芯片，通过 I^2C 信号控制背光亮度，背光灯驱动电路如图 3-33 所示。

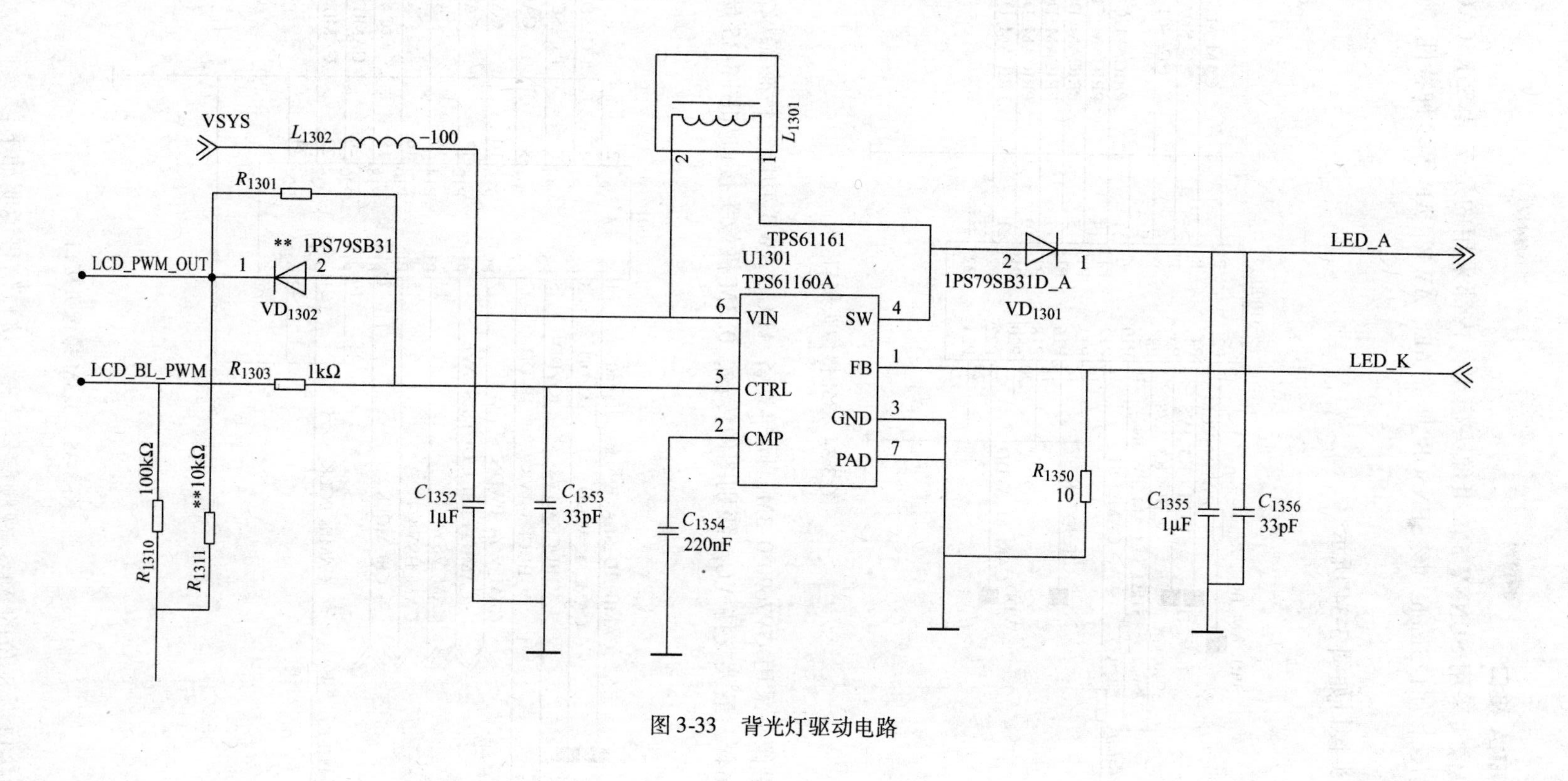

图 3-33　背光灯驱动电路

2. CAMERA 接口

系统主摄像头采用 SUNNY 5M 摄像头模组，内部采用的是三星 S5K5CAG CMOS SENSOR，传感器尺寸为 1/5inch，该 SENSOR 具备 AE、AWB、AF 等多种特性，数据传输采用 YUV 格式。

3M 摄像头接口如图 3-34 所示。

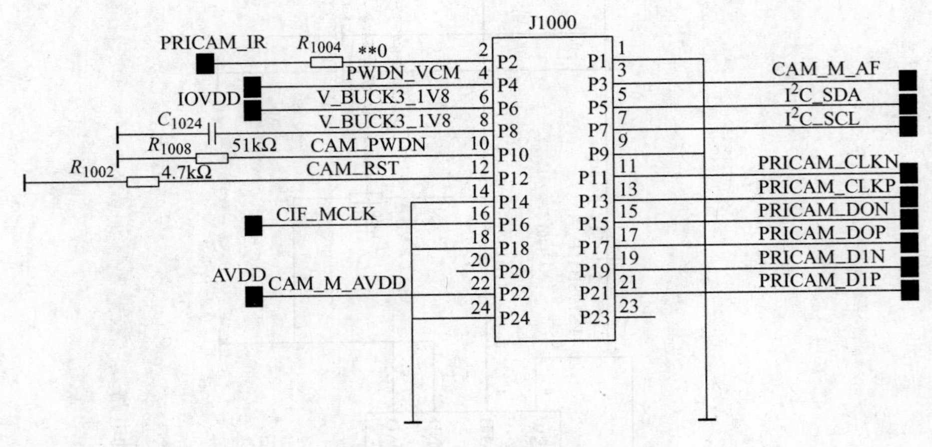

图 3-34　3M 摄像头接口

系统副摄像头采用 OV7690 0.3M，同样具备 AEC、AWB 功能，传感器尺寸为 1/13inch，视场范围为 64°，最大支持 VGA 级别图像传输，0.3M 摄像头接口如图 3-35 所示。

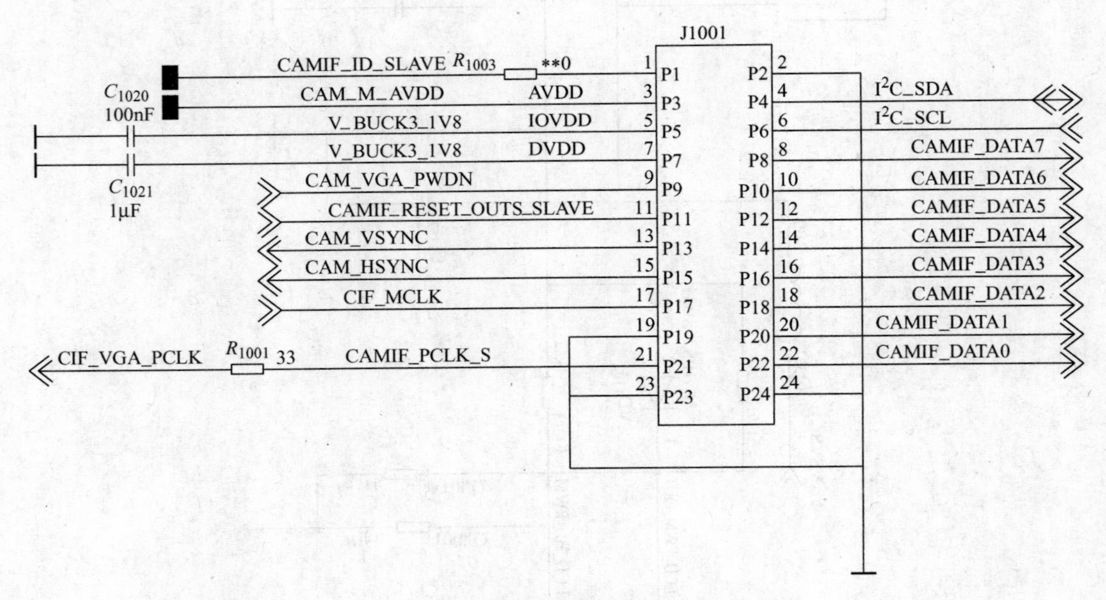

图 3-35　0.3M 摄像头接口

CAM 的接口为 8 位的 YUV 视频信号传输。接口信号说明如下：

- CAMIF_DATA0 ~ CAMIF_DATA7 为数据总线。
- CAMIF_VSYNC，CAMIF_HSYNC 分别为行同步和列同步信号。
- I^2C_SCL 和 I^2C_SDA 为两线 I^2C 接口，PXA920H 通过 I^2C 接口对模组进行配置。
- CIF_MCLK 和 CIF_PCLK 分别为主时钟和像素时钟。
- CAM_RST：复位信号。
- CAM_PWDN：3M 主摄像头下电信号。
- CAM_VGA_PWDN：0.3M 摄像头下电信号。

3. 触摸屏接口

触摸屏接口如图 3-36 所示。

- I^2C_SDA：触摸屏的 IIC 信号的数据信号。
- I^2C_SCL：触摸屏的 IIC 信号的时钟信号。
- TOUCH_ATT：触摸屏的中断信号。
- TOUCH_RST：触摸屏的复位信号。

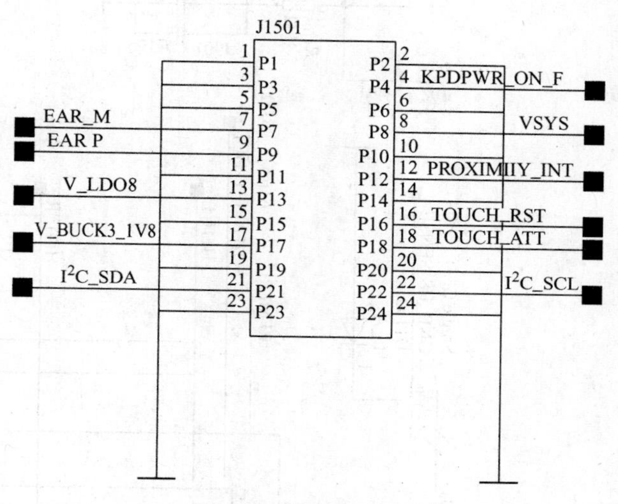

图 3-36　触摸屏接口

4. 耳机接口

T8828 耳机插孔（J2001）是 3.5mm 六线常闭插孔。左右声道立体声放音〈应答〉键按下，通话应答，耳机接口如图 3-37 所示。

（1）接口说明

耳机接口由左右声道、MIC 和参考地组成。

（2）ESD 保护

由于耳机插孔引出单板，所以信号线增加 TVS 管，提供静电和浪涌保护。

（3）耳放检测

耳放检测通过 HEADSET_DET 连接 8607 检测。

（4）线控检测

耳机应答信号通过 REMIN 连接 8607 检测。

5. 按键接口

T8828 只有 3 个按键，直接通个检测 3 个 GPIO 工作。

按键的具体定义如下。

POWER：KYPPWR_ON 连接 PM8607。

VOL +：KEY_COL0。

VOL -：KEY_ROW0。

6. 电池接口

电池接口如图 3-38 所示。

- VBATT_TEMP：提供温度检测。
- VBAT_SENSE：协同 VBAT 测量电池电量。

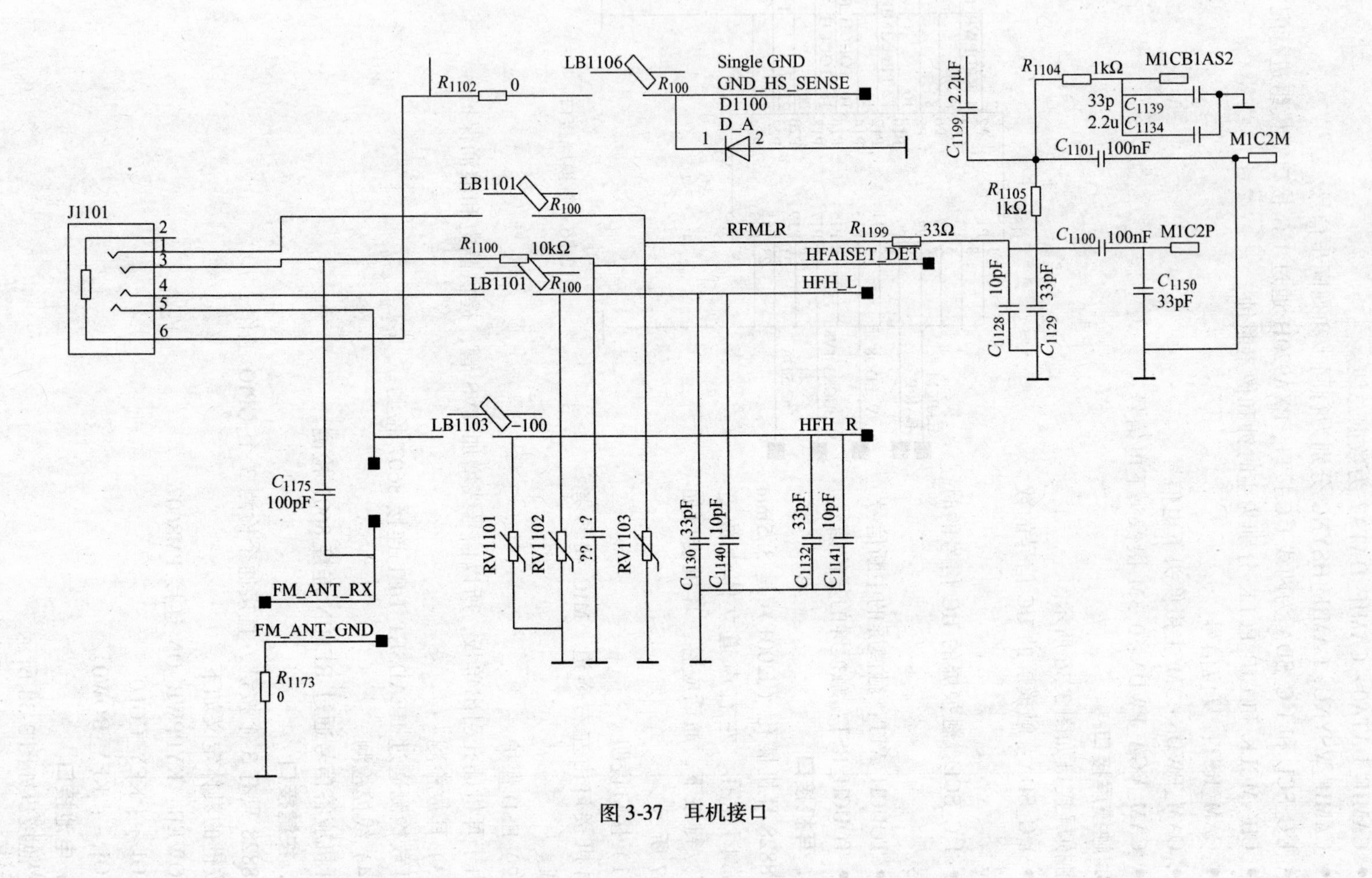

J1101
R_{1102}
0
LB1106
R_{100}
Single GND
GND_HS_SENSE
D1100
D_A
LB1101
R_{1100}
10kΩ
LB1103
-100
RFMLR
HFAISET_DET
HFH_L
HFH_R
R_{1199}
33Ω
C_{1199}
2.2μF
R_{1104}
1kΩ
R_{1105}
1kΩ
M1CB1AS2
C_{1139}
33p
C_{1134}
2.2u
C_{1101}
100nF
M1C2M
M1C2P
C_{1100}
100nF
C_{1150}
33pF
C_{1129}
33pF
C_{1128}
10pF
C_{1175}
100pF
RV1101
RV1102
RV1103
C_{1130}
33pF
C_{1140}
10pF
C_{1132}
33pF
C_{1141}
10pF
FM_ANT_RX
FM_ANT_GND
R_{1173}
0

图 3-37 耳机接口

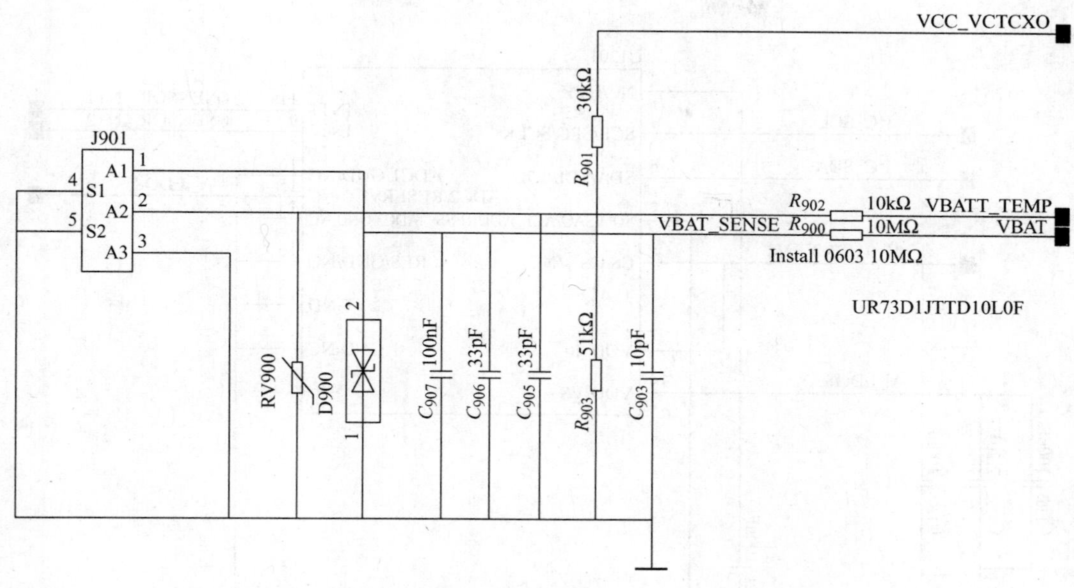

图 3-38　电池接口

- CC_VCTCXO：温补晶振电源补偿。

7. 加速度/电子罗盘接口

U1100 采用 AKM 公司的 AK8975C，具有 8bit 精度，内置温度传感器用于校准。E^2PROM 可以存储独立的校准数据，主要通过 I^2C 同基带芯片通信。

接口信号说明。

- 2C_SCL，I^2C_SDA：I^2C 总线，用于芯片同 PXA920H 通信。
- OMPASS_INT：罗盘，中断信号输入。
- OMPASS_RST_N：复位信号。

LIS35DE 是一个低功耗的三轴加速度传感器，主要测量设备三轴重力加速度状态算出具体状态。

加速度/电子罗盘接口如图 3-39 所示。

接口信号说明。

- I^2C_SCL，I^2C_SDA：I^2C 总线，用于芯片同 PXA920H 通信。
- OMPASS_INT：G-SENSOR 中断信号输入。

8. 震动电动机接口

震动电动机接口如图 3-40 所示。

- SYS 是电源输入。
- IB_DRV 脉冲电压，控制电动机速度。

9. 电声系统接口

电声系统接口如图 3-41 所示。

PM8607 直接输出差分 EAR_P、EAR_M 信号，连接到 RECEIVER，同时增加了 ESD 保护元器件。

MIC 信号直接连入 PM8606，见图 3-42。

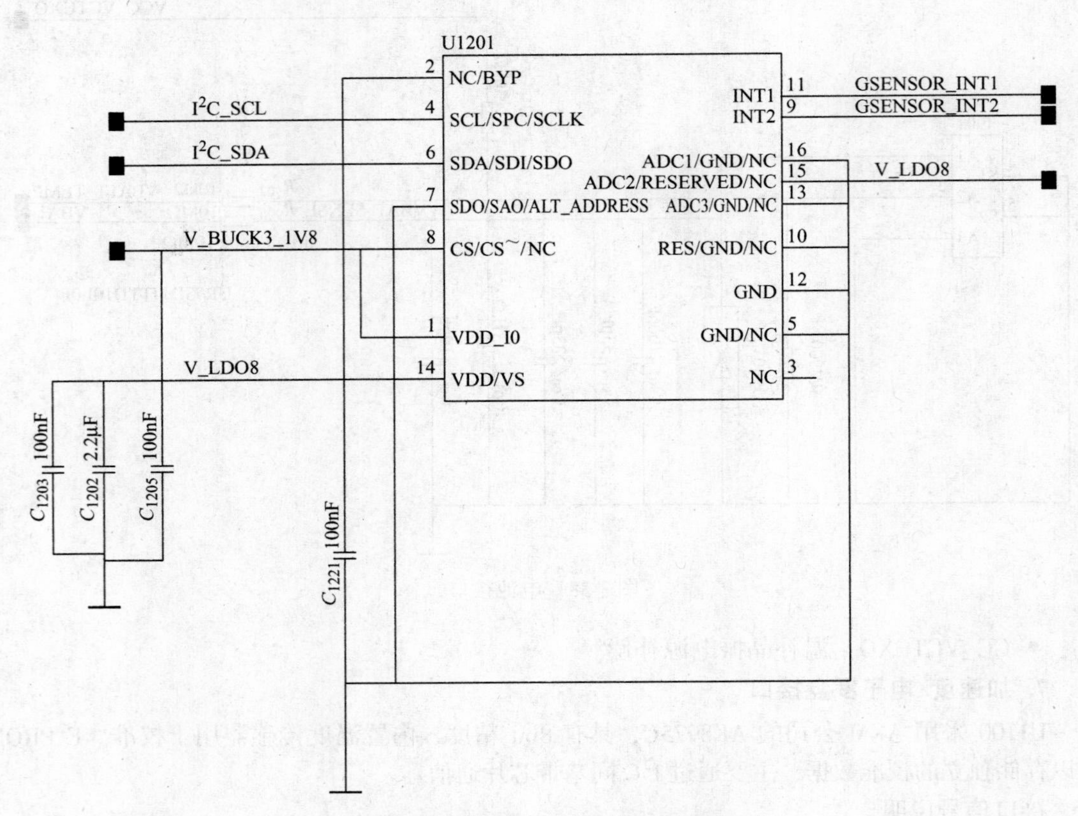

图 3-39 加速度/电子罗盘接口

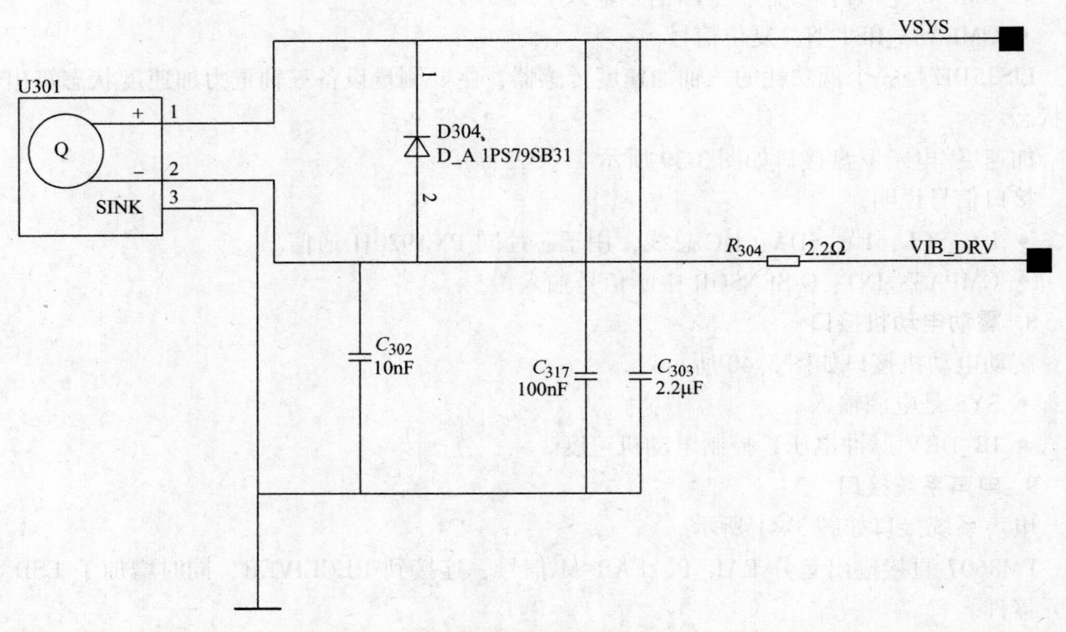

图 3-40 震动电动机接口

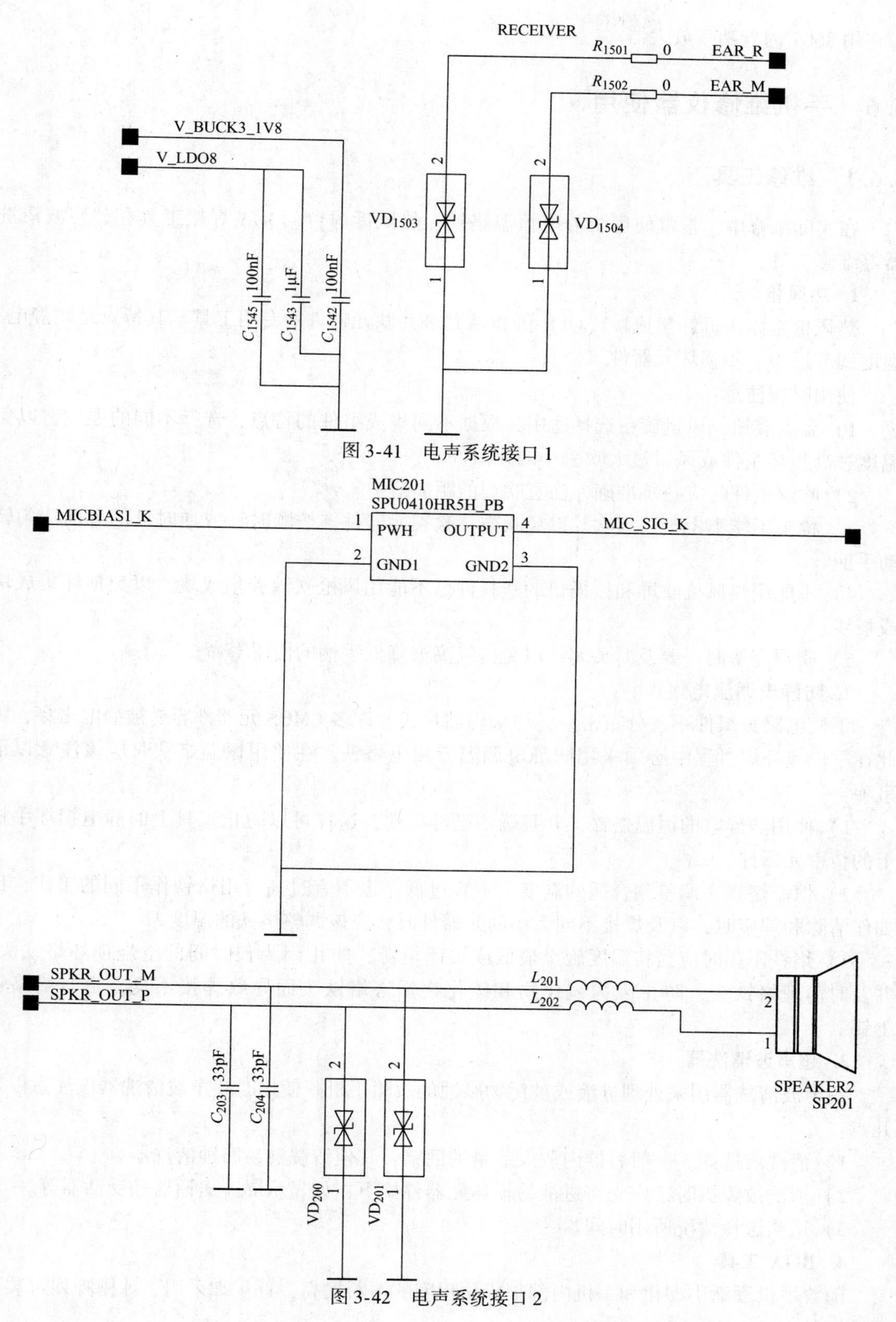

图 3-41　电声系统接口 1

图 3-42　电声系统接口 2

用 8607 内置功率放大器。

3.6 手机维修仪器使用

3.6.1 维修工具

在实际维修中，常常使用防静电恒温烙铁、热风拆焊台、BGA 焊接工具和超声波清洗器等维修工具。

1. 热风枪

热风枪是用来拆卸集成块（QFP 和 BGA）和片状元器件的专用工具。其特点是防静电、温度调节适中、不损坏元器件。

使用时应注意：

1）温度旋钮、风量旋钮选择适中，根据不同集成组件的特点，选择不同的温度，以免温度过高损坏组件或风量过大吹丢小的元器件。

2）吹焊组件时应熟练准确，注意吹焊的距离适中。

3）枪头不能集中于一点吹，以免吹鼓、吹裂元器件。按顺时针或逆时针的方向均匀转动手柄。

4）不能用热风枪吹屏和接插口的塑料件。不能用风枪吹灌胶集成块。以免损坏集成块或板线。

5）吹焊完毕时，要及时关闭，以免持续高温降低手柄的使用寿命。

2. 防静电调温电烙铁

手机电路板组件小、分布密集，均采用贴片式。许多 CMOS 元器件容易被静电击穿，因此在重焊或补焊过程中必须采用防静电调温专用电烙铁。在使用恒温烙铁时应该注意以下事项：

1）使用防静电的恒温烙铁，并且确信已经接地，这样可以防止工具上的静电损坏手机上的精密元器件。

2）恒温烙铁应调整到合适的温度，不宜过低，也不宜过高。用烙铁作不同的工作，比如作清除和焊接时，以及焊接不同大小的元器件时，应该调整烙铁的温度。

3）烙铁不用时应当将温度旋至最低或关闭电源，防止因为长时间的空烧损坏烙铁头。并及时清理烙铁头，防止因为氧化物和碳化物损害烙铁头而导致焊接不良，定时给烙铁上锡。

3. 超声波清洗器

超声波清洗器用来处理进液或被污物腐蚀的故障手机。使用时超声波清洗器应注意以下几点：

1）清洗液选择。一般容器内放入适量的酒精，其他清洗液易腐蚀清洗器。

2）清洗故障机时，应先将进液易损坏元器件摘下，如显示屏、送话器和受话器等。

3）适当选择清洗所用时间。

4. BGA 工具

随着手机逐渐小型化和手机内部集成化程度的不断提高，近年来采用了球栅阵列封装元器件（Ball Grid Array，BGA）封装技术。BGA 的焊接套装工具有植锡板、锡浆和助焊剂、清洗剂等。BGA 焊装有定位、焊接几个过程。植锡操作步骤如下：

（1）清洗

首先将 IC 表面加上适量的助焊膏，用电烙铁将 IC 上的残留焊锡去除，然后清洗干净。

（2）固定

可以使用专用的固定芯片的卡座，也可以简单的采用双面胶将芯片粘在桌子上来固定。

（3）上锡

选择稍干的锡浆，用平口刀挑适量锡浆到植锡板上，用力往下刮，边刮边压，使锡浆均匀地填充于植锡板的小孔中，上锡过程中要注意压紧植锡板，不要让植锡板和芯片之间出现空隙，影响上锡效果。

（4）吹焊

将热风枪的风嘴去掉，将风量调大，温度调至 350℃左右，摇晃风嘴对着植锡板缓缓均匀加热，使锡浆慢慢熔化。当看见植锡板的个别小孔中已有锡球生成时，说明温度已经到位，这时应当抬高热风枪的风嘴，避免温度继续上升。过高的温度会使锡浆剧烈沸腾，造成植锡失败；严重的还会使 IC 过热损坏。

（5）调整

如果吹焊完毕后，发现有些锡球大小不均匀，甚至有个别脚没植上锡，可先用裁纸刀沿着植锡板的表面将过大锡球的露出部分削平，再用刮刀将锡球过小和缺脚的小孔中上满锡浆，然后用热风枪再吹一次。

（6）定位

由于 BGA 芯片的引脚在芯片的下方，在焊接过程当中不能直接看到，所以在焊接时要注意 BGA 芯片的定位。定位的方式包括画线定位法、贴纸定位法和目测定位法等，定位过程中要注意 IC 的边沿需要对齐所画的线，同时用画线法时用力不要过大以免造成断路。

BGA 芯片定好位后，就可以焊接了。让热风枪风嘴的中央对准芯片的中央位置，缓慢加热。当看到 IC 往下一沉且四周有助焊剂溢出时，说明锡球已和电路板上的焊点熔合在一起。这时可以轻轻晃动热风枪使加热均匀充分，由于表面张力的作用，BGA 芯片与电路板的焊点之间会自动对准定位，具体操作方法是用镊子轻轻推动 BGA 芯片，如果芯片可以自动复位则说明芯片已经对准位置。注意在加热过程中切勿用力按住 BGA 芯片，否则会使焊锡外溢，极易造成脱脚和短路。

BGA 工具使用注意事项：

1）风枪吹焊植锡球时，温度不宜过高，风量也不宜过大，否则锡球会被吹在一起，造成植锡失败，温度经验值不超过 300℃。

2）刮抹锡膏要均匀。

3）每次植锡完毕后，要用清洗液将植锡板清理干净，以便下次使用。

4）植锡膏不用时要密封，以免干燥无法使用。

5. 维修平台

维修平台用于固定电路板。手机电路板上的集成块、屏蔽罩和 BGA－IC 等在拆卸时，需要固定电路板，否则拆卸组件极不方便。利用万用表检测电路时，也需固定电路板，以便表笔准确触到被测点。维修平台上一侧是一个夹子，另一侧是卡子，卡子采用永久性磁体，可以任意移动卡住电路板的任意位置，这样便于拆卸电路板的组件和检测电路板的正反面。除此以外，手机拆装机工具、带灯放大镜、镊子、防静电吸锡笔或吸锡线都是必备的常用工具。

3.6.2 手机软件故障维修仪

本节以万用编程器（UP-128）为例进行介绍。

1. 软件的使用

（1）启动软件

单击“开始”菜单→“程序”→“UP-128”或用鼠标双击桌面的快捷图标启动 UP-128 程序。如果 UP-128 主机没有连接好，软件就会提示“找不到 UP-128 主机”，连接好 UP-128 主机后，重新启动软件进行连接。

（2）界面说明

UP-128 软件界面大致可以分为 6 部分，UP-128 软件界面如图 3-43 所示。

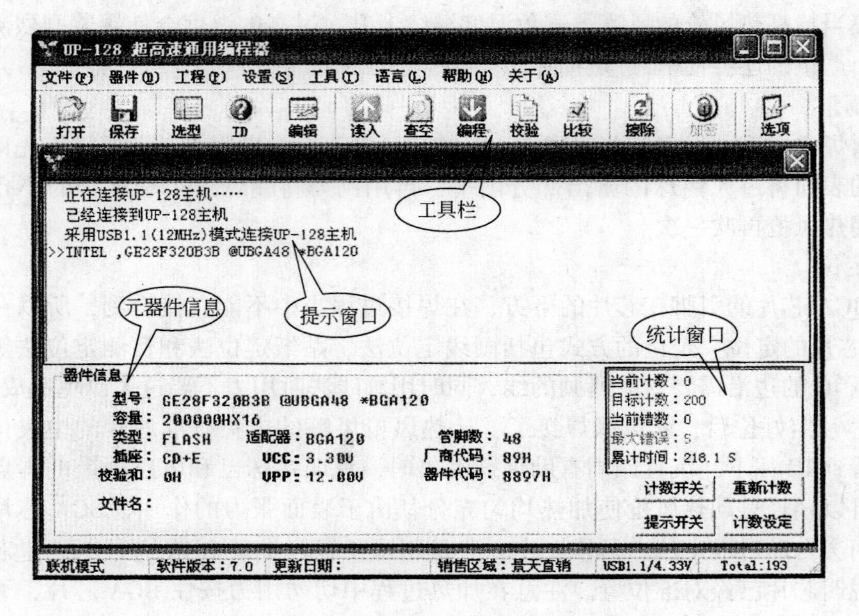

图 3-43 UP-128 软件界面

1）菜单栏和工具栏。

用来执行所有的操作，包括打开文件、保存文件、选择元器件型号、检查 ID、编辑缓冲区、查空、读入、编辑、校验、比较、擦除、加密和设置选项，菜单栏包括主菜单和下拉菜单，其功能与工具栏的功能基本相同。

2）提示窗口。

提示操作的过程和结果，提示信息以不同的颜色区分：一般操作以蓝色提示；用户终止以黄色提示；正确信息以绿色提示；错误信息以红色提示。提示窗口会自动往上滚动，前面带“>>”的表示最近一次的提示。

3）元器件信息。

提示当前选择的元器件的相关信息，包括型号、容量、适配器及元器件代码等信息。对元器件进行操作之前，请查看清楚元器件信息，防止出错。

① 型号。元器件的型号。如 GE28F320B3B，这里显示的型号为“GE28F320B3B@ UBGA48 * BGA120”“@ UBGA48”是元器件的封装形式，“ * BGA120”是该元器件适用的适配器。

② 容量。元器件的容量大小，用十六进制表示。用鼠标单击该处，软件就会显示元器件的各部分具体容量。如 GE28F320B3B 的容量为 200000H × 16，即 32Mb。FLASH 元器件的总容量包括 FLASH、片内 NAND FLASH、片内隐含扇区和片内暂存器（RAM）的容量之和。

③ 类型。元器件的所属类型，如 FLASH、E^2PROM 等。

④ 适配器。编程元器件所需的适配器型号，如上例的 GE28F320B3B 要用型号为 BGA120 的适配器，请根据该栏提示选定适配器。

⑤ 引脚数。元器件的引脚数量。如 GE28F320B3B 的引脚数量为 48。

⑥ 插座。说明编程元器件时要应用主机上的插座的名称。如 BGA120 适配器，主机插座要用 CD + E，即 C、D 和 E 3 个插座。

⑦ VCC 和 VPP。元器件的供电电压和元器件的编程电压。

⑧ 厂商代码和元器件代码。指元器件的厂商代码和元器件代码。

⑨ 效验和。主机缓冲区所有数据按 16 进制累加的总和。

4）统计窗口。

显示批量编程模式下的当前计数、目标计数、当前错误、最大错误以及每次操作的累计时间。除累计时间之外，统计功能仅仅对于批量模式有效。如果统计窗口旁边的“ $\sum$ ”符号隐藏，表示统计功能无效。

① 计数开关。打开或关闭统计功能，如果统计功能打开，该按钮左边的“ $\sum$ ”符号亮，否则隐藏。

② 提示开关。打开或关闭 UP-128 主机内部的声音提示功能。如果声音提示功能打开，该按钮左边会显示受话器图案，否则隐藏。正确时提示“哗”一声，同时主机上面的绿色“GOOD”指示灯亮；错误则提示“哗哗”两声，同时红色“ERROR”指示灯亮。

③ 重新计数。把“当前计数”“当前错误”以及“累计时间”清零。

④ 计数设定。功能等效于工具栏的“选项”按钮，进入选项设定“目标计数”“最大错误”等参数。

⑤ 总累计。总计数，统计正确的编程操作次数，包括批量模式和直接单击工具栏的“编程”按钮。只要重新安装软件才能把总累计数值清零。

5）文件提示栏。在“打开”文件操作时提示当前缓冲区打开的文件名和路径，在“读入”操作时提示缓冲区资料的状态。

6）状态栏。

显示主机状态、软件版本、软件更新日期、产品现售区域、USB 接口模式、USB 接口供电电压及累计计数器总累计等信息。

2. 详细功能说明

（1）打开文件

用鼠标单击工具栏的“打开”或者“文件”菜单的“打开”，弹出“打开文件”对话框，如图 3-44 所示。

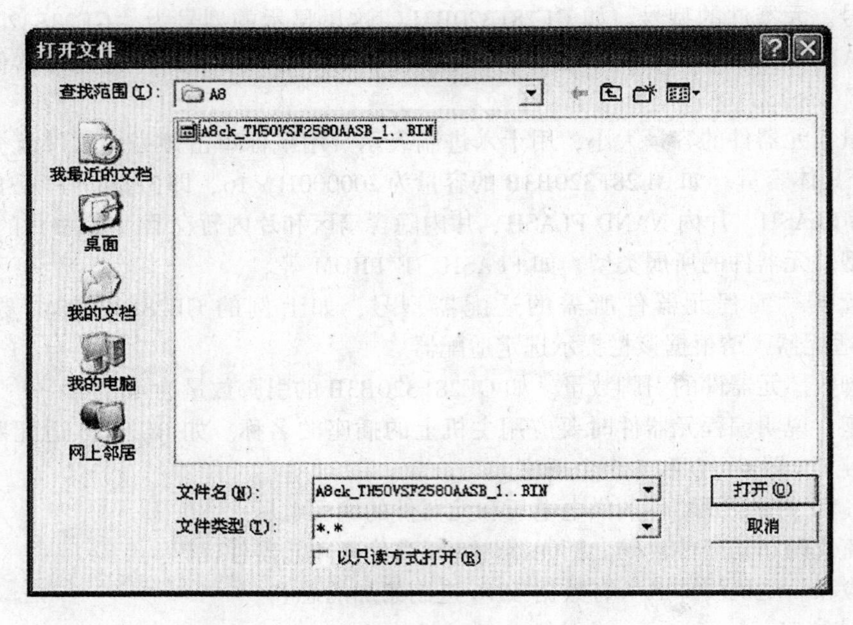

图 3-44 “打开文件”对话框

此时即可浏览并选择相应的元器件资料文件，打开文件方法和 Windows 的常规方法相同。选择并打开文件后弹出“装载文件到缓冲区”的对话框，如图 3-45 所示。

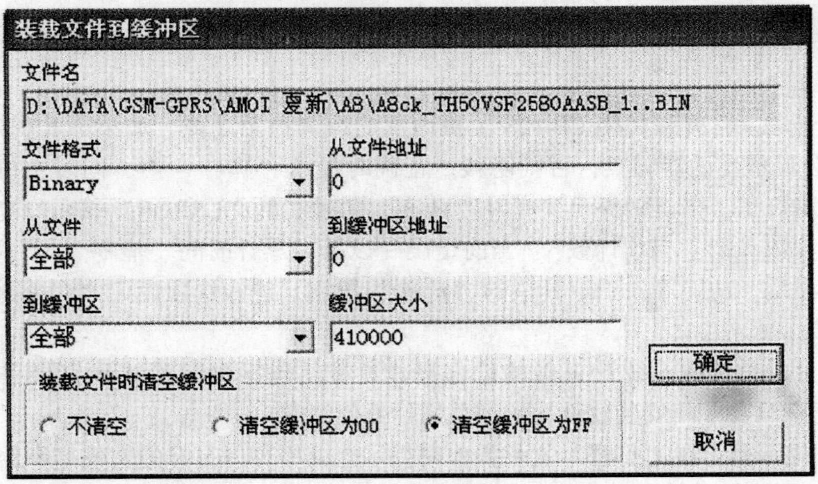

图 3-45 “装载文件到缓冲区”对话框

其中有以下选项：

1）文件名。再次提示用户需要打开的文件路径和文件名。

2）文件格式。选择打开文件的文件格式，软件一般能够自动判断文件格式。

3）从文件。打开文件的指定部分内容，默认为全部，即打开文件的全部内容。

4）到缓冲区。把“从文件”指定的内容装载到缓冲区的指定位置。

5）从文件地址。指定从文件装载资料的起始地址。

6）到缓冲区地址。指定装载文件到缓冲区的起始地址。

7）缓冲区大小。指定装载文件所用缓冲区的大小，默认为元器件容量的大小。

8）装载文件时清空缓冲区。装载文件到缓冲区之前如何清空缓冲区原有资料：

① 不清空。

② 清空缓冲区为00。

③ 清空缓冲区为FF，默认值。

选择适当的选项后，单击“确定”按钮开始装载。

（2）保存缓冲区资料

单击工具栏的“保存”或者“文件”菜单的“保存”，弹出“保存文件”对话框，如图3-46所示。

保存文件
保存在(I):
A8
A8ck_TH50VSF2580AASB_1..BIN
我最近的文档
桌面
我的文档
我的电脑
网上邻居
文件名(N):
A8ck_84VD22182EB_2.BIN
保存类型(T):
.
保存(S)
取消

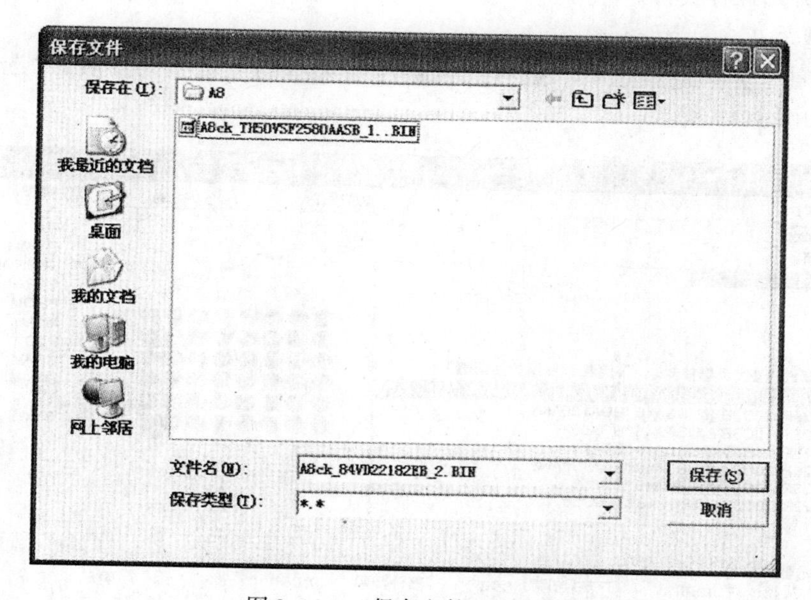

图3-46　“保存文件”对话框

保存方法和Windows的常规保存方法相同。输入指定文件名和选择保存路径后，单击“保存”按钮，弹出“保存缓冲区资料到文件”的对话框，如图3-47所示。

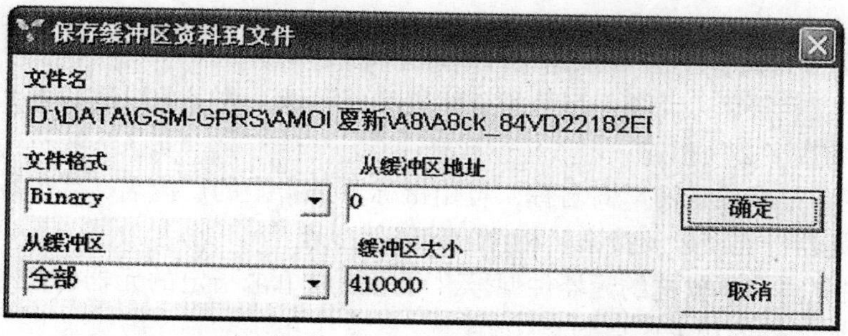

保存缓冲区资料到文件
文件名
D:\DATA\GSM-GPRS\AMOI 夏新\A8\A8ck_84VD22182EI
文件格式
从缓冲区地址
Binary
0
确定
从缓冲区
缓冲区大小
全部
410000
取消

图3-47　“保存缓冲区资料到文件”对话框

其中有以下选项：

1）文件名。

再次提示用户需要打开的文件路径和文件名。

2）文件格式。

保存文件的文件格式，默认为二进制格式“. bin”。

3）从缓冲区。

缓冲区的指定部分内容保存到文件。

4）从缓冲区地址。

指定从缓冲区的起始地址开始保存资料。

5）缓冲区大小。

指定需要保存的缓冲区的大小，默认值为元器件的大小。选择适当的选项之后，单击“确定”按钮开始保存文件。

（3）选型

用鼠标单击工具栏的“选型”或者“元器件”菜单的“选型”，弹出“选择元器件型号”窗口，如图 3-48 所示。

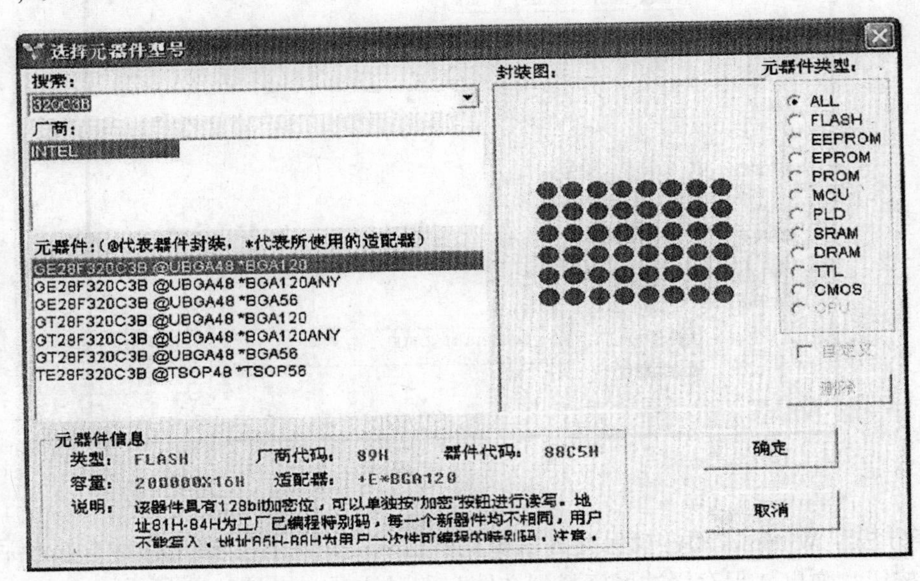

图 3-48　“选择元器件型号”窗口

其窗口共有 6 部分：

1）搜索栏。直接输入元器件型号的全部或部分字母、数字来快速搜索元器件型号。输入的部分字母或数字必须相连。

2）厂商栏。显示候选的厂商名称，可用鼠标单击指定的厂商名，“元器件栏”显示和指定厂商名、元器件类型以及搜索栏相符的元器件型号。

3）元器件栏。显示候选的元器件型号，可用鼠标单击指定的元器件型号，“元器件信息栏”显示该元器件的相关信息。

4）元器件信息栏。显示选定元器件的相关信息，如元器件类型、容量、厂商代码、元器件代码和适配器等，方便用户正确选择元器件型号和适配器，对特殊的元器件还有相关的说明。

5）封装图。显示所选元器件的封装引脚图。

6）元器件类型栏。为了搜索和选择元器件方便，把元器件分为几类。

ALL：全部元器件。

FLASH：FLASH 存储器。

E^2PROM：电可擦写存储器。

EPROM：可擦写存储器。

PROM：一次性编程元器件。

MCU：单片机。

PLD：逻辑元器件。

SRAM：暂存器。

DRAM：动态随机存取存储器。

TTL：晶体管－晶体管逻辑电路。

CMOS：金属氧化逻辑电路。

（4）检查元器件 ID 码（接触不良/短路检测）

用鼠标单击工具栏的“ID”或“元器件”菜单的“ID”，检查元器件的 ID 码是否正确，同时检测元器件是否短路或接触不良。

当用户在“选项”设置中选中“接触不良”“短路检测”和“ID 检测”，系统会自动在每个操作之前进行两项检测，建议用户在“选项”中选中“接触不良”“短路检测”和“ID 检测”。

如果发现元器件 ID 不正确，软件会根据雷同的元器件自动提示正确元器件型号供选择。如 GE28F320C3B，选型 320B3B，按“ID”按钮后，软件会提示正确的型号，检查元器件 ID 码菜单如图 3-49 所示。

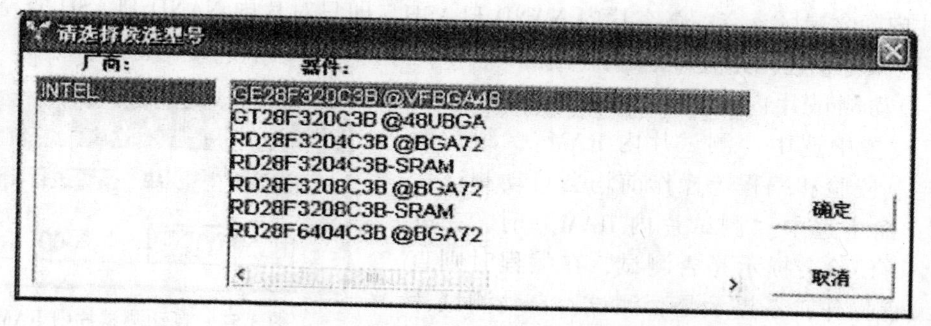

图 3-49　检查元器件 ID 码菜单

当元器件短路或接触不良时软件会弹出“检测接触不良”窗口，以插座图形和适配器图形直观显示元器件短路和引脚接触情况：接触良好的引脚以绿色显示，接触不好的引脚以红色显示，短路的以蓝色显示，忽略的引脚以白色提示，空脚以灰色提示，“检测接触不良”窗口如图 3-50 所示。

（5）对元器件的操作

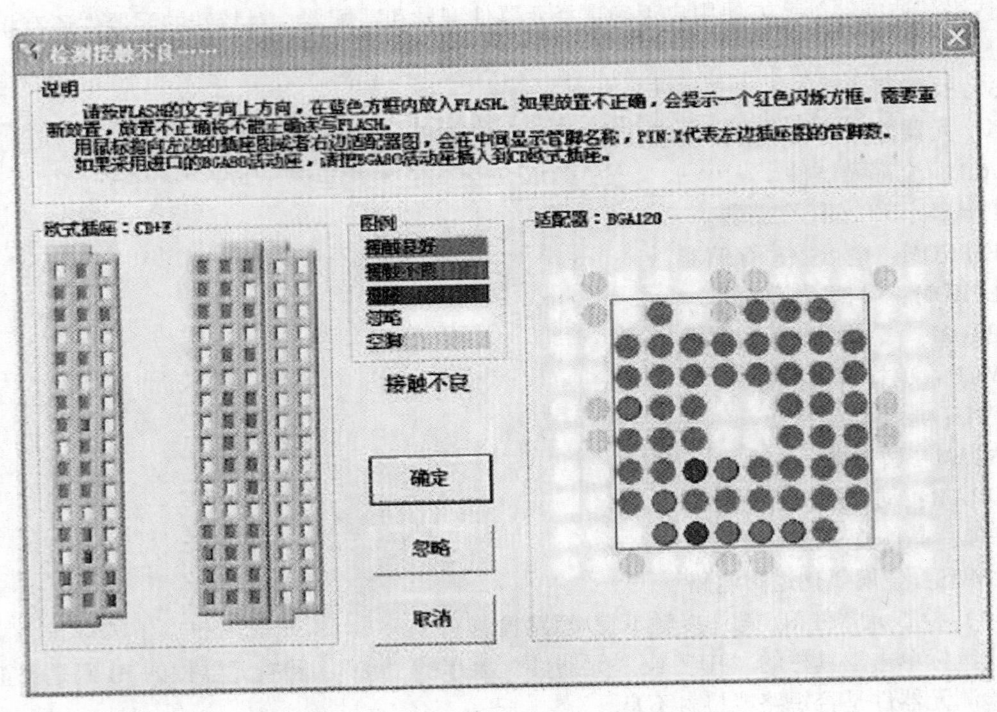

图 3-50　“检测接触不良”窗口

对元器件的操作包括几个步骤：查空、自动测试片内 RAM（内置暂存）、读入、编程、比较、擦除及加密。单独操作可以用鼠标单击工具栏的相应按钮或者“元器件”的相应子菜单进行，也可以使用相应的快捷键操作。

1）查空。检查元器件是否为空白状态，元器件的空白状态一般是全部数据为 FF。“元器件”菜单上有 3 个可选操作：查空全部，即对整个元器件进行查空；查空片内隐含扇区，即只对片内隐含扇区查空；查空片内 NAND FLASH，即只对片内 NAND FLASH 查空。可在“元器件”菜单中选择相应命令进行操作。

2）自动测试片内 RAM（内置暂存）。当在“选项”设置中选中“测试片内 RAM”，则在读入、查空、校验和编程等操作前均会自动测试片内 RAM；而不选中“测试片内 RAM”时，在读入、查空、校验会提示是否测试，在编程时则直接进行编程操作，不提示是否测试，自动测试片内 RAM 如图 3-51 所示。

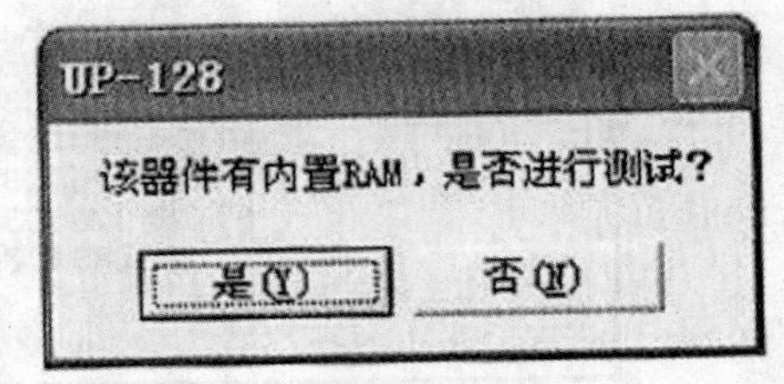

图 3-51　自动测试片内 RAM

3）读入。把元器件的数据读入到缓冲区操作：读入全部，即读入整个元器件的数据到缓冲区；读入片内隐含扇区，即只读入片内隐含扇区数据；读入片内 NAND FLASH，即只读入片内 NAND FLASH 的数据。可在“元器件”菜单中选择相应命令进行操作。

如果元器件具有加密位，在读入操作时，软件会自动读入加密位，并保存在缓冲区的最后部分。

4）编程。包括若干个自动进行步骤，通常包括自动测试片内 RAM、擦除、查空、编程、校验、自动读取片内隐含扇区和自动读写片内 NAND FLASH 等步骤，在“选项”设置中设定。

“元器件”菜单上有 3 个可选操作：编程全部，即对整个元器件编程，包括片内隐含扇区、NAND FLASH 和加密位；编程片内隐含扇区，即只对片内隐含扇区进行编程；编程片内 NAND FLASH，即只对片内 NAND FLASH 编程。可在“元器件”菜单中选择相应命令进行操作。

5）校验。校验元器件的数据和缓冲区的数据是否一致。

“元器件”菜单上有 3 个可选操作：校验全部，即校验整个元器件的数据；校验片内隐含扇区，即只对片内隐含扇区进行校验；校验片内 NAND FLASH，即只对片内 NAND FLASH 进行校验。可在“元器件”菜单中选择相应命令进行操作。

6）比较。逐一比较元器件的数据和缓冲区的数据是否一致。比较操作和校验操作有所不同，校验操作一旦发现元器件的数据和缓冲区的数据不一致就马上停止，单击“下一个”按钮可以继续进行比较，直到比较完整元器件资料或者用户取消为止。

“元器件”菜单上有 3 个可选操作：比较全部，即对整个元器件数据和缓冲区数据比较；比较片内隐含扇区，即只对片内隐含扇区部分和缓冲区相应部分进行比较；比较片内 NAND FLASH，即只对片内 NAND FLASH 部分和缓冲区相应数据进行比较。可在“元器件”菜单中选择相应命令进行操作。数据比较过程如图 3-52 所示。

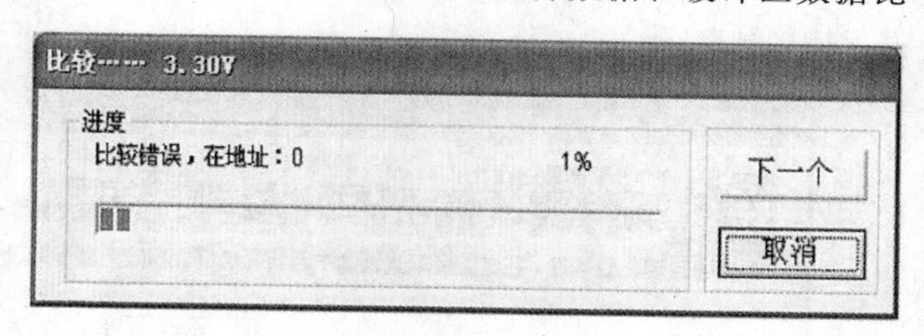

图 3-52　数据比较过程

7）擦除。擦除元器件的数据，擦除后元器件编程空白状态。如果所选元器件无需擦除，工具栏的“擦除”按钮会失效。

“元器件”菜单上有 3 个可选操作：擦除全部，即擦除整个元器件；擦除片内隐含扇区，即只对片内隐含扇区进行擦除；擦除片内 NAND FLASH，即只对片内 NAND FLASH 进行擦除。可在“元器件”菜单中选择相应命令进行操作。

8）加密。读写 FLASH 元器件的加密位。具有加密位的元器件在确定选型后，软件会在提示窗口提示元器件具有加密位，如 28F320C3B 等字库。用鼠标单击“加密”按钮，选择“加密位”菜单见图 3-53 的窗口，如果所选型的元器件没有加密位，该按钮会失效。单击图 3-53 中的相应按钮可进行相应的显示、读写加密位的操作，如图 3-54 所示。

图 3-53　选择“加密位”菜单

元器件在读入和保存操作时会自动将加密位一起读入和保存，数据位置在缓冲区的 17B。

其中 Factory（Read Only）为厂家一次性密码，只可读写不可改写，是 FLASH 元器件出厂时就具有的全球唯一的密码，每一个 FLASH 元器件都不相同；其中的 User Ptogtammed（OTP）是用户代码，用户可以一次性写入。

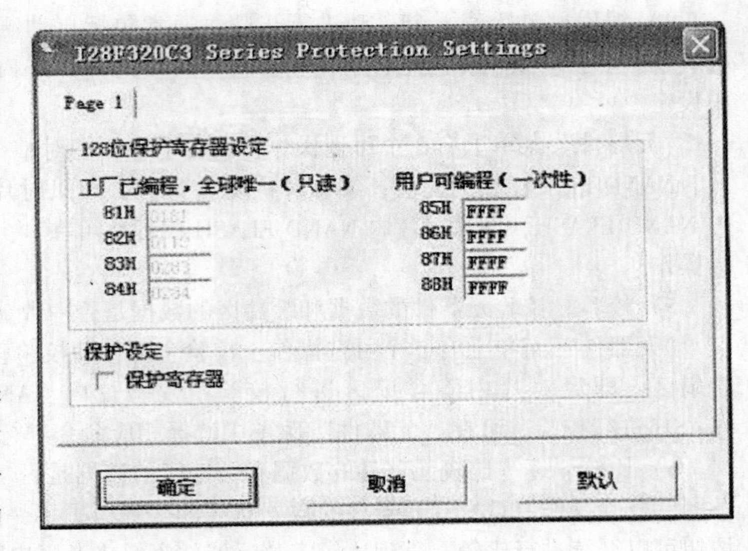

图 3-54　读写加密位

(6) 增加型号

对软件未支持的元器件型号，用户可根据软件提示自行增加该元器件型号。

在“元器件”菜单中选择“增加型号”，弹出图 3-55 所示的“增加型号”对话框，单击确定按钮后弹出图 3-56 所示的“增加型号”过程对话框，按提示的正确位置摆放好元器件，并保持接触良好。

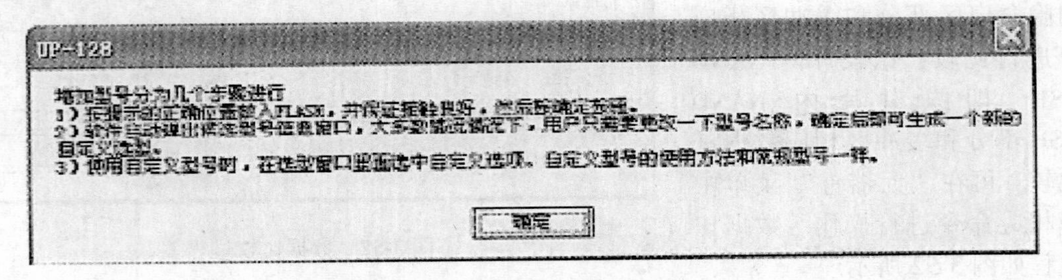

图 3-55　“增加型号”对话框

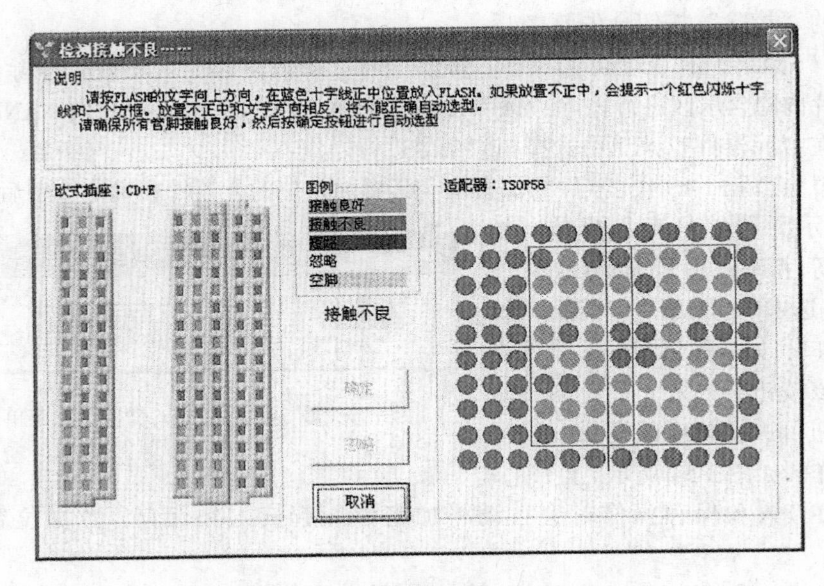

图 3-56　“增加型号”过程

按“确定”按钮，软件会提示和该元器件类似的已有型号元器件型号，如确定增加，软件会弹出“增加元器件”对话框，如图 3-57 所示。多数情况下，用户只需对候选型号稍作修改，确定后即可生成一个用户自定义的元器件型号。

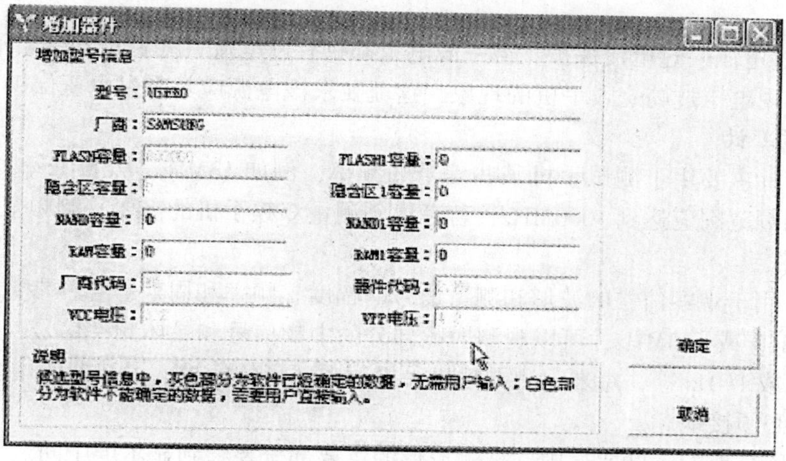

图 3-57　增加型号信息

使用自定义型号时请在选型界面图 3-58 中选中“自定义”选项，其使用方法和系统常规型号的使用是一样的。

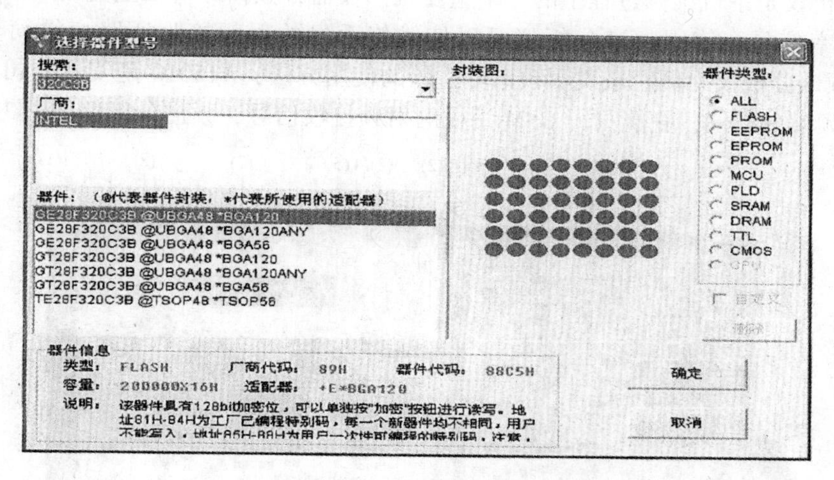

图 3-58　自定义型号

3.6.3　维修仪器

对手机进行调试和维修，只用万用表等简单仪表和工具是解决不了问题的，还必须借助维修电源、示波器及频谱分析仪等专用设备。下面分别介绍它们的使用方法。

1. 维修电源

在手机维修时，经常用稳压电源为手机加电，它是手机维修中必不可少的仪器。稳压电源的种类很多，在手机维修中，对电源有这样几方面的要求。

1）电压输出连续可调，调节范围（0～12V）就足够了。要求能精确指示电流。由于维修手机时要观察电流的变化来判断故障。如手机不开机时，有大电流不开机和小电流不开机现象，根据电流的大小来判断故障的所在。电源的电流表量程最好选择1A左右，以便于观察。

2）配备维修转换接口。不同的手机对电源的要求不同，必须采用一个转换接口，从手机底部加电。

3）要有过电压、过电流保护，但一般电源都只有过电流（短路）保护，而在手机维修过程中往往出现电压过高烧毁手机的现象，这就要求该电源应具有过电压保护功能。

2. 数字频率计

数字频率计主要用于测试手机某些信号的频率，例如13MHz、26MHz和19.5MHz等晶体频率。其测频范围应达到1000MHz，若考虑到测量双频手机的需要，测频范围应为2GHz。

3. 示波器

示波器可用于观察信号的波形和测量信号的幅度、频率和周期等各种参数。常用的示波器频率为20MHz或100MHz，可以观测射频部分的中频信号和晶体频率信号，高频段的示波器有400MHz或1GHz等，用来观测寻呼机手机射频部分的信号。示波器使用注意事项：

1）机壳必须接地。

2）显示屏亮点的辉度要适中，被测波形的主要部分要移到显示屏中间。

3）注意测量信号的频率应在示波器的量程内，否则会出现较大的测量误差。

4. 频谱分析仪

频谱分析仪是手机维修过程中的一个重要维修仪器，频谱分析仪主要用于测试手机的射频及晶体频率信号，使用频谱分析仪可以使维修手机的射频接收通路变得简单。下面以AT5010型频谱分析仪为例，来说明频谱分析仪的使用方法，AT5010是安泰公司生产的量程为1GHz的频谱分析仪，它能测得GSM手机的射频接收信号，频谱分析仪如图3-59所示。

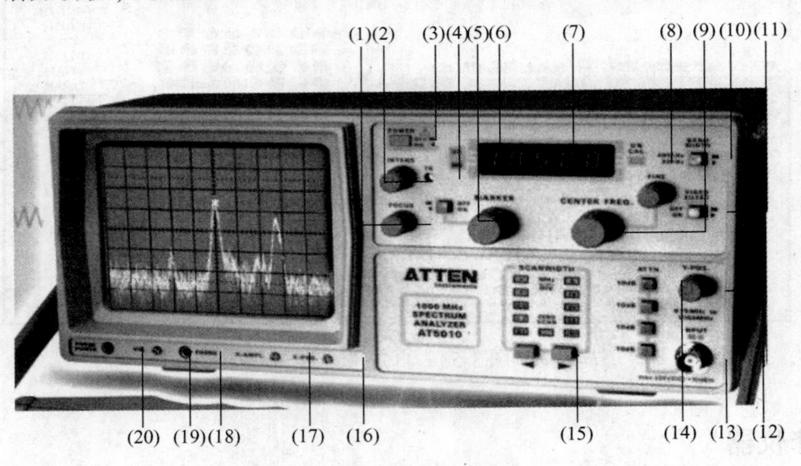

图3-59　频谱分析仪

面板操作功能如下：

（1）FOCUS　　聚焦调节

（2）INTENS　　亮度调节

（3）POWER　ON/OFF　　电源开关（压入通/弹出断）

（4）TR　　光迹旋转调节

（5）MARKER　ON/OFF	频标开关（压入通/弹出断）
（6）CF/MK	中心频率显示/频标频率显示
（7）DIGITAL　DISPLAY	数字显示窗（显示的是中心频率或频标频率）
（8）UNCAL	此灯亮表示显示的频谱幅度不准
（9）CENTER　FREQUENCY	中心频率粗调、细调（FNE）
（10）BAND　WIDTH	带宽控制（压入 20kHz/弹出 400kHz）
（11）VIDEO　FILTER	视频滤波器（压入通/弹出断）
（12）Y-POSITION　INPUT	垂直位置调节
（13）INPUT	输入插座 BNC 型，50Ω 电缆
（14）ATTN	衰减器，每级 10 分贝，共 4 级
（15）SCAN　WIDTH	扫频宽度调节
（16）X-POS	水平位置调节
（17）X-AMPL	水平幅度调节
（18）PHONE	耳机插孔
（19）VOL	耳机音量调节
（20）PROBE　POWER	探头开关

频谱仪的使用方法：

1）将频谱仪的扫频宽度置于 100MHz /DIV。

2）调节输入衰减器和频带宽度，使被测信号的频谱显示于屏上。

3）调垂直位置旋钮，使谱线基线位于最下面的刻度线处，调衰减器使谱线的垂直幅度不超过 7 格。

4）接通频标，调整移动频标至被读谱线中心，此时显示窗的频率即为该谱线的频率。

5）关掉频标，读出该谱线高出基线的格数，高出基线一大格对应为 10dB。即可得到该处谱线频率分量的幅度电平为：－107＋高出基线格数×10＋衰减器分贝。

例如：某谱线高出基线两大格，衰减器为 10dB，则谱线该频率分量的幅度为－107＋2×10＋10＝－77dBm。

6）UNCAL 灯亮时，读出的幅度是不准确的，应调整带宽至 UNCAL 灯灭，再读幅度。

7）缩小扫描宽度（SCANWIDTH）可使谱线展宽，有助于谱线中心频率的准确读取。

8）只作定性观察，可不必去读取谱线的垂直度。

在使用频谱仪时，应注意：

频谱仪最灵敏的部件是频谱仪的输入级，它由信号衰减器和第一混频级组成，在无输入衰减时，输入端电压不得超过 AC＋10dBm（0.7Vrms）或 DC 25V。在最大输入衰减（40dB）时，交流电压不得超过＋20dBm。若输入电压超过上述范围，就会造成输入衰减器和第一混频器的损坏。

3.7　手机故障维修方法

3.7.1　手机故障分类

移动电话的故障种类繁多，可按不同方法分成若干类型。

1. 按故障的性质划分

移动电话的故障按性质不同也可分为硬性故障和软性故障。硬性故障是由于机内元器件损坏、电路板连线断路、短路或元器件接触不良等而引起的硬件故障，这种故障检查修理比较容易，只要更换或修复已损坏的元器件与故障点即可。软性故障又分为软件故障和失调性故障。软件故障是由于手机的码片、字库内的数据资料出错或丢失引起手机故障。只需重写即可。失调性故障多是机内调整元器件松动变位、频率失调、功能失调及操作违反规定等原因造成的，也有在用户还没有熟悉使用方法之前出现的失调性故障。应进行仔细观察与分析，通过调整检测才能加以解决。

2. 不拆机直接从手机的外表来看其故障，可分为 3 大类型

1）完全不能工作，不能开机。接上维修电源，按下手机电源开关无任何电流反应；或仅有微小电流变化；或有很大的电流出现（这些电流大小均是维修用稳压电源表头的指示）。

2）能开机但不能维持开机。接上电源，按下手机电源开关后能检测到开机电流，能开机但转灯关机，或发射关机，或自动开关机，或低电告警等。

3）能正常开机，但有部分功能发生故障，如按键失灵，显示不正常（字符提示错误、字符不清楚、黑屏），扬声器无声，不能送话，部分功能丧失等。

3. 拆开手机从其机芯来看，故障也可分为 3 大类型

1）第一种为供电充电及电源部分故障。

2）第二种为逻辑部分故障（包括 13MHz 晶体时钟、I/O 接口、手机软件故障）。

3）第三种为收发通路部分故障，如信号弱、无信号及不能发射等。

3.7.2 手机电路读图

在手机电路基本结构中，介绍了手机的 4 大组成部分，即射频、音频/逻辑、输入/输出接口和电源。但不同厂家生产的手机电路总是有很大的区别。除了掌握手机基本结构外，还要能读懂手机的各种图样。初学者在维修手机时，往往要借助手机图样进行维修，如果看不懂图样就无从下手，因此看图识图，尤其是实物图（即元器件分布图），是维修手机的基础。能迅速识别手机电路是一个维修人员必备的基本功。手机电路图虽复杂多样，但还是有规律可循的。

1. 常见手机图样

手机图样一般分为 3 种类型，即整机原理框图、电路原理图和元器件分布图。因此读图原则是首先读懂整机原理框图，在此基础上再去读具体电路原理图和元器件分布图。这样才能由简到繁、由浅入深地学习。

整机框图是按照信号流程勾画的总体结构框架图，从框图中可以了解整机电路组成和各部分单元电路之间的相互关系，通过图中箭头还可以了解到信号的传输途径。总之整机框图具有简单、直观、物理概念清晰的特点，是进一步读懂具体原理电路图的重要基础。

电路原理图是具体化的整机框图，即用理想的电路元器件符号来系统地表示出每种手机的具体电路，通过识别图样上所标注的各种电路元器件符号及其连接方式，就可以了解手机电路的实际工作情况。读图时，将原理总图分解成若干基本部分，弄清各部分的主要功能以及每部分由哪些基本单元电路组成，用简单的框图来表示每部分的作用以及各部分之间的相互关系。分解过程中，如有个别元器件或某些细节一时不能理解，可以留待后面仔细研究。

在这一步，只要求搞清总图大致包括哪些主要的模块即可。

电路原理图涉及的电路元器件比较多，如电阻、电容、电感、晶体管、二极管及变容二极管等，要明确主要集成电路在电路板上的位置，如 CPU、E^2PROM、FLASH、ROM、音频处理模块、语音编解码和电源 IC 等，这就需要借助元器件分布图来识别。元器件分布图又称为装配图或印制板电路图，它与原理电路图上的标称元器件是一一对应的。维修人员使用最多的往往是这张图，要把原理电路图与印制板电路图结合起来，并熟练掌握。

目前还有一种“手机元器件分布与常见故障彩图”，这种图标明了重要测试点的波形、电压和主要元器件故障现象，更省时省事。应该注意手机电路板是多层电路板，所有元器件都是表面贴装的。

2. 读图方法

手机线路密集复杂，如果不掌握读图方法，读懂电路就很困难。这里介绍一种快捷方式。

1）抓住手机电路原理图中的“3 种线”。

第一种线为信号通道线，即射频部分收发信号。这种信号在收发过程中不断地被“降频”和“升频”，直到调制/解调出收发基带信号。收发基带信号转换成数字信号在逻辑电路中“去交织/交织”“解密/加密”“语音编码/解码”及“PCM 编码/解码”后，还原成语音信号。这种射频—逻辑—音频或者音频—逻辑—射频的信号传递通道称为信号通道线。从电路的输入端到输出端联系起来，观察信号在电路中如何逐级传递，从而对总图得到一个完整的认识。

第二种线为控制线，主要完成收发频段切换、信道锁定、频率合成和功率放大器发射等级等，由手机的逻辑部分发出对整机运行实行有效地控制。在分析原理电路图时控制线的作用非常重要。另外，查时钟（CLK）供应，具体连接到集成电路的哪个引脚，查复位（RESET）供应，具体连接到集成电路的哪些引脚，查开机信号流程等。

第三种线是电源线，每种电路元器件都需要有供电，查电源连接线，看电源是如何供给各个芯片、模块、晶体管、场效应晶体管、键盘及显示屏的，而“电源线”往往是指静态供电电压，如供给逻辑、射频、SIM 卡、屏显等。

2）从原理图上、元器件分布图上找到射频、音频/逻辑、输入/输出接口和电源 4 大组成部分，以主要的集成电路为核心查找 4 个系统，同时还要记住主要元器件的英文缩写和一些习惯表示法。

3.7.3 手机维修基本条件

不同型号的手机其基本工作原理大致相同，在电路组成上却有差异。因此在故障检修之前，应当全面了解待修机型的电路组成、功能特点、使用方法。而且还要了解集成电路、元器件的作用以及在印制电路板上的位置。此外，还要了解拆卸安装顺序、测试调整方法和主要测试点的电压数值及波形。

1. 建立一个良好的维修环境

良好的维修环境应具备如下条件：

1）一个安静的环境。

2）在工作台上铺盖静电桌垫或绝缘橡胶垫。

3）准备一个有许多小抽屉的元器件架，可以分门别类的放相应配件。

4）注意把所有仪器的地线都连接在一起，防止静电损伤手机的 CMOS 电路。

5）要有不易产生静电的工作服，并佩戴静电接地环。

2. 配备手机维修资料

数字手机产品精密，电路结构复杂，所以在故障检修之前，必须购置有关的维修资料。主要包括所修机型的电原理图、集成电路和元器件在印制电路板上的位置图、测试与故障检修的基本方法等。

3. 配备必要的工具和测试仪器

维修手机常用的工具有：综合开启工具、刀片、无感螺钉旋具、镊子、尖嘴钳、剪线钳、温控烙铁、热风枪、植锡片、吸锡器、带灯放大镜、超声波清洗器、显示屏拆装工具、毛刷及电吹风等。

测试仪器仪表主要有：维修电源，通常要求为 0～2V 可调，最大输出电流为 2A；数字万用表或指针式万用表；频率计（10MHz～2GHz）主要用来测量本振、中频及基准时钟频率；100MHz 以上的双踪示波器，主要用于分析测试点的波形；射频信号发生器，用于测试射频接收电路的性能，如接收灵敏度等指标；各类手机软件维修仪（如 LT—48、BOX 王等）；计算机，如果能配备移动电话测试系统、频谱分析仪或射频通信综合测试仪，将会给故障检修带来极大的方便。

4. 准备一些易损元器件

准备一些易损元器件可提高维修效率，所准备的元器件必须符合手机所要求的电气特性和外形尺寸，最好向数字手机制造厂家或其代理部门购买，这样可以保证代换元器件的性能。如：稳压集成电路、功率放大集成电路、供电开关管、单片微处理器、存储器、数字信号处理器及多模转换器等元器件。同时，还要准备一些粘合剂、清洗剂、无水酒精及脱脂棉等辅料。

3.7.4 手机维修基本术语

1）手机状态：手机状态可分为开/关状态、待机状态、工作状态 3 种，不同的工作状态其工作电流不同，可根据这些电流值的大小来判断手机故障。例如摩托罗拉 T2688 正常的开机电流为 50～150mA（稳压电源表头指示，以下均同），待机电流为 15～30mA，发射状态电流为 200～350mA。

2）开机：开机是指手机加上电源后，按手机的开/关键约 2s 左右，手机进入自检及查找网络的过程。开机首先必须有正常供电，然后 CPU 调用字库、存储器、码片内程序检测开机，所有内容正确时，手机正常开机。引起不开机的原因既有硬件电路故障，也有软件不正常。

3）关机：关机是开机的逆过程，按开/关键 2s 后手机进入关机程序，最后手机屏幕上无任何显示信息，手机指示灯及背景灯全部熄灭。CPU 将根据按键时间长短来进行区分，短时间为挂机，长时间（2s）为关机。

4）待机状态：是指手机无呼出或呼入信号时的一种等待状态，手机在待机状态中整机电流最小，只有 20mA 左右，手机处于省电方式。

5）工作状态：是指手机处于接收或发射状态，还可以是既接收又发射的双工方式，也就是说手机既可以“说”又可以“听”。手机在呼出状态时整机工作电流最大可达到300mA，正常的工作状态下，手机耗电量是比较大的。

6）不入网：手机不入网是指手机不能进入通信网络。手机开机后首先查找网络，显示屏上应显示网络名称“中国移动”或“中国联通”，若是英文机则显示对应的英文。手机入网条件是接收和发射通道都正常，手机才能入网。例如摩托罗拉和诺基亚手机在插入SIM卡后才会出现场强指示；爱立信手机不插入SIM卡屏幕上直接能看到场强指示。在无网络服务时，应首先调用手机功能选项，选择“查找网络”，进入手动寻网。如果能搜索到“中国移动”或“中国联通”，则说明接收部分正常，而发射电路有故障；若显示“无网络服务”则说明接收部分有故障。

7）漏电：给手机加上直流稳压电源电压，在不按开机键时电流表就有电流指示，这种现象称为漏电。漏电现象在手机中经常出现，而且不易查找，大多数是由于滤波电容漏电引起的，也有部分是由于进水后电路板被腐蚀或元器件短路引起的。

8）掉电：手机开机后，没有按关机键就自动关机。自动关机的主要原因是电池电量不够或者电池触点接触不良，还有可能是发射电路有故障。

9）虚焊：是指手机元器件引脚与印制电路板接触不良。

10）补焊：是指对元器件虚焊的引脚重新加锡焊上的过程。手机上元器件补焊要用专用工具，如前面介绍的热风枪和专用烙铁。

11）不识卡：是指手机不能正常读取SIM卡上的信息，在手机的屏幕上显示“插SIM卡”“检查SIM卡”或“SIM卡有误”“SIM卡已锁”等均属不识卡。

12）软件故障：是指由于手机内部程序紊乱或数据丢失引起的一系列故障，例如：手机屏幕上显示“联系服务商”或“返厂维修”“锁机”等典型的软件故障；同时设置信息无记忆、显示黑屏、背景灯和指示灯不熄灭、电池电量正常却出现低电告警等均属软件故障。

13）软件升级：软件升级是指某些手机（如Sumsung A100和A188）在硬件上并无差异，但软件上却又有差异。在更新其字库后，手机从操作界面和使用功能上有所改进。

14）工程模式：工程模式是指手机内部的一项硬件功能，即手机在联络其基站时打开工程模式，可根据接收和发射距离自动调整其强度。

3.7.5 手机维修常用方法

1. 直接观察法

首先利用手机面板上的开关、按键接打电话，观察现象，将故障压缩到某一范围，例如按键失灵、转灯关机、转灯无信号（即不入网）、不送话（扬声器无音）等故障都能直接检查到。根据故障现象有可能判断出故障的大体部位，然后观察主板是否有变形，看主板屏蔽罩是否有凸凹变形或严重受损，从而确定里面的元器件是否受损。再用带灯放大镜仔细观察各个元器件是否有鼓包、变形、裂纹、断裂、短路、脱焊、掉件、阻容元器件是否有变色、过孔烂线等现象。通过与无故障同型号手机相比较，就可以简单地判断出内部是否有短路或其他异常现象。

2. 元器件替换法

在替换元器件以前，要确认被替换的元器件已损坏，并且必须查明损坏原因，防止将新替换的元器件再次损坏。在替换集成块之前应认真检查外围电路及焊接点，在没有充分理由证实集成电路发生故障之前，最好不要盲目拆卸替换集成电路。尽量减少不必要的拆卸，多次拆卸会损坏其他相邻元器件或印制电路板本身。在缺少专用测试仪器或维修资料的情况下，可用相同机型的元器件进行比较，尽可能确诊故障点。直接替换时，要使用完全相同的型号，如果用其他型号代替，一定要确认替换元器件的技术参数满足要求。部分不同类型手机的元器件可以相互替代，例如，西门子 C2588 和松下 GD90 的功放通用。这要自己在实践中不断总结摸索，也需要常向有经验的技师请教。替换法简单、迅速，特别适合于初学者确诊故障部位。

3. 清洁法

手机的移动性是造成手机易进水受潮的主要原因。有些手机因保管不当或被雨淋湿、进水受潮、灰尘增多，导致机内电路发生短路或形成一定阻值的导体，就会破坏电路的正常工作，引起各种各样的疑难故障。对于进液体的手机，应立即清洗，否则由于液体的酸碱浓度不一样会使手机电路板腐蚀、过孔烂线或因脏引起引脚粘连等。对受潮或进水的手机，应先拆卸机壳和接插板，一般将整个主板（最好将显示屏拆下）放入超声波清洗器内，用无水酒精或天那水进行清洗，清洗后，用电吹风吹干，方可通电试机。这样处理后，多数能够恢复正常工作。正因为如此，在手机维修中，清洗法显得尤为重要。

4. 补焊法

手机上元器件采用表面贴焊的方式，元器件小，电路板线密集，电路的焊点面积很小，因此，手机能够承受的机械应力很小，在受力或振动时极容易出现虚焊的故障，所以用风枪吹一吹或用烙铁焊一焊就能解决故障。所谓补焊法，就是通过对电路工作原理的分析判断故障可能在哪一单元，然后在该单元采用“大面积”补焊并清洗。即对相关的、可疑的焊接点均补焊一遍。但不能一味地不管什么元器件都吹，如爱立信 788/768 的多模用风枪吹时温度应尽量低些，否则换上也会故障依旧；诺基亚 3210 CPU 是灌胶的，用风枪一吹就会出现软件故障，因此用风枪吹逻辑部分集成块时应特别小心。补焊的工具可用热风枪和尖头防静电烙铁。

5. 电压测量法

电压测量法是用万用表测量直流电压。加电后通过将故障机一些关键点电压（如逻辑、射频、屏显的供电电压）用万用表直接测得，测出的电压值可以与参考值做比较，可以从 3 个方面取得参考值：一是图样标出的，二是有经验维修人员积累的，三是从正常手机上测得的。在测量过程中注意待机状态和发射状态控制电压是有区别的，故障机与正常机进行比较时要采用相同的状态测量。

电压测试包括如下几个方面：

1）整机供电是否正常；手机一般采用专用电源芯片产生整机的供电电压，包括射频部分、逻辑/音频部分，电路各部分对这两组供电进行再分配。如摩托罗拉 cd928 手机的电源芯片（U900）开机后产生 4 个电压：供逻辑/音频电路的 5.0V（L500）、2.75V（L275），供射频电路的 4.75V（R475）、2.75V（R275）。若 4 个电压不正常，会使相应的电路工作不正常，严重的还会引起不能开机。

2）接收电路供电是否正常。如低噪声射频放大管、混频管、中频放大管的偏置电压是否正常，接收本振电路的供电是否正常等。

3）发射电路供电是否正常。如发射本振电路（TXVCO）、激励放大管、预放、功率放大器的供电是否正常。

4）集成电路的供电是否正常。手机中采用的集成电路功能多，已模块化。不同的模块完成不同的功能，且不同模块需要外部提供不同的工作电压，所以检查芯片的供电要全面。如摩托罗拉 cd928 的中频 IC（U201）的供电有 2. 75V、4. 75V 两组。

6. 电流测量法

手机在开机、待机以及发射状态下整机工作电流并不相同，通过观察不同工作状态下的工作电流，即可判断出故障的大致部位。正常情况下，手机开机电流约 200mA，待机电流约 50mA，发射电流约 300mA。这些数值与仪表精度、手机机型有关，只能作为参考。

7. 电阻测量法

电阻测量法在手机维修中也较为常用，其特点是安全、可靠。当用电流法判断出手机存在短路故障后，此时用电阻法查找故障部分十分有效。另外，用电阻法来测量电阻、晶体管、扬声器、振铃、传声器等是否正常、电路之间是否存在断路故障也十分方便。电阻法主要是利用万用表的直流电阻档对地测电阻，一般采取“黑测”的方法，即万用表 红表笔接地，用黑表笔去测量某一点的直流电阻，然后与该点的正常电阻值进行比较。由于电路中有时有二极管存在，所以在测量时最好正反向交换测试一次进行比较，这种方法在维修不正常开机的手机时最有效。

8. 触摸法

触摸法简单、直观，它需要拆机并外加电源来操作。通过手或唇触摸贴片元器件，通过观察是否有温度很高、发热发烫的元器件，从而粗略判断故障所在。通常用触摸法来判断好坏的元器件有 CPU、电源 IC、功率放大器、电子开关、晶体管、二极管、升压电容和电感等。也可以使手机处在发射状态下，更容易感知元器件的温度。例如摩托罗拉 L2000 大电流不开机，拆机后加电，电流表上的电流在 500mA 以上，用手触摸电源块，发热烫手，这证明电源块已损坏，更换电源块，故障排除。利用触摸法时注意防静电干扰。

9. 对比法

对比法是指用相同型号的拨打、接听都正常的手机作为参照来维修故障机的方法。通过对比可判断故障机是否有虚焊、掉件及断线，各关键点电压是否正常等。用此法维修故障机省时省事、快捷方便。

10. 飞线法

有些手机因进液而出现过孔腐蚀烂线的、人为造成电路断路的，可通过对比法，参照相同型号手机进行测试，断线的地方要飞线连接。例如爱立信 788/768 松手关机就要用飞线法来解决。再如摩托罗拉 V998 加主电不开机，而加接底电开机，这时往往采用飞线法把主电拉到底电上是最简单、方便的维修方式。在采用飞线法时用的线是外层绝缘的漆包线，用时要把两端漆刮掉，焊接时才安全可靠。飞线法在实际维修中应用得非常广泛。特别要注意，在射频接收与发射电路不要用飞线法，否则会影响电路的分布参数。

11. 按压法

按压法是针对摔过的手机或受挤压过的手机而采用的方法。手机中贴片集成块，如 CPU、字库、存储器和电源块等受振动时易虚焊，用手按压住重点怀疑的集成块给手机加电，观察手机是否正常，若正常可确定此集成块虚焊。用此法同样要注意静电防护。

12. 跨接电容法

手机中滤波器很多，如高频滤波、中频滤波、低通滤波等大多采用陶瓷滤波器、声表面波滤波器等，常因受力挤压而出现裂纹和掉点，而滤波器好坏无法用万用表测试，所以在维修上采用电容作应急维修和判断，即在滤波器的输入和输出端之间跨接滤波电容。采用电容跨接时，高频滤波器用10～30pF的电容替代，一中滤波器用100pF左右的电容替代，二中滤波器用0.01μF左右的电容替代。需要注意的是，跨接电路时绝不能用漆包线跨接于微带线的两端，否则，会引起电路分布参数改变。

13. 信号追踪法

信号追踪法主要用于查找射频电路的故障，也可用于查找音频电路故障。使用此法一般需要射频信号发生器（1～2GHz）、频谱仪（1GHz以上）及示波器（20MHz以上）等仪器。

（1）接收电路的检修

对手机电路的故障，如信号弱或根本无信号，可按如下步骤进行测试：

1）信号发生器产生某一个信道的射频信号（如62信道的收信频率为947.4MHz），电平值一般设定在－50dBm。

2）使手机进入测试状态并锁定在与信号发生器设定的相同信道上（摩托罗拉的手机使用测试卡就可以进入测试状态并锁定信道；诺基亚的手机要用原厂提供的专用计算机软件才能进入测试状态并锁定信道）。

3）将信号发生器的射频信号注入手机的天线口，然后用频谱仪观测手机整个射频部分的收信流程，观察频谱波形与电平值（低频部分用示波器观察），并与标准值比较，从而找出故障点。以摩托罗拉328为例，观测内容包括：射频放大管输入、输出信号的频谱（947.4MHz）及放大量，RXVCO的频谱（794.4MHz），中频频谱（153MHz），306MHz接收第二本振，接收I、Q波形（RXI、RXQ），接收通路滤波器的输入、输出信号电平值，衰减是否正常等。

（2）发射电路的检修

手机发射方面的故障，如无发射、发射关机等，可按如下步骤进行测试：

1）使手机处于测试状态并锁定在某一个发射信道（如62信道的发射频率为902.4MHz）。

2）用频谱仪观察手机发射通路的频谱及电平值，并与标准值比较，从而找出故障点。以摩托罗拉328为例，测试内容包括：本地振荡、TXVCO（902.4MHz）、激励放大管以及功率放大器的频谱。

（3）音频电路检修

音频电路的故障有振铃器、扬声器无声，对方听不到讲话等。此类故障用示波器查找十分方便和直观，由于目前手机的音频电路集成化程度很高，使音频电路越来越简单：从维修角度来看，只需检测几个相关的元器件就可查出故障所在。

14. 波形和频率测量法

在维修过程中，我们一般把示波器的输出同时接到频率计的输入端，这样可以同时测量到电路各关键点的波形和频率，如13MHz（或26MHz）时钟信号、实时时钟信号、本振信号、一中频信号、二中频信号、解调信号、PLL锁相环信号和调制载波信号等。根据信号波形的有无、是否失真变形、信号实际频率的数值等，通过与无故障同型号手机相比较，就可以直观简单地判断出故障区域。另外，对信号幅度进行测量，了解信号强度，以便判断该部分电路是否正常工作。

15. 重新加载软件法

在手机故障中有相当大一部分是软件故障。由于字库、码片内数据丢失或出错，或者由于人为误操作锁定了程序，会出现“Phone failed see service”（话机坏联系服务商）、“Enter security code”（输入安全密码）、“Wrong Software”（软件出错）、“Phone locked”（话机锁）等典型的故障，还有一些不开机、无网络信号、无场强指示、信号指示灯常亮不闪烁、自动关机的也都属于软件故障。处理软件故障的方法是利用软件故障维修仪拆机或免拆机写码片、写字库，摩托罗拉系列也可用测试卡转移、覆盖等方法来处理一些软件故障，即重新对手机加载软件。

要修复软件故障需要专用的设备，在前面相关内容中已经作介绍。对程序、数据芯片重新写入正确的内容，不管手机出现怎样的软件故障一般都能全面修复，特别注意，由于许多手机的数据、程序有版本区别，应配合使用。

在实际故障检修时，除了上述介绍的基本方法外，也常常使用几种方法进行综合检测。其中电压测量法、电流测量法、电阻测量法、波形和频率测量法、清洗法、补焊法、对比法、重新加载软件法使用得最为普遍。

对任何型号的GSM手机，只要掌握其基本工作原理，能分析其组成结构，根据不同的故障原因，按照上述方法先从免拆机测试观察开机电流、发射电流、显示特性及故障特征，判断故障范围，再进一步进行单板测试，对测试参数进行分析，就能找出故障所在。只不过，不同的机型由于其结构不同，元器件功能不一样，测试的具体指标不同而已，而判断故障的方法则有其共性。因此，对于维修人员来说，掌握维修的方法比掌握某一机型的单一故障维修更为重要。

3.8 手机典型故障分析与维修

手机故障表现有很多，下面就最常见的显示故障、卡故障、不开机、不入网及软件故障展开分析。

3.8.1 手机显示故障

手机的液晶显示主要作用是将手机的信息和工作状态反映给用户，使用户通过显示信息了解手机当前的工作状态。显示故障是指显示屏不能显示信息、显示不全或显示不清晰。维修实践中，显示故障发生率较高。

1. 显示正常的条件

（1）显示屏所有的像素都能发光

要满足这个条件，就需要为显示屏提供工作电源（一般用VCC、VDIG等标注），对于摩托罗拉手机，一般还有一个负压供电端。供电电压可用万用表方便地进行测量。

（2）显示屏上的所有像素都能受控

只有显示屏上的所有像素都能受控，显示屏才能正确显示所需的内容。对于串行接口的显示电路（如爱立信和诺基亚手机），控制信号主要包括LCD-DAT（显示数据）、LCD-CLK

（显示时钟）、LCD-RST（复位）3 个信号；对于并行接口的显示电路（如摩托罗拉和三星手机），控制信号主要包括八位数据线（D0-D7）、地址线（ADR）、复位（RST）、读写控制（W/R）及启动控制（LCD-EN）等。

无论是串行接口的显示电路，还是并行接口的显示电路，这些控制信号出现故障时，一般出现不显示、显示不全等故障，维修时可通过测量各控制信号的波形进行分析和判断。这些信号在手机开机后，显示内容变化时一般都能测量到。若无波形出现，说明显示控制电路或软件有故障。

（3）显示屏要有合适的对比度

有些手机的显示屏，还有一个对比度控制脚，由外电路输入的控制电压进行控制，爱立信手机一般用 VLCD 表示，有些手机的对比度则是通过软件进行控制的，当对比度电压不正常时，显示屏会出现黑屏（对比度过深）、白屏（对比度过浅）、不显示等故障，可通过测量 VLCD 电压、重写正常的软件进行分析和维修。

需要说明的是，对于并行接口的显示屏，当出现对比度不正常时，要特别注意检查和显示屏相连的几个电容，当这些电容不正常时，对显示对比度影响很大。

2. 手机显示故障常见原因

1）显示屏损坏或导电橡胶接触不良。

2）显示屏接口各脚电压不正常。

3）电源 IC、CPU 等虚焊或损坏。

4）软件出错。

3.8.2 手机卡故障

手机中的 SIM/UIM 卡，卡座都有几个基本的接口端：即卡时钟（CLK）、卡复位（RST）、卡电源（V_{CC}）、地（GND）和卡数据（I/O 或 DAT）。卡座在手机中提供手机与卡通信的接口。通过卡座上的弹簧片与卡接触，所以如果弹簧片变形，会导致卡故障，如“检查卡”“插入卡”等。卡插入手机后，电源端口提供电源给卡内的单片机。检测卡存在与否的信号只在开机瞬时产生，当开机检测不到卡存在时，将提示“Insert Card”（插入卡）；如果检测卡已存在，但机卡之间的通信不能实现，会显示“Check Card”（检查卡）；当卡对开机检测信号没有响应时，手机也会提示“Insert Card”（插入卡）。

卡时钟（CLK）、卡复位（RST）、卡电源（V_{CC}）和卡数据（I/O 或 DAT）信号都是 3V 左右的脉冲。在开机时也能测到。若测不到，说明手机卡电路有故障。

3.8.3 手机不开机故障

所谓“开机”是指按下手机的开/关键后，手机即进入开机自检及查找网络过程。若手机的逻辑电路部分功能正常时，则显示屏开始显示一些信息，如网络、信号强度、电池电量及时间等。而不开机就是按开机键后，手机无任何反应（显示屏不显示、键盘灯不亮、无开机音）。

1. 手机正常开机条件

手机要正常持续开机，需具备以下 3 个条件。一是电源 IC 工作正常，二是逻辑电路工作正常，三是软件运行正常。其中，前两点说明的是硬件工作正常，第三点说明的是软件正常。下面具体分析。

（1）电源 IC 工作正常

1）电源 IC 供电正常。电源 IC 要正常工作，须有工作电压，这个电压一般就是电池电压或外接电源电压。

2）有开机触发信号。目前生产的手机，既有高电平触发，又有低电平触发，无论怎样触发，开机触发信号都要加到电源 IC 上，在按下开机键（电源开关）时，开机触发信号要有电平的变化（即由高变低或由低变高）。

3）电源 IC 正常。电源 IC 内一般集成有多组受控和非受控稳压电路，当有开机触发信号时，电源 IC 的稳压输出端应有电压输出。

4）有开机维持信号（“看门狗”信号）。开机维持信号来自于 CPU，电源 IC 只有得到开机维持信号后才能输出持续的电压，否则，手机将不能持续开机。

（2）逻辑电路工作正常

1）有正常的工作电源。按下开机键后，电源 IC 输出稳定的供电电压为逻辑电路供电，包括 CPU、码片、字库和暂存器。

2）有正常的系统时钟。时钟是 CPU 按节拍处理数据的基础，手机中时钟电路分两种，一种是时钟 VCO 块，内含振荡电路的元器件及晶体，当电源正常接通后，可自行振荡，形成 13MHz 信号输出；另一种是由中频集成电路与晶体组成，中频 IC 得到电源后内部振荡电路供晶体起振，由中频块放大输出；13MHz 时钟一般经电容、电阻或放大电路供给 CPU，另外也供给射频锁相环电路作为基本时钟信号。

3）有正常的复位信号。CPU 刚供上电源时，其内部各寄存器处于随机状态，不能正常运行程序，因此，CPU 必须有复位信号进行复位。手机中的 CPU 的复位端一般是低电平复位，即在一定时钟周期后使 CPU 内部各种寄存器清零，而后此处电压再升为高电平，从而使 CPU 从头开始运行程序。

4）逻辑电路本身正常。逻辑电路主要包括 CPU、字库（FLASH）、码片（E^2PROM）、暂存器（SRAM），有些机型可能将码片、字库和暂存器合成一块或两块集成电路，此部分线路多，相对来说，维修时，此处较难处理。当电源、时钟和复位 3 个条件都正常后，CPU 通过片选信号 CE 与 FLASH、SRAM、E^2PROM 联系，这些芯片会返回输出许可信号 OE，SRAM 还会用到写许可信号 WE，然后经过数据总线 DATABUS 与地址总线 ADDBUS 相互传送数据。片选信号是判断 CPU 开始工作的基本条件。

（3）软件运行正常

软件是 CPU 控制手机开机与各种功能的程序。开机的程序与设置主要存放在 FLASH 与 E^2PROM 内。有些手机，软件资料可以向下兼容，所以这些手机可以改版和升级；有些手机由于软件加密，即使同型号手机的都不兼容（如诺基亚 5110 以上版本）。因此，若软件出错或软件不对，手机就可能造成不开机。当然，软件不正常还可能造成不入网、不显示、功能错乱、死机等许多故障。

2. 不开机故障常见原因

（1）开机线不正常引起的不开机

正常情况下，按开机键时，开机键的触发端电压应有明显变化，若无变化，一般是开机键接触不良或者是开机线断线、元器件虚焊、损坏。维修时，用外接电源供电，观察电流表的变化，如果电流表无反应，一般是开机线断线或开机键不良。

（2）电池供电电路不良引起的不开机

对于大部分手机，手机加上电池或外接电源后，供电电压直接加到电源 IC 上，如果供电电压未加到电源 IC 上，手机就不可能开机。

一般来说，如果供电电路不良，按开机键电流表会无反应，这和开机线不良十分相似。

（3）电源 IC 不正常引起的不开机

手机要正常工作，电源电路要输出正常的电压供给负载电路。在电源电路中，电源 IC 是其核心电路，不同品种及型号的手机，供电方式也有所不同，有的电源电路的供电由几块稳压管供给，如爱立信早期系列（T18 之前）手机、部分三星系列手机等。有的却由一块电源模块直接供给，如摩托罗拉系列手机、诺基亚系列手机等。但不管怎样，如果电源 IC 不能正常工作，就有可能造成手机不开机。

对于电源 IC，重点是检查其输出的逻辑供电电压、13MHz 时钟供电电压，在按开机键的过程中应能测到（不一定维持住），若测不到，在开机键、电池供电正常的情况下，说明电源 IC 虚焊、损坏。目前，越来越多的电源 IC 采用了 BGA 封装，给测量和维修带来了很大的不便，测量时可对照电路原理图在电源 IC 的外围电路的测试点上进行测试。若判断电源 IC 虚焊或损坏，需重新植锡、代换，这需要较高的操作技巧，需在实践中加以磨练。

（4）系统时钟和复位不正常引起的不开机

系统时钟是 CPU 正常工作的条件之一，手机的系统时钟一般采用 13MHz，13MHz 时钟不正常，逻辑电路就不工作，手机不可能开机。13MHz 时钟信号应能达到一定的幅度并稳定。

复位信号也是 CPU 工作条件之一，符号是 RESET，简写为 RST，诺基亚手机中用 PURX 表示。复位一般直接由电源 IC 通往 CPU，或使用一专用复位小集成电路。

（5）软件、逻辑电路不正常引起的不开机

当按下电源开关时，电流表指示有反应，而且 13MHz 时钟正常，但不能维持开机状态，这种情况一般是软件、逻辑电路故障。

手机在开机过程中，若软件通不过就会不开机，软件出错主要是存储器资料不正常，当电路没有明显断线时，可以先重写软件，有的芯片内电路会损坏，重写时则不能通过。此时代换正常的码片、版本。重写软件时应将原来资料保存，以备应急修复。可用软件维修仪维修。

3. 不开机故障维修方法

不开机故障是手机的常见故障之一，从以上分析中可以看出，引起不开机的原因多种多样，如开机线断路，电源 IC 虚焊、损坏，无 13MHz 时钟，逻辑电路工作不正常，软件故障等。一般的维修方法是：用外接电源给手机供电，按开机键或采用单板开机法（对摩托罗拉手机可直接插上尾座供电插座即可），观察电流表的为变化，根据电流表指针的变化情况来确定故障范围，再结合前面介绍的维修要点进行排除。下面分几种情况进行分析。

（1）电流表指针不动

按开机键电流表指针不动，手机不能开机。这种现象主要是电源 IC 不工作引起的。检修时重点检修以下几点：

1）供电电压是否正常。

2）供电正极到电源 IC 是否有断路现象。

3）电源 IC 是否虚焊或损坏。

4）开机线电路是否断路。

（2）有 20～50mA 的电流，然后回到零

按开机键有 20～50mA 的电流，然后回到零，手机不能开机。有 20～50mA 左右的电流，说明电源部分基本正常。检修时可查找以下几方面：

1）电源 IC 有输出，但漏电或虚焊，致使工作不正常。

2）13MHz 时钟电路有故障。

3）CPU 工作不正常。

4）版本、暂存器工作不正常。

在实际维修中，以电源 IC、CPU、版本及暂存器虚焊，13MHz（或 26MHz、19.5MHz）晶振、VCO 无工作电源居多。

（3）有 20～50mA 左右的电流，但停止不动或慢慢下落

有 20～50mA 左右的电流，但停止不动或慢慢下落，这种故障说明，软件自检通不过。有电流指示，说明硬件已经工作，但电流小，说明存储器电路或软件不能正常工作。主要查找以下几点：

1）软件有故障。

2）CPU、存储器虚焊或损坏。

处理的方法，一是吹焊逻辑电路，二是用正常的带有资料的版本（字库）或码片加以更换，三是用软件维修仪进行维修。

（4）有 100～150mA 左右的电流，但马上掉下来

这种现象在不开机故障中表现的最多，有 100mA 左右的电流，已达到了手机的开机电流，这个时候若不开机，应该是逻辑电路部分功能未能自检过关或逻辑电路出现故障，可重点检查以下几点：

1）CPU 是否虚焊或损坏。

2）版本、码片是否虚焊或损坏。

3）软件是否有故障。

4）电源 IC 虚焊或不良。

（5）有 100mA 至 150mA 的电流，并保持不动

这种故障大多与电源 IC 和软件有关，检修时可有针对性地进行检查。

（6）按开机键出现大电流，但马上掉下来

这种情况一般属于逻辑电路或电源 IC 漏电引起。

（7）按开机键出现大电流甚至短路

这种故障一般有以下几点原因：

1）电源 IC 短路。

2）功率放大器短路。

3）其他供电元器件短路。

3.8.4 手机不入网故障

不入网故障是手机的常见故障之一，它涉及较多的电路单元。当射频电路、逻辑/音频

电路及软件有问题时，都会造成此类故障。不入网可分为有信号（有信号棒）不入网、无信号（无信号棒）不入网两种情况。

按照移动通信系统理论，手机的接收比发射超前 3 个时隙（大约为 18ms），接收决定发射，也就是说手机是先接收后发射，这是手机的入网原理。如果手机接收部分有故障，没有收到基地站的信道分配信息，发送通路就不能进入准备状态。

手机接收电路和发射电路故障都可引起手机不能进入服务状态的表面故障现象。很多手机，只要其接收通道是好的，就会有信号强度值显示，与有无发射信号无关。如爱立信系列、三星系列的手机。其他系列手机如摩托罗拉、诺基亚系列手机，虽然也是先接收后发射，但发射要影响到接收，手机必须等到进入网络后才显示信号强度值。

检修此类故障应注意判断故障到底是在接收机电路还是在发射机电路。判断方法可参照如下所述的方法进行：

若手机不能进入服务状态，首先可以在未插入 SIM 卡的情况下，开机，键入“112”，然后按发射键，看手机能否工作。若能工作，且能连接到相应的网络，则说明接收、发射机电路问题不大，通常是接收机、发射机信号的参数故障。因为“112”对于 GSM 系统来说是一个紧急求助号码，系统对其参数要求很低。若键入“112”号码，按发射键，能够看到“正在进行紧急呼叫”的字样，但手机不能连接到网络，说明接收机没大的问题，应着重检修发射机电路；若键入“112”号码，按发射键，手机不能进入紧急呼叫，则说明该机故障应在接收机电路。

另一个方法是：将故障机开机，启动手动网络选择功能，若手机能搜索到网络标号（如中国移动或中国联通），则说明该机故障应在发射机电路；若不能显示网络标号，则说明故障应在接收机电路，手动网络搜索流程图如图 3-60 所示。

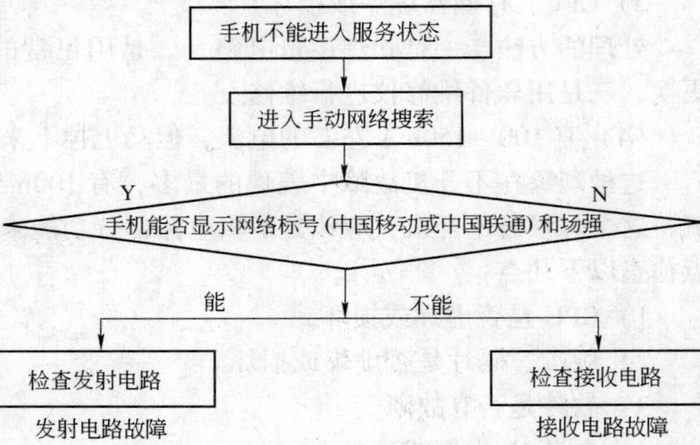

图 3-60　手动网络搜索流程图

下面分析不入网故障常见原因。

1. 射频供电不正常引起不入网

射频供电是射频电路正常工作的必要条件，供电不正常，就会引起不入网。不同类型的手机，其射频供电来源可能不同，有些手机的射频电路的供电和逻辑电路的供电直接由一块电源 IC 供电；有些手机则设有专门的射频供电 IC，专门为射频电路供电；少数手机的射频供电较为复杂，由电源 IC 和射频电路共同提供。为了减少接收和发射时的相互干扰，射频供电一般为脉冲电压，测量时应尽量选用示波器。射频供电电压不但是脉冲电压，而且大多还是受控电压。即射频供电还要受 CPU 输出的接收或发射启动（使能）、频段转换等信号的控制。为什么会这样呢？分析起来有两点：一是为了省电；二是为了与网络同步，并使部分电路在不需要时不工作，否则，若射频电路都启动，手机就会失控。因此，测量射频供电电压，不但要用示波器进行测量，而且还要启动接收或发射电路后才能测量到，摩托罗拉手机可用专用的测试卡启动接收或发射电路，其他手机用专用的软件来启动接收或发射电路。

一般来说，对于任何手机，在待机状态下，接收电路的供电与网络同步时会出现，波形为间断性的。发射电路的供电在待机状态下一般不出现，不过，只要拨打“112”，均可同时启动接收和发射电路，接收和发射电路的供电均可测到。

2. 接收电路不正常引起不入网

手机在待机状态下，当背景灯熄灭时，电流应停留在 10~20mA 左右。并且不断“脉动”，就像人的脉搏一样，如果不“脉动”或长时间“脉动”一次，不必看显示屏或手动搜索就可知手机的接收电路不良。对于接收电路应重点检查以下几点：

（1）天线及天线开关

天线及天线开关是手机的“人口”和“出口”，若不正常，就会引起不入网。有时，天线开关不良还会出现无发射或发射关机的现象。

对于天线开关，一般用“假天线法”法，方法是：用一根 10cm 长的导线作假天线，焊在天线开关的 900M 信号输出端，观察手机的工作情况。若此时手机正常，说明天线开关可能有故障（也可能是控制信号不正常）。

（2）滤波器

手机中的滤波器较多，有射频滤波器、中频滤波器、发射滤波器等，摔过和进过水的手机易发生滤波器虚焊或损坏，因为这类元器件本身基础是陶瓷物质，其脚位是电镀层，两者结合容易受外力或腐蚀而脱落。

维修时如何判断滤波器是否损坏呢？一般有以下几种方法：

一是“代换法”。即用新的滤波器进行代换，但前提是需有多种型号的滤波器供选用。

二是“短接法”。方法是：首先观察引脚是否有虚焊或氧化，然后接上稳压电源，用镊子两端触及滤波器输入、输出端，双模输入及输出可用二支镊子短接（也可用 10pF 的电容短接输入输出端），同时观察电流表和显示屏。接收正常时，电流表指针在 0~30mA 左右小幅度摆动（不同的手机摆动的大小不尽相同，维修时应注意积累资料）且手机的显示屏上应有信号条显示。如短接时，电流表指针落在接收正常范围并有小幅摆动或手机出现了信号条，即可断定该滤波器为故障点，然后更换或补焊即可。

（3）低噪声放大

低噪声放大和中频放大电路有些由分立元器件组成，有些则集成在芯片内，维修中发现，这些电路本身并不易损坏，主要是供电不正常或线路中断，维修时应注意查找和分析。

对于分立元器件组成的低噪声放大电路（如摩托罗拉系列手机），可用“干扰法”进行简易判断：用一导线在电灯线上绕上几圈，在另一头焊上一个万用表探头，触及低噪声放大管的基极，用示波器就可以在低噪声放大管的集电极观察到波形（因为交流线有感应），若测不到波形，说明低噪声放大电路有故障。

（4）中频电路

不同的手机，中频电路的组成不尽相同，不过，就目前而言，除摩托罗拉手机外，多数手机的一混频、一中频放大、二混频、二中频放大、接收解调等电路一般都集成在中频 IC 内，电路结构十分简捷。

对于混频器电路，无论是一混频还是二混频（有些手机只有一混频电路，如摩托罗拉手机），都有两个输入端和一个输出端，即：一个信号输入端、一个本机振荡输入端和一个信号输出端。应重点检查混频器的输入输出端信号是否正常，检修时，最好用射频信号源为手机输入信号，使手机设置好信道并启动接收电路，用频谱分析仪进行测量。

对于接收解调电路，主要是测量中频 IC 输出的 RXI/Q 信号。若不能看到该信号，且中频 IC 供电、输入信号正常，一般说明中频 IC 内部的解调电路损坏。应注意的是不同的测试设备测得的 RXI/Q 信号可能不大一样。

由于手机的中频 IC 大量采用了 BGA 封装的集成电路，这些 BGA IC 很容易由于摔落、热膨胀等因素引起虚焊，造成手机不入网，那么，如何判断故障是由中频 IC 虚焊引起的呢？维修时，可采用“压紧法”进行判断。即将中频 IC 用橡皮压紧，然后开机，看故障有无变化，若有变化，则说明中频 IC 存在虚焊，然后，再对中频 IC 进行吹焊或植锡。这种方法对于没有频谱分析仪的情况下，可谓是一种简捷实用的方法。

3. 频率合成电路不正常引起不入网

频率合成电路主要包括一本振和二本振频率合成电路，主要为手机的接收和发射电路提供所需的振荡信号。每一种频率合成电路又由基准时钟振荡器、鉴相器、低通滤波器、压控振荡器和分频器 5 个部分组成。其中，鉴相器和分频器一般集成在中频 IC 中，低通滤波器一般由分立元器件组成。

手机中的基准时钟电路是指 13MHz 振荡电路，振荡频率应在 13MHz ± 100Hz 之内，如果基准频偏大于 100Hz，就会产生无信号或通话掉话。除时钟本身频率不稳产生频偏外，很多原因是时钟信号流经的电路故障引起。另外，基准时钟的控制信号 AFC 若断路或信号不正常，将严重影响到基准时钟的稳定性，维修时应引起注意。

对于压控振荡电路，应注意检查三点：一是供电应正常；二是锁相环控制电压（一般由中频 IC 的某一引脚输出）应正常，在启动接收电路时，应有 $1\sim4V_{p-p}$ 的脉冲输出，待机状态下，该波形并不总是出现，只有与网络同步时才出现，波形为间断性的。若无输出，应加焊相关电路。三是输出的振荡频率应稳定。一般来说，若本振电路不工作，就会造成无接收场强显示，若本振电路工作不正常，就会造成接收场强显示闪烁频繁，有时打出有时打不出，或一打电话场强信号消失的故障。本振输出只能用频谱仪或频率计才能测量到。

4. 逻辑/音频电路不正常引起不入网

逻辑音频电路在接收时对 RXI/Q 信号进行 GMSK 解调，将模拟的 RXI/Q 信号转换为数字信号；在发射时则将数字信号进行 GMSK 调制，转换为 TXI/Q 模拟信号，另外，逻辑电路还输出整机的控制信号，因此，逻辑/音频电路若出现故障就会造成手机不入网，由于逻辑音频电路大都已集成化，检修时应重点加强焊接和清洗，从维修实践中来看，因逻辑/音频电路而引起的手机不入网故障并不多见。

5. 发射电路不正常引起不入网

发射电路的很多供电、输入、输出信号只有在发射状态下才能测量到，因此，检修发射电路首先应启动发射电路，然后再借助万用表、示波器、频率计或频谱仪进行测量。根据不同的机型，维修时可采用以下 4 种方法来启动发射电路。

第一种方法是拨打“112”。拨打“112”可同时启动发射和接收电路，这种方法适合于拆机后拨打“112”比较方便的手机。但缺点是测试较麻烦，既要拨打“112”，又要测试，十分忙乱。

第二种方法是利用测试卡。摩托罗拉有一种专用的测试卡，利用测试卡通过输入相应的指令就可以启动发射电路。这种方法适合于摩托罗拉 998、8088、L2000、、P7689、A6188

等手机（不适合摩托罗拉 T2688、T360 等手机），将测试卡插入手机，输入 11060#（置 60 信道，也可以置其他信道）、1205#、311#来启动发射电路。

第三种方法是利用“硬件虎”来启动发射电路。“硬件虎”是广东某公司研制的一种新型射频故障维修仪，其作用就像摩托罗拉的测试卡一样，可对手机进行设定信道及开接收、开发射、调功率等。但维修不同品牌的手机需要不同的“硬件虎”，如对诺基亚 3210 手机进行开接收、开发射，需配备诺基亚 3210 手机“硬件虎”。其他手机也需要自己的“硬件虎”，它们之间并不通用。

第四种方法是人工干预法。这也是一种比较实用和操作比较简捷的方法。人工干预法是将发射启动信号（TXON 或 TXEN）飞线接高电平端（如 3V），使发射电路处于连续工作状态。发射电路启动后，就可以利用频率计或频谱分析仪测量发射 VCO、功放输出的信号了。

在实践中发现，要正确用好人工干预法并非易事，须掌握好一定的技巧才能运用自如。

对于发射电路引起的手机不入网，应重点检查以下电路。

（1）发射中频调制电路

发射中频调制电路的主要作用是对逻辑音频输出的 67.768kHz 的 TXI/Q 信号进行调制，得到发射已调中频载波信号。TXI/Q 调制器通常都集成在中频 IC 中，维修时，一般用压紧法、补焊法、代换法进行分析和判断。

（2）发射 VCO（TXVCO）电路

TXVCO 是否有故障，可通过电流法进行判断：入网后拨打“112”，发现电流表轻微摆动，就是上不去（正常情况下电流表应迅速上升到 350mA 左右，然后在 250～350mA 之间有规律地摆动）。故障可能是 TXVCO 电路不正常工作引起。发射 VCO 电路不正常一般不会出现无发射电流或发射时电流很大的情况。

检修发射 VCO 电路，可通过启动发射电路来检查其供电、输入和输出信号是否正常，这需要借助示波器或频率计进行判断和分析。当然，如果有频谱分析仪，检修十分简单和方便。

（3）功率放大和功率控制电路

功率放大电路引起无发射故障是较为常见的，应主要检查功率放大、功率控制本身及其外围电路是否正常。功率放大电路引起的无发射一般表现为拨打“112”时无发射电流或电流很小或很大（超过正常的发射电流），有时会出现发射关机或低电报警现象。

功率放大器不能工作，导致手机信息不能传送到网络系统，使基站系统不能获取手机加密方式，导致手机不能对接收到的信号进行解密，手机系统认为手机在系统覆盖范围之外，引起手机不能进入服务状态。

在更换功率放大器时，一定要掌握好吹焊方法，否则，好功率放大器给焊上后，故障依然不能排除，因为功率放大器又给吹坏了。因功率放大器底部中间有一很大部分是与地焊接的，在吹焊时切忌急于求成，把温度调得较高。特别是在使用喷嘴吹焊时，最好吹焊功率放大器引脚两边，不要正面吹焊，否则容易把功率放大器烧坏。

（4）发射滤波器和天线开关电路

发射滤波器和天线开关是发射信号传输的“必经之路”，若元器件虚焊、损坏，必然会使信号中断或信号幅度降低，维修时可通过加焊、更换的方法进行维修。

判断发射滤波器和天线开关是否有故障也可采用假天线法来确定故障部位，即用一段

10cm 长的漆包线焊在天线开关的发射信号的输入端，若能发射，说明天线开关有问题。同理，将假天线焊在发射滤波器的输入或输出端也可判断发射滤波器是否正常。

6. 软件不正常引起不入网

手机中的射频供电和双频的自动切换一般要由 CPU 控制，如果软件有故障，一方面会使 RXON 和 TXON 不正常，另一方面也会使 GSM/DCS 转换信号不正常，这些不正常的因素都会引起手机不入网。

软件故障主要体现在发射开关控制信号 TXON 的正常与否。在检修时如何进行判断是主要关键。最常用的方法就是拨打“112”时，用示波器进行检测。若无 TXON 波形输出，则一般为软件有故障。

软件故障还可以通过观察稳压电源的电流表是否摆动进行判断。在拨打“112”发射时，如果电流表有规律的摆动，说明软件运行正常，如果电流表仅几十毫安且无摆动，说明软件运行不正常。软件有故障，需要软件故障维修仪进行修复。信号弱、不稳定和掉线实际上是一种软故障，多数是因为射频发射和接收电路故障，如滤波器、功率放大器、天线电路等有虚焊、断裂、接触不良及元器件性能变差等故障，检修方法可参考前述不入网故障的有关维修。

3.8.5 手机软件故障

手机主要由射频电路、逻辑/音频电路两大部分组成，逻辑电路部分的核心是 CPU 和存储器，而程序存储器有两种，一种是 FLASH ROM，另一种是 E^2PROM，这两种存储器都是可擦写存储器，即可读可写，因此，有时会造成程序内数据紊乱而程序出错。

手机的软件故障主要由于程序内存的资料丢失或逻辑混乱造成的。当程序出错以后手机会出现软件故障，如：显示“联系服务商”、显示“电话失效，联系服务商”、显示“手机被锁”、显示“软件出错”、不能开机、不能入网、显示字符不完整及不认卡等现象。

处理软件故障的实质，就是恢复存储器中的数据资料。目前市场上有各种各样的手机软件故障处理设备，如摩托罗拉测试卡、维修卡、多功能传输线及软件仪等。大多数手机软件故障处理设备都是针对某些机型设计的，使用方法容易掌握，但缺乏通用性。综合性的软件处理设备应用范围广，配合接口、计算机使用几乎可解决所有软件故障，而且可自行对软件升级，可以适应手机的不断发展，处理新品牌、新型号的手机。

软件故障通常是由码片和字库本身损坏或资料丢失引起的，有时手机软件升级也会导致软件故障。

码片不正常引起的故障，通常表现为“话机坏请送修”“手机被锁”等；字库不正常引起的故障，通常表现为不开机、显示字符错乱等。

目前手机软件故障在维修中占有相当大的比重。随着手机各种维修软件的相继开发和利用，使越来越多的软件故障得以修复，处理软件故障采用两种方法，一是利用手机的指令秘笈；二是用软件维修仪、万用编程器等重新编写码片和字库资料来修复。

（1）利用手机指令秘笈

所谓指令秘笈是利用手机本身键盘操作指令，不需任何检修仪对手机功能进行测试。因手机型号的不同而不同，手机常见软件故障是锁机，手机开机显示“输入手机密码”如果输入初始密码“1234”“0000”等不能解锁，说明手机已锁机。通过手机指令秘笈操作，可以既简单又方便地解决软件故障，因此此法可称其为维修软件故障的“秘笈”。

（2）利用手机软件维修仪

可以使用维修仪、万用编程器来解决软件故障，这是最常用、最彻底的办法。

3.9 实训

3.9.1 实训1 手机拆装训练

1. 实训目的

掌握典型手机拆装技能，能对常见数字手机进行简单拆装。

2. 实训器材

1）常见手机若干，具体种类、数量由教师根据实际情况确定。

2）螺钉旋具、镊子（弯、直）、综合开启工具、显示屏拆装工具、带灯放大镜、电吹风、毛刷等。

3. 实训内容

请指导教师选择两款机型，让学生在作业本上详细写出拆装过程及体会，完成表3-2。

表3-2 典型手机拆装训练

序号	1	2
手机颜色		
手机外形		
翻盖/折叠/直板		
手机型号		
外壳拆装类别		
简单列出装机顺序		
拆装重点部位		
拆装所用工具		
电池类别		
电池标识		
IMEI码		

4. 注意事项

1）养成良好的维修习惯，拆卸下的元器件要存放在专用元器件盒内，以免丢失，不能复原。

2）防静电干扰。

3）带螺钉的要防止螺钉滑扣，既拆不开，又装不上。

4）带卡扣的要防止硬撬，以免损坏卡扣，不能重装复原。

5）显示屏为易损元器件，拆卸时要十分小心，尤其是翻盖上带液晶屏的手机，在更换显示屏时更要小心慎重，以免损坏显示屏和灯板以及连接显示屏到主板的软连接带。

6）翻盖式的手机都有干簧管类元器件，换壳重装时，不要遗忘小磁铁，以免干簧管失控，造成手机无信号指示。

7）重装前板与主板无屏蔽罩的手机时，切莫遗忘安装挡板（带挡板的以三星系列手机居多），以免手机加电时前后板元器件短路，损坏手机。

8）不能用酒精或其他清洗液清洁屏幕，若显示屏浸液则不能正常显示。

5. 实训报告要求

总结实训步骤，整理、分析实训数据，按指导教师要求完成实训报告。

3.9.2 实训2 手机常见信号测试

1. 实训目的

掌握数字手机常见波形简单测试方法。

2. 实训器材

1）常见手机若干，具体种类、数量由教师根据实际情况确定。

2）示波器一台（20MHz 或 100MHz），如有条件配频谱分析仪一台（1000MHz）。

3. 实训内容

指导教师选择一款机型，让学生用示波器对手机关键测试点进行测量，将所测波形与参考波形比较并做好记录。

4. 注意事项

1）对一些测试点进行测量时，需启动相应的电路。

2）关键测试点

手机中很多关键测试点，脉冲供电信号、时钟信号、数据信号及系统控制信号，RXI/Q、TXI/Q 以及部分射频电路的信号等，都可通过示波器测试。通过将实测波形与图样上的标准波形（或平时观察的正常手机波形）作比较，可以为维修工作带来事半功倍的效果。

① 13MHz 时钟和 32.768kHz 时钟信号波形。

手机基准时钟振荡电路产生的 13MHz 时钟，一方面为手机逻辑电路提供了必要条件，另一方面为频率合成电路提供基准时钟。无 13MHz 基准时钟，手机将不开机，13MHz 基准时钟偏离正常值，手机将不入网，因此，维修时测试该信号十分重要。13MHz 基准时钟波形为正弦波，如图 3-61 所示。

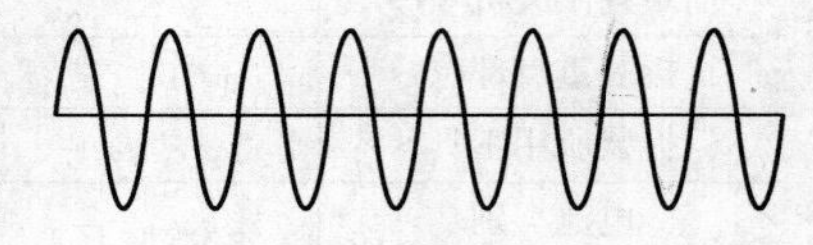

图 3-61 13MHz 基准时钟波形

② TXVCO 控制信号波形。

在发射变频电路中，TXVCO 输出的信号一路到功率放大电路，另一路 TXVCO 信号与 RXVCO 信号进行混频，得到发射参考中频信号。在维修不入网、无发射故障时，需要经常测量发射 VCO 的控制信号，以确定故障范围。用示波器测试该波形时，需拨打“112”以启动发射电路。正常情况下，该脚波形为一脉冲信号。TXVCO 控制信号波形如图 3-62 所示。

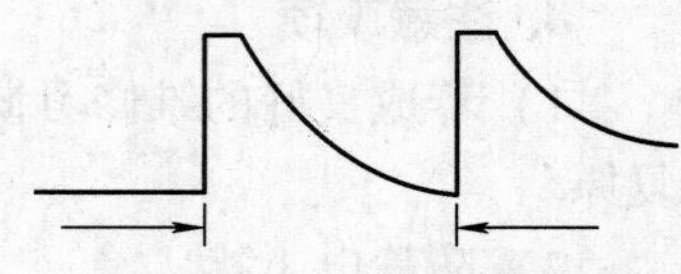

图 3-62 TXVCO 控制信号波形

③ RXI/Q、TXI/Q 信号波形。

维修不入网故障时，通过测量接收机解调电路输出的接收 RXI/Q 信号，可快速判断出是射频接收电路故障还是基带单元有故障。RXI/Q 信号波形酷似脉冲波。用示波器可方便地测量。100MHz 示波器测得的 TXI/Q 信号波形如图 3-63 所示。真正的接收信号是在脉冲波的顶部。若能看到该信号，则解调电路之前的电路基本没问题。TXI/Q 波形与 RXI/Q 类似。

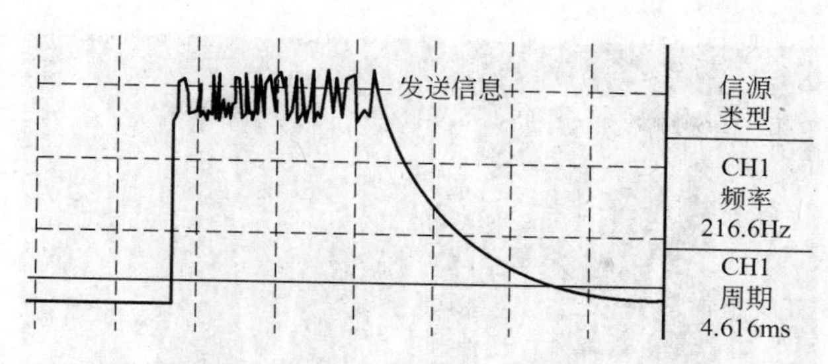

图 3-63　100MHz 示波器测得的 TXI/Q 信号波形

④ 接收使能 RXON、发射使能 TXON 信号波形。

RXON 是接收启闭信号，TXON 是发射启闭信号，如果 RXON、TXON 信号测不出来，说明手机的软件或 CPU 有问题，如果 RXON 或 TXON 瞬间可以出来，手机仍不正常，说明故障已缩小到了接收机或发信机范围。TXON 波形如图 3-64 所示。

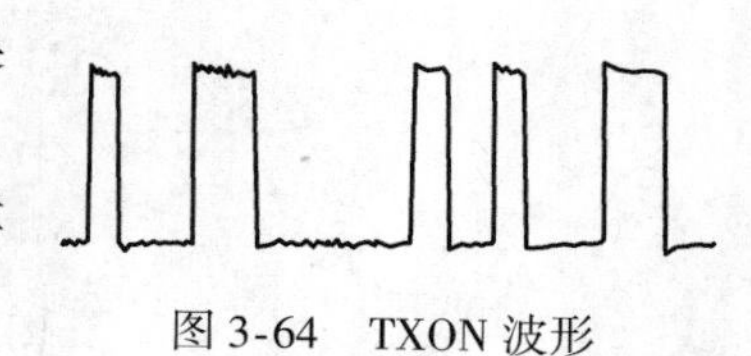

图 3-64　TXON 波形

⑤ CPU 输出的频率合成器信号波形。

CPU 通过"三条线"（即 CPU 输出的频率合成器数据 SYNDAT、时钟 SYNCLK 和使能 SYNEN 信号）对锁相环发出改变频率的指令，在这三条线的控制下，锁相环输出的控制电压就改变了，用这个已变大或变小了的电压去控制压控振荡器的变容二极管，就可以改变压控振荡器的频率。CPU 输出的频率合成器数据 SYNDAT、时钟 SYNCLK 和使能 SYNEN 信号波形如图 3-65 所示。

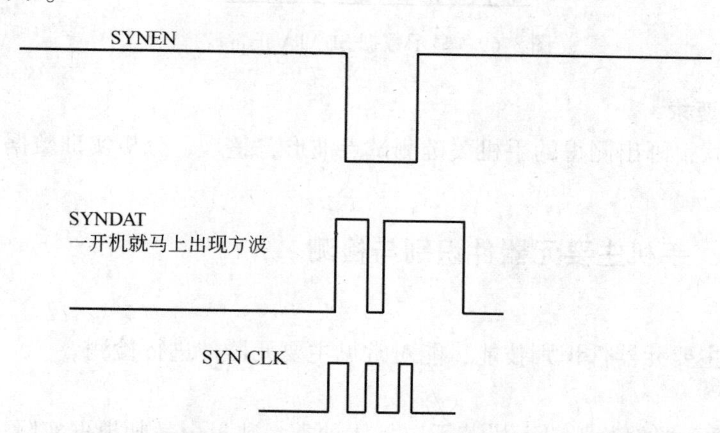

图 3-65　CPU 输出的频率合成器数据 SYNDAT、时钟 SYNCLK 和使能 SYNEN 信号波形

⑥ SIM 卡信号波形。

维修不识卡故障时，通过测卡数据 SIMDAT、卡时钟 SIMCLK 和卡复位 SIMRST 信号可快速地确定故障点。卡数据 SIMDAT 波形（见图 3-66）、卡时钟 SIMCLK 波形（见图 3-67）和卡复位 SIMRST 信号波形类似，均为脉冲信号。

SIM 卡电路供电电压 SIMVCC 波形如图 3-68 所示。

图 3-66　卡数据 SIMDAT 波形

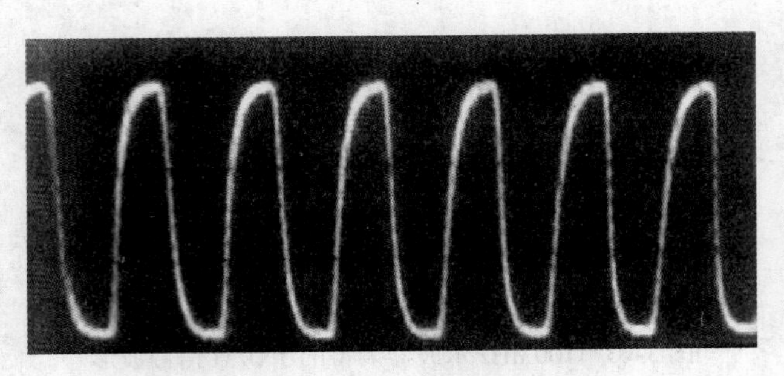

图 3-67　卡时钟 SIMCLK 波形

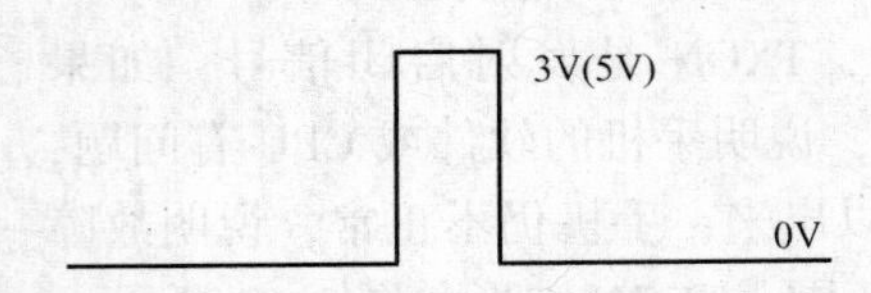

图 3-68　SIM 卡电路供电电压 SIMVCC 波形

⑦ 显示数据 SDATA 和时钟 SCLK 波形。

若 CPU 输出显示数据 SDATA 和显示时钟 SCLK 不正常，手机就不能正常显示。手机开机后就可以测到该波形。显示数据 SDATA 正常波形如图 3-69 所示。

图 3-69　显示数据 SDATA 正常波形

5. 实训报告要求

完善实训步骤，画出测得的手机关键测试点波形，整理、分析实训数据，按指导教师要求完成实训报告。

3.9.3　实训 3　手机主要元器件识别与检测

1. 实训目的

掌握手机中主要元器件识别技能，能对常见主要元器件进行检测。

2. 实训器材

1）手机主要元器件若干、手机若干，具体种类、数量由教师根据实际情况确定。

2）数字、模拟万用表各一只、示波器一台、频率计一台。

3）若有条件，配频谱分析仪一台。

3. 实训内容

1）识别稳压块，小外形封装、四方扁平封装和 BGA 封装集成块的特点（颜色、标识、引脚）。

2）识别 13MHz（26MHz）晶体、实时时钟晶体和 VCO 组件（包括 13MHz 的 VCO），用仪器测量有关参数。

3）识别滤波器，仔细观察双工滤波器、射频滤波器、中频滤波器及低频滤波器的特点（颜色、标识、引脚等）。

4）识别功率放大器，仔细观察功率放大器的特点。

5）识别送话器、受话器、振铃器、振子。

6）识别微带线、天线、干簧管、电池、SIM 卡及卡座、内联插座及显示屏等。

4. 注意事项

1）为了避免丢失元器件，应备有盛放元器件的容器。

2）因元器件的引出线非常短小，对测试表笔有特殊要求。

5. 实训报告要求

完善实训步骤，画出典型元器件外形，整理、分析实训数据，按指导教师要求完成实训报告。

3.9.4　实训 4　手机软件故障维修

1. 实训目的

掌握万用编程器的使用方法，掌握手机软件故障的处理方法。

2. 实训器材

1）手机及其存储器版本、码片芯片若干。

2）万用编程器等软件维修仪一套，具体种类由教师根据实际情况确定。

3. 训练内容

1）完成写版本（字库）、写码片、收集新数据 3 项训练。

2）由教师演示软件故障，学生完成软件故障处理。

4. 注意事项

严格按照软件维修仪的使用方法操作。

5. 实训报告要求

完善实训步骤，整理实训数据，总结手机软件故障维修的方法，按指导教师要求完成实训报告。

3.9.5　实训 5　手机典型故障维修

1. 实训目的

掌握手机故障维修技能，了解判别数字手机故障的流程，能对常见手机进行简单的故障（硬件）维修。

2. 实训器材

1）维修用手机、常用配件若干，具体种类、数量由教师根据实际情况确定。

2）维修工具：尖嘴钳、斜口钳、刀片、螺钉旋具、无感旋具、镊子、综合开启工具、恒温电烙铁、带灯放大镜、热风枪、显示屏拆装工具、各类电路板连接电缆、剪子、植锡片、吸锡器、电吹风、毛刷、热压头等。

3）维修仪器：维修电源（0～10V/2A）、频谱分析仪（1000MHz）、射频信号发生器（100～1000MHz）、数字万用表、指针式万用表、频率计（10～1000MHz）、示波器（DC～40MHz）及超声波清洗器等。

4）耗材：焊锡膏、焊锡、无水酒精及容器，超声波清洗液及脱脂棉等。

5）相应手机的电路图集资料。

3. 实训内容

综合应用前面有关手机电路分析、仪器使用、故障分析及故障维修方法等知识，以两种典型手机为例，反复训练故障维修流程和维修技能。

由教师根据本校实际情况确定维修用手机具体机型、数量，设置若干故障，包括手机显示故障、手机卡故障、手机不开机故障、手机不入网故障等，指导学生对常见手机进行简单的故障维修，并完成维修报告。故障维修报告见表 3-3。

表 3-3　手机故障维修报告示例

故 障 现 象			
手机型号			
IMEI 码			
电池电压			
外接电压方法			
故障范围初判			
故障处理过程			
故障分析			
故障结论			
维修总结与体会			

4. 注意事项

1）必须看懂电路，了解维修方法，理论指导实践。

2）爱护器材和设备，防止丢失或损坏手机、元器件、设备。

3）正确选择测试点。

4）正确使用测量仪器，严格按照使用规程操作。

5. 实训报告要求

总结手机显示故障、手机卡故障、手机不开机故障、手机不入网故障维修基本思路、方法，整理实训数据，写出维修体会，按指导教师要求完成实训报告。

3.10　习题

1. 画出手机电路组成框图，并解释基本原理。
2. SIM 卡的结构是怎样的？它有何作用？
3. 解释 CDMA 手机开机初始工作流程。
4. 我国 GSM（GPRS）、CDMA 上行频率、下行频率各为多少？
5. GSM（GPRS）系统中语音信号在发送、接收过程中的变换流程是怎样的？
6. 解释越区切换与双频切换的含义。
7. 比较手机的 3 种接收电路结构，各有什么特点？
8. 画出带发射变换模块的发射电路框图，并解释基本原理。
9. 直接变频发射电路与带发射上变频器的发射电路有何区别？
10. 频率合成器有什么用途、特点？
11. 逻辑/音频电路中，系统逻辑控制部分主要包含哪些电路？

12. 画出接收、发送音频信号处理变化示意图。
13. 分析手机电源开机过程。
14. 分析电池供电电路。
15. 开机信号电路有何特点？
16. 升压电路基本原理是怎样的？
17. 分析手机机内充电器基本组成。
18. 分析华为 T8828 手机整机电路框图。
19. 分析华为 T8828 手机电源供电电路。
20. 分析华为 T8828 手机充电电路。
21. 分析华为 T8828 手机开关机电路。
22. 分析华为 T8828 手机开机触发信号线路、复位电路。
23. 分析华为 T8828 手机接收电路。
24. 分析华为 T8828 手机发射电路。
25. 叙述手机常用维修工具使用方法。
26. 在实际维修中，使用防静电恒温烙铁、热风拆焊台应注意哪些问题？
27. 根据实际经验，总结怎样使用 BGA 焊接工具。
28. 超声波清洗器有何用途？使用时应注意什么？
29. 万用编程器有何功能？怎样使用万用编程器？
30. 频谱分析仪有何用途？怎样使用？
31. 画出手机关键测试点（脉冲供电信号、时钟信号、数据信号、系统控制信号、RXI/Q、TXI/Q）等的波形图。
32. 叙述手机维修常用方法。
33. 手机显示正常的条件有哪些？手机显示故障常见原因是什么？
34. 卡故障有何特点？
35. 手机正常开机条件有哪些？不开机故障常见原因是什么？
36. 叙述不开机故障的维修方法。
37. 怎样判断不入网故障原因是在接收机电路还是在发射机电路？
38. 分析不入网故障常见原因。
39. 手机软件故障有何特点？实际中怎样解决？

第 4 章　4G 手机原理与维修

【本章要点】

- 4G 系统的网络结构
- 4G 系统关键技术
- 4G 系统特点
- 4G 系统在我国的发展
- 4G 手机射频电路分析
- 4G 手机基带电路分析
- 4G 手机应用处理电路分析
- 4G 手机不开机故障分析
- 4G 手机不入网故障分析
- 4G 手机接口电路故障分析

4.1　4G 系统

随着社会和经济的发展，现在人们对信息交流、传播的要求越来越高，对通信效率、品质的追求也更加强烈，这直接推动了现代通信技术的高速更替。3G 技术的出现一度给人们带来巨大的惊喜，但 3G 移动通信系统自身的技术缺陷难以保证信息的高速传输，目前 WC-DMA、CDMA2000、TD-SDMA 三大标准所带来的兼容问题直接导致 3G 全球无线漫游的目标无法实现。

4G 移动通信系统的出现，是对 3G 移动通信系统的发展和超越，4G 移动通信系统将在 3G 技术的基础上更好地满足人们的通信需求。

4.1.1　4G 系统概述

4G 通信技术是继第三代以后的又一次无线通信技术演进，其开发更加具有明确的目标性：提高移动装置无线访问互联网的速度，数据通信速度的高速化的确是一个很大的优点，4G 最大的数据传输速率超过 100Mbit/s，这个速率是 2G 通信系统数据传输速率的 1 万倍，也是 3G 移动电话速率的 50 倍。4G 手机可以提供高性能的流媒体内容，它也可以接受高分辨率的电影和电视节目，从而成为合并广播和通信的新基础设施中的一个纽带。

4G 通信技术并没有脱离以前的通信技术，而是以传统 3G 通信技术为基础，并利用了一些新的通信技术，来不断提高无线通信的网络效率和功能的，由于技术的兼容性确保了投资成本大幅度降低。3G 能为人们提供一个高速传输的无线通信环境，4G 通信会是一种超高速无线网络。

为了充分利用 4G 通信带来的先进服务，还需要借助 4G 终端才能实现各种服务，而不少通信营运商正是看到了未来通信的巨大市场潜力，他们已经开始把眼光瞄准到生产 4G 通信终端产品上，例如生产具有高速分组通信功能的小型终端、生产对应配备摄像机的可视电话以及电影电视的影像发送服务的终端，或者是生产与计算机相匹配的卡式数据通信专用终端。有了这些通信终端后，人们手机用户就可以随心所欲的漫游，随时随地的享受高质量的通信了。

4.1.2 4G 系统的网络结构

4G 系统针对各种不同业务的接入系统，通过多媒体接入连接到基于 IP 的核心网中。基于 IP 技术的网络结构使用户可实现在 3G、4G、WLAN 及固定网间无缝漫游。4G 网络结构可分为三层：物理网络层、中间环境层及应用网络层。物理网络层提供接入和路由选择功能，中间环境层的功能有网络服务质量映射、地址变换和完全性管理等。物理网络层与中间环境层及其应用环境之间的接口是开放的，使发展和提供新的服务变得更容易，提供无缝高数据率的无线服务，并运行于多个频带，这一服务能自适应于多个无线标准及多模终端，跨越多个运营商和服务商，提供更大范围服务。

4G 网络有如下特征：

- 支持现有的系统和将来系统通用接入的基础结构。
- 与 Internet 集成统一，移动通信网仅仅作为一个无线接入网。
- 具有开放、灵活的结构，易于扩展。
- 是一个可重构的、自组织的、自适应网络。
- 智能化的环境，个人通信、信息系统、广播、娱乐等业务无缝连接为一个整体，满足用户的各种需求。
- 用户在高速移动中，能够按需接入系统，并在不同系统无缝切换，传送高速多媒体业务数据。
- 支持接入技术和网络技术各自独立发展。

4.1.3 4G 系统的关键技术

为了适应移动通信用户日益增长的高速多媒体数据业务需求，具体实现 4G 系统较 3G 的优越之处，4G 移动通信系统将主要采用以下关键技术。

1. 接入方式和多址方案

OFDM（正交频分复用）是一种无线环境下的高速传输技术，其主要思想就是在频域内将给定信道分成许多正交子信道，在每个子信道上使用一个子载波进行调制，各子载波并行传输。尽管总的信道是非平坦的，即具有频率选择性，但是每个子信道是相对平坦的，在每个子信道上进行的是窄带传输，信号带宽小于信道的相应带宽。OFDM 技术的优点是可以消除或减小信号波形间的干扰，对多径衰落和多普勒频移不敏感，提高了频谱利用率，可实现低成本的单波段接收机。OFDM 的主要缺点是功率效率不高。

2. 调制与编码技术

4G 移动通信系统采用新的调制技术，如多载波正交频分复用调制技术以及单载波自适应均衡技术等调制方式，以保证频谱利用率和延长用户终端电池的寿命。4G 移动通信系统采用更高级的信道编码方案（如 Turbo 码、级连码和 LDPC 等）、自动重发请求（ARQ）技术和分集接收技术等，从而在低 Eb/N0 条件下保证系统足够的性能。

3. 高性能的接收机

4G 移动通信系统对接收机提出了很高的要求。Shannon 定理给出了在带宽为 BW 的信道中实现容量为 C 的可靠传输所需要的最小 SNR。按照 Shannon 定理，可以计算出，对于 3G 系统如果信道带宽为 5MHz，数据速率为 2Mbit/s，所需的 SNR 为 1.2dB；而对于 4G 系统，要在 5MHz 的带宽上传输 20Mbit/s 的数据，则所需要的 SNR 为 12dB。可见对于 4G 系统，由于速率很高，对接收机的性能要求也要高得多。

4. 智能天线技术

智能天线具有抑制信号干扰、自动跟踪以及数字波束调节等智能功能，被认为是未来移动通信的关键技术。智能天线应用数字信号处理技术，产生空间定向波束，使天线主波束对准用户信号到达方向，零陷对准干扰信号到达方向，达到充分利用移动用户信号并消除或抑制干扰信号的目的。这种技术既能改善信号质量又能增加传输容量。

5. MIMO 技术

MIMO（多输入多输出）技术是指利用多发射、多接收天线进行空间分集的技术，它采用的是分立式多天线，能够有效地将通信链路分解成为许多并行的子信道，从而大大提高容量。信息论已经证明，当不同的接收天线和不同的发射天线之间互不相关时，MIMO 系统能够很好地提高系统的抗衰落和噪声性能，从而获得巨大的容量。例如：当接收天线和发送天线数目都为 8 根，且平均信噪比为 20dB 时，链路容量可以是单天线系统所能达到容量的 40 多倍。因此，在功率带宽受限的无线信道中，MIMO 技术是实现高数据速率、提高系统容量、提高传输质量的空间分集技术。在无线频谱资源相对匮乏的今天，MIMO 系统已经体现出其优越性，也会在 4G 移动通信系统中继续应用。

6. 软件无线电技术

软件无线电是将标准化、模块化的硬件功能单元经过一个通用硬件平台，利用软件加载方式来实现各种类型的无线电通信系统的一种具有开放式结构的新技术。软件无线电的核心思想是在尽可能靠近天线的地方使用宽带 A-D 和 D-A 变换器，并尽可能多地用软件来定义无线功能，各种功能和信号处理都尽可能用软件实现。其软件系统包括各类无线信令规则与处理软件、信号流变换软件、信源编码软件、信道纠错编码软件及调制解调算法软件等。软件无线电使得系统具有灵活性和适应性，能够适应不同的网络和空中接口。软件无线电技术能支持采用不同空中接口的多模式手机和基站，能实现各种应用的可变 QoS。

7. 基于 IP 的核心网

4G 移动通信系统的核心网是一个基于全 IP 的网络，同已有的移动网络相比具有根本性的优点，即：可以实现不同网络间的无缝互联。核心网独立于各种具体的无线接入方案，能提供端到端的 IP 业务，能同已有的核心网和 PSTN 兼容。核心网具有开放的结构，能允许各种空中接口接入核心网，同时核心网能把业务、控制和传输等分开。采用 IP 后，所采用的无线接入方式和协议与核心网络（CN）协议、链路层是分离独立的。IP 与多种无线接入协议相兼容，因此在设计核心网络时具有很大的灵活性，不需要考虑无线接入究竟采用何种方式和协议。

8. 多用户检测技术

多用户检测是宽带 CDMA 通信系统中抗干扰的关键技术。在实际的 CDMA 通信系统中，各个用户信号之间存在一定的相关性，这就是多址干扰存在的根源。由个别用户产生的多址干扰固然很小，可是随着用户数的增加或信号功率的增大，多址干扰就成为宽带 CDMA 通信系统的一个主要干扰。传统的检测技术完全按照经典直接序列扩频理论对每个用户的信号分别进行扩频码匹配处理，因而抗多址干扰能力较差，多用户检测技术在传统检测技术的基础上，充分利用造成多址干扰的所有用户信号信息对单个用户的信号进行检测，从而具有优良的抗干扰性能，解决了远近效应问题，降低了系统对功率控制精度的要求，因此可以更加有效地利用链路频谱资源，显著提高系统容量。随着多用户检测技术的不断发展，各种高性能又不是特别复杂的多用户检测器算法不断提出，在4G实际系统中采用多用户检测技术将是切实可行的。

4.1.4 4G系统的特点

与3G相比，4G移动通信系统的技术有许多超越3G之处，其特点主要有以下几个方面：

1）高速率。对于大范围高速移动用户（250km/h），数据速率为2Mbit/s；对于中速移动用户（60km/h），数据速率为20Mbit/s；对于低速移动用户（室内或步行者），数据速率为100Mbit/s。

2）以数字宽带技术为主。在4G移动通信系统中，信号以毫米波为主要传输波段，蜂窝小区也会相应小很多，很大程度上提高用户容量，但同时也会引起系列技术上的难题。

3）良好的兼容性。4G移动通信系统实现全球统一的标准，让所有移动通信运营商的用户享受共同的4G服务，真正实现一部手机在全球的任何地点都能进行通信。

4）较强的灵活性。4G移动通信系统采用智能技术使其能自适应地进行资源分配，能对通信过程中不断变化的业务流大小进行相应处理而满足通信要求，采用智能信号处理技术对信道条件不同的各种复杂环境进行信号的正常发送与接收，有很强的智能性、适应性和灵活性。

5）多类型用户共存。4G移动通信系统能根据动态的网络和变化的信道条件进行自适应处理，使低速与高速的用户以及各种各样的用户设备能够共存与互通，从而满足系统多类型用户的需求。

6）多种业务的融合。4G移动通信系统支持更丰富的移动业务，包括高清晰度图像业务、会议电视、虚拟现实业务等，使用户在任何地方都可以获得任何所需的信息服务。将个人通信、信息系统、广播和娱乐等行业结合成一个整体，更加安全、方便地向用户提供更广泛的服务与应用。

7）先进的技术应用。4G移动通信系统以几项突破性技术为基础，如：OFDM多址接入方式、智能天线和空时编码技术、无线链路增强技术、软件无线电技术、高效的调制解调技术、高性能的收发信机和多用户检测技术等。

8）高度自组织、自适应的网络。4G移动通信系统是一个完全自治、自适应的网络，拥有对结构的自我管理能力，以满足用户在业务和容量方面不断变化的需求。

4.1.5 4G终端在国内的发展状况

自4G发牌以来，我国4G市场发展非常快，4G终端的出货量明显增长，4G手机终端款式不断丰富，价格区间不断拓展，4G手机出货量明显增长，超过2G和3G终端出货量总和。

截止到2015年年底，4G手机销量近3亿部，由于中国移动初期就获得了TD-LTE制式移动牌照，中国移动4G终端优势明显，LTE的用户渗透率达到25%～30%。

对于4G未来发展趋势，全球LTE版图持续扩张，多频组网成为必然趋势，未来几年全球LTE用户复合增长率达到百分之百。未来运营商将面临多频组网的挑战，网络建设可以通过载波聚合的方式，解决多频组网问题。

4.2 4G手机电路分析

4.2.1 4G手机概述

4G手机能够以100Mbit/s的速度下载，上传的速度也能达到20Mbit/s，并能够满足几乎所有用户对于无线服务的要求。而在用户最为关注的价格方面，4G手机与固定宽带网络在资费价格方面不相上下，而且计费方式更加灵活机动，用户完全可以根据自身的需求确定所需的服务。此外，4G可以在DSL和有线电视调制解调器没有覆盖的地方部署，然后再扩展到整个地区。

4G手机则以正交多任务分频技术（OFDM）最受瞩目，利用这种技术可以实现例如无线区域环路（WLL）、数字音讯广播（DAB）等方面的无线通信增值服务，4G手机不再局限于电信行业，还可以应用于金融、医疗、教育、交通等行业，使局域网、互联网、电信网、广播网及卫星网等能够融为一体组成一个通播网，无论使用什么终端，都可享受高品质的信息服务，向宽带无线化和无线宽带化演进。

4.2.2 4G手机功能简介

4G通信技术并没有脱离以前的通信技术，而是以传统通信技术为基础，并利用了一些新的通信技术，来不断提高无线通信的网络效率和功能。

4G手机按照面向用户需求的业务划分，可以分为通信类业务、资讯类业务、娱乐类业务及互联网业务。

由于各地的文化、需求层次不同，运营商在不同的区域内主推的业务不尽相同，各个区域的用户对于不同的4G种类也有不同的偏好：在某些地区，通信、资讯类的业务比较受人们的欢迎；在另一些地区，娱乐类的业务则更容易为用户所接受。

4.2.3 4G手机电路分析

三星i9505是三星i9500的4G版本。该机搭载的是三星Exynos5401八核处理器。屏幕方面，采用的是4.99英寸的superamoled，分辨率为1920×1080。摄像头方面采用的是1300万像素，网络模式GSM，WCDMA，LTE，支持频段2G：GSM850/900/1800/1900MHz，3G：WCDMA850/900/1900/2100MHz。三星i9505外形图如图4-1所示。

1. 天线开关电路

三星i9505手机天线开关电路使用天线开关F101完成所有频段的天线信号的接收和发射，天线通过天线接口RFS100连接到F101的16脚，天线开关电路图如图4-2所示。

图4-1 三星i9505外形图

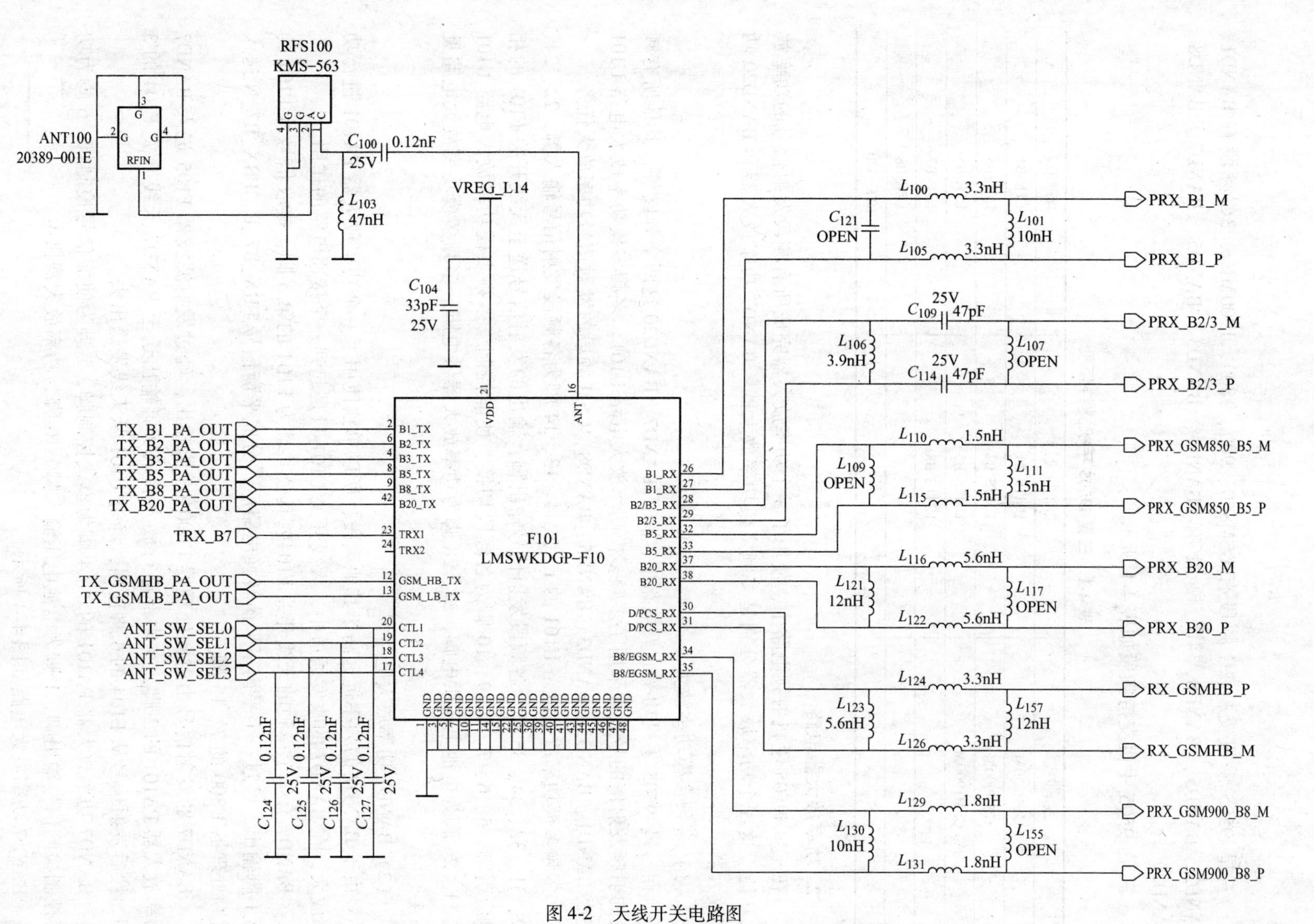

ANT100
20389-001E
RFIN
RFS100
KMS-563
C100 0.12nF 25V
L103 47nH
VREG_L14
C104 33pF 25V
F101
LMSWKDGP-F10
VDD
ANT
TX_B1_PA_OUT
TX_B2_PA_OUT
TX_B3_PA_OUT
TX_B5_PA_OUT
TX_B8_PA_OUT
TX_B20_PA_OUT
TRX_B7
TX_GSMHB_PA_OUT
TX_GSMLB_PA_OUT
ANT_SW_SEL0
ANT_SW_SEL1
ANT_SW_SEL2
ANT_SW_SEL3
C124 0.12nF 25V
C125 0.12nF 25V
C126 0.12nF 25V
C127 0.12nF 25V
L100 3.3nH
C121 OPEN
L101 10nH
L105 3.3nH
PRX_B1_M
PRX_B1_P
C109 25V 47pF
L106 3.9nH
L107 OPEN
C114 25V 47pF
PRX_B2/3_M
PRX_B2/3_P
L110 1.5nH
L109 OPEN
L111 15nH
L115 1.5nH
PRX_GSM850_B5_M
PRX_GSM850_B5_P
L116 5.6nH
L121 12nH
L117 OPEN
L122 5.6nH
PRX_B20_M
PRX_B20_P
L124 3.3nH
L123 5.6nH
L157 12nH
L126 3.3nH
RX_GSMHB_P
RX_GSMHB_M
L129 1.8nH
L130 10nH
L155 OPEN
L131 1.8nH
PRX_GSM900_B8_M
PRX_GSM900_B8_P

图 4-2 天线开关电路图

三星 i9505 手机支持 2G 频段有 GSM850、900、1800、1900MHz，3G 频段有 BAND1、BAND2、BAND5、BAND8，4G 频段有 BAND1、BAND3、BAND5、BAND7、BAND8、BAND20。

三星 i9505 手机支持频段如表 4-1 所示。

表 4-1　三星 i9505 手机支持频段

2G 频段	3G 频段	4G 频段
GSM850M	UMTS B1	LTE B1
GSM900M	UMTS B2	LTE B3
GSM1900M	UMTS B5	LTE B5
	UMTS B8	LTE B7
		LTE B8
		LTE B20

2. 功率放大器电路

在三星 i9505 手机射频电路中，使用了 3 个功率放大器完成所有频段发射信号的功率放大功能。这 3 个功率放大器分别是多频多模功率放大器、BAND7 功率放大器和 BAND20 功率放大器。

（1）多频多模功率放大

在三星 i9505 手机功率放大电路中，除了 BAND7、BAND20 这两个频段外，其他所有频段的射频发射信的号放大采用了多频多模功率放大电路 U101。多频多模功率放大电路 U101 完成 BAND1、BAND2、BAND3、BAND5、BAND8、GSM 频段的发射信号功率放大任务。

多频多模功率放大电路 U101 的 1、2、4、13、14 脚为各频段发射信号输入脚，22、24、29、31、32、34、35 脚为各频段发射信号输出脚，输出的发射信号送至天线开关 F101 的相对应引脚，5、6、7、8、9、10 脚为各频段切换、使能控制。多频多模功率放大电路 U101 的 11、26 脚为电池电压供电脚，27、28 脚为功率放大器供电脚。多频多模功率放大电路见图 4-3。

（2）BAND7 功率放大电路

由于 BAND7 的频率远远高于其他频段，所以单独使用了一个功率放大器 PA101 进行功率放大，在 BAND7 的收发通道中，天线开关 U101 只是起到一个接通电路的作用。

BAND7 有一个单独的天线开关 F104，其公共端为 F104 的第 6 脚，接收信号从 F104 的第 1 脚输出，经过一个平衡不平衡转换电路后，分成平衡信号 PRX_B7_P、PRX_B7_N 送入射频处理器 U300 的 7、15 脚。

BAND7 的发射信号由射频处理器 U300103 脚输出，经过发射滤波器 F105 进入 BAND7 功率放大器 PA101 的 2 脚，在内部进行放大后从 9 脚输出送至 BAND7 天线开关 F104 的 3 脚。然后发射信号从 F104 的 6 脚输出，经过 U101 从天线发送出去。

BAND7 功率放大器 PA101 的 3、4 脚为模式控制脚，5 脚为使能信号控制脚，6 脚为功率控制检测信号输出脚，1 脚为电池电压输入脚，10 脚为功率放大器供电。

BAND7 功率放大电路如图 4-4 所示。

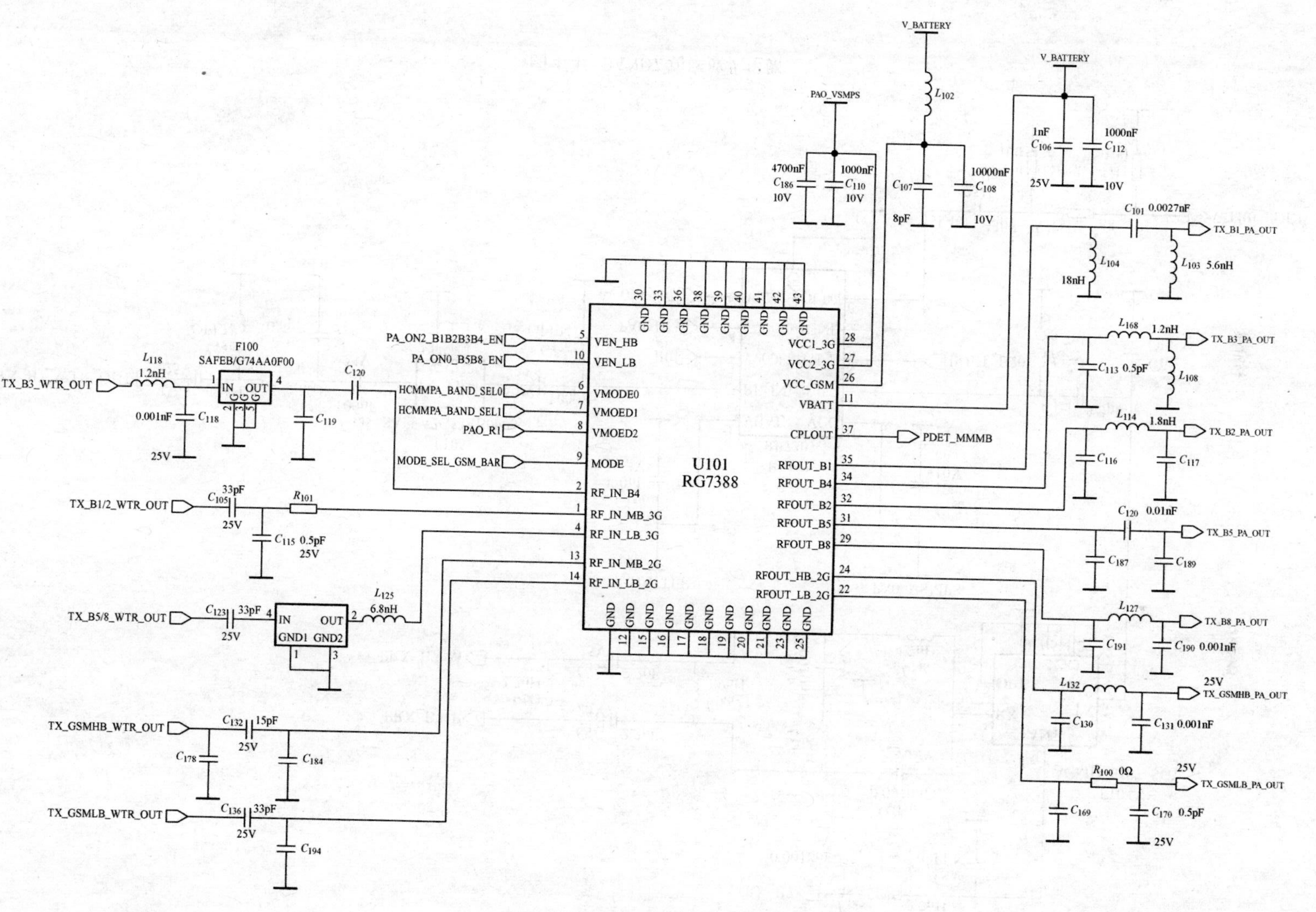

图 4-3 多频多模功率放大电路

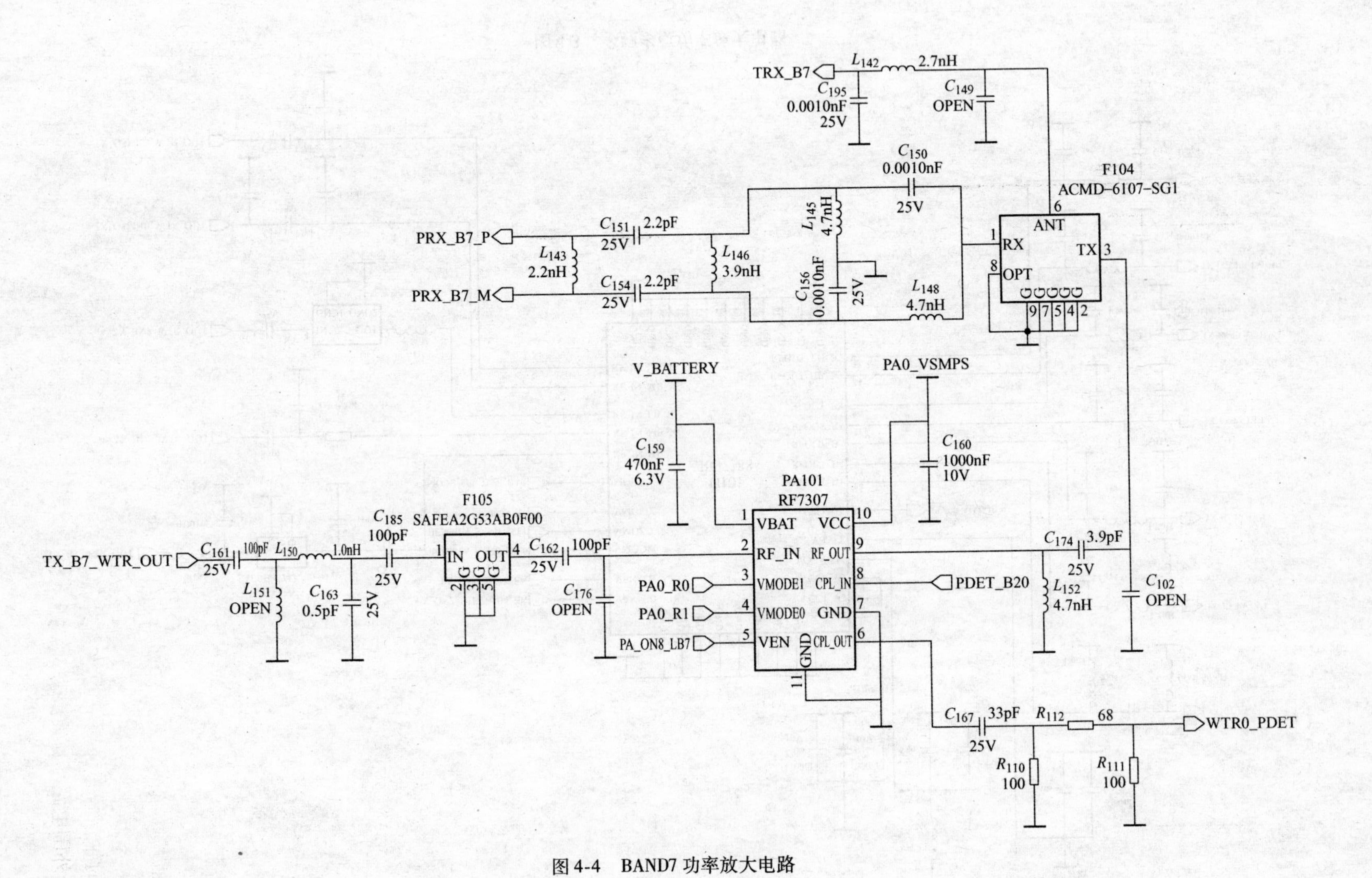

图 4-4　BAND7 功率放大电路

（3）BAND20 功率放大电路

来自射频处理器 U300 的 140 脚的 BAND20 射频信号经发射滤波器 F103 送入功率放大器 PA102 的第 2 脚，经过功率放大的发射信号从 PA102 的 9 脚输出，然后送到天线开关 F101 的 42 脚，从 F101 的 16 脚输出，经过天线发射出去。

功率放大器 PA102 的 1 脚为电池供电脚，10 脚为功率放大器供电脚，3、4 脚为模式控制脚，5 脚为功率放大器使能信号控制端，6 脚为功率控制检测信号输出，8 脚为功率检测输入脚。

BAND20 功率放大电路如图 4-5 所示。

（4）功率放大供电电路

在三星 i9505 射频电路中，使用了一个单独的集成电路 U301 为功率放大电路提供电源。电池电压经过电感 L_{330}送到 U301 的 C3 脚。

使能信号 APT_EN 送到 U301 的 B1 脚，控制信号 APT_VCON 送到 U301 的 A1 脚，U301 及其外围 L_{301}、C_{325}共同组成 DC/DC 电路。

功率放大供电电路如图 4-6 所示。

（5）DRX 接收电路

DRX（不连续接收），DRX 的具体情况是，手机一直睡眠，每隔几个“多帧”（大约相当于 1/8s 的时间段）才醒来一次。在 DRX 操作中，处理器将关闭接收器并使自己进入低功耗的睡眠模式。一个内部定时器会经过适当的睡眠时间之后重新启动处理器。

在处理器醒来之后，它必须开启射频电路的工作电压。首先它要打开并调整合成器使之有机会稳定，然后它要打开接收器的各个模拟放大器部分并指示它们执行各自的校准里程。天线开关要切换到“接收”状态，并且射频前端开启。数字处理器要开启并开始转换收到的突破数据。一旦接收到了数据，接收器的射频和模拟部分就会关闭，同时数字处理器会完成对已接收的数据的解码，然后处理器将决定如何处理这些数据。除非处理器需要根据这些数据采取行动，否则它就会让自己进入“睡眠”状态，直到下次被唤醒。

天线接收的信号经过天线测试接口 RFS101，送入到 DRX 天线开关 U106 的 24 脚，DRX 接收信号分别从 9、10、14、15、16、17、18、19 脚输出，送到射频处理器进行处理。

控制信号送到 DRX 天线开关 U106 的 4、5、6、7 脚，DRX 接收电路图如图 4-7 所示。

3. 射频处理器电路

在三星 i9505 手机电路中，使用了高通的 WTR1605L 射频处理芯片，该芯片支持 7 种不同的 4GLTE 频段。

（1）供电电路

射频处理器 U300 一共有 28 路供电，这 28 路供电是由基带电源管理芯片 U400 提供，其中 VWTR0_RF2_2. 0V 供电分成 9 路输出送到射频处理器 U300，VWR0_RF1_1. 3V 供电分成 18 路输出送到射频处理器 U300，VWTR0_I0_1. 8V 输出 1 路供电送到射频处理器 U300。

射频处理器 U300 供电电路见图 4-8。

（2）信号处理及控制电路

时钟信号来自基带电源管理芯片 U400 的 19 脚，送入到射频处理器 U300 的 120 脚，U300 外围电路不再需要时钟晶体。

信号处理及控制电路见图 4-9。

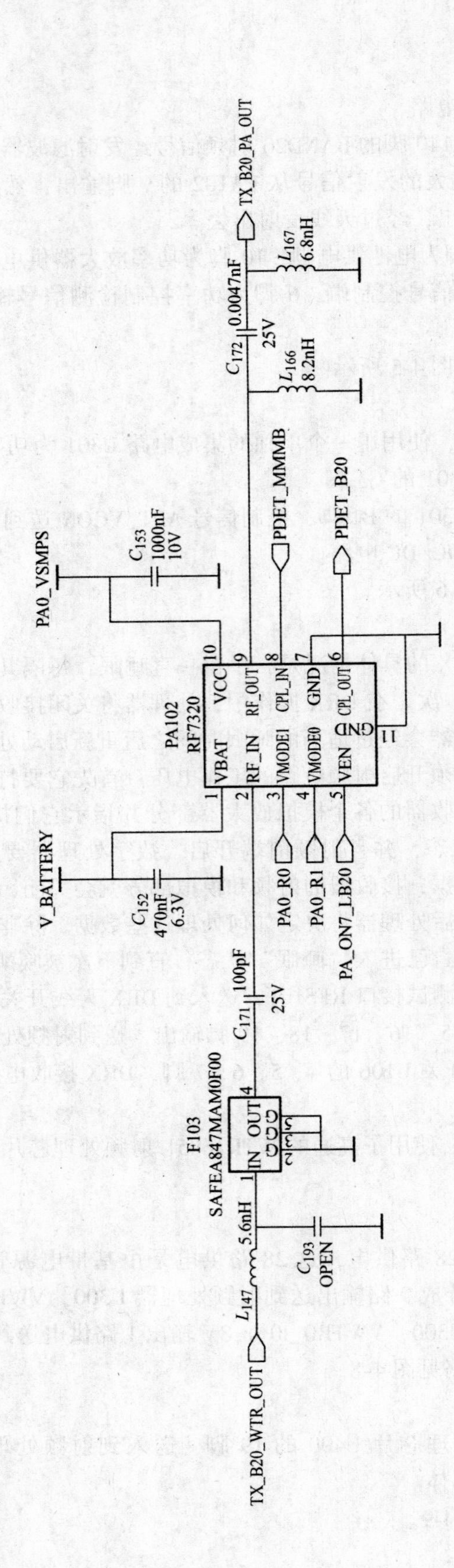

图 4-5　BAND20 功率放大电路

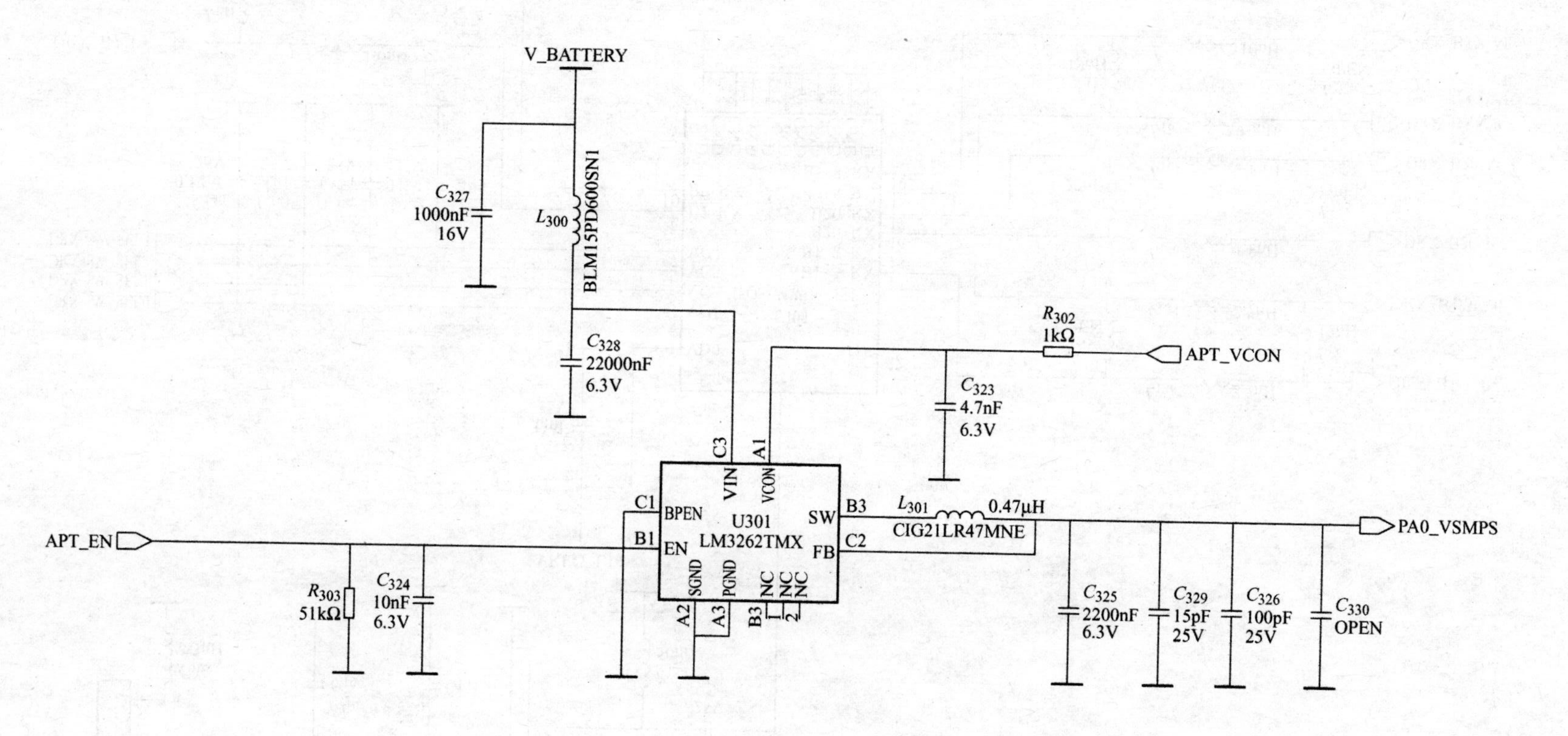

图 4-6　功率放大供电电路

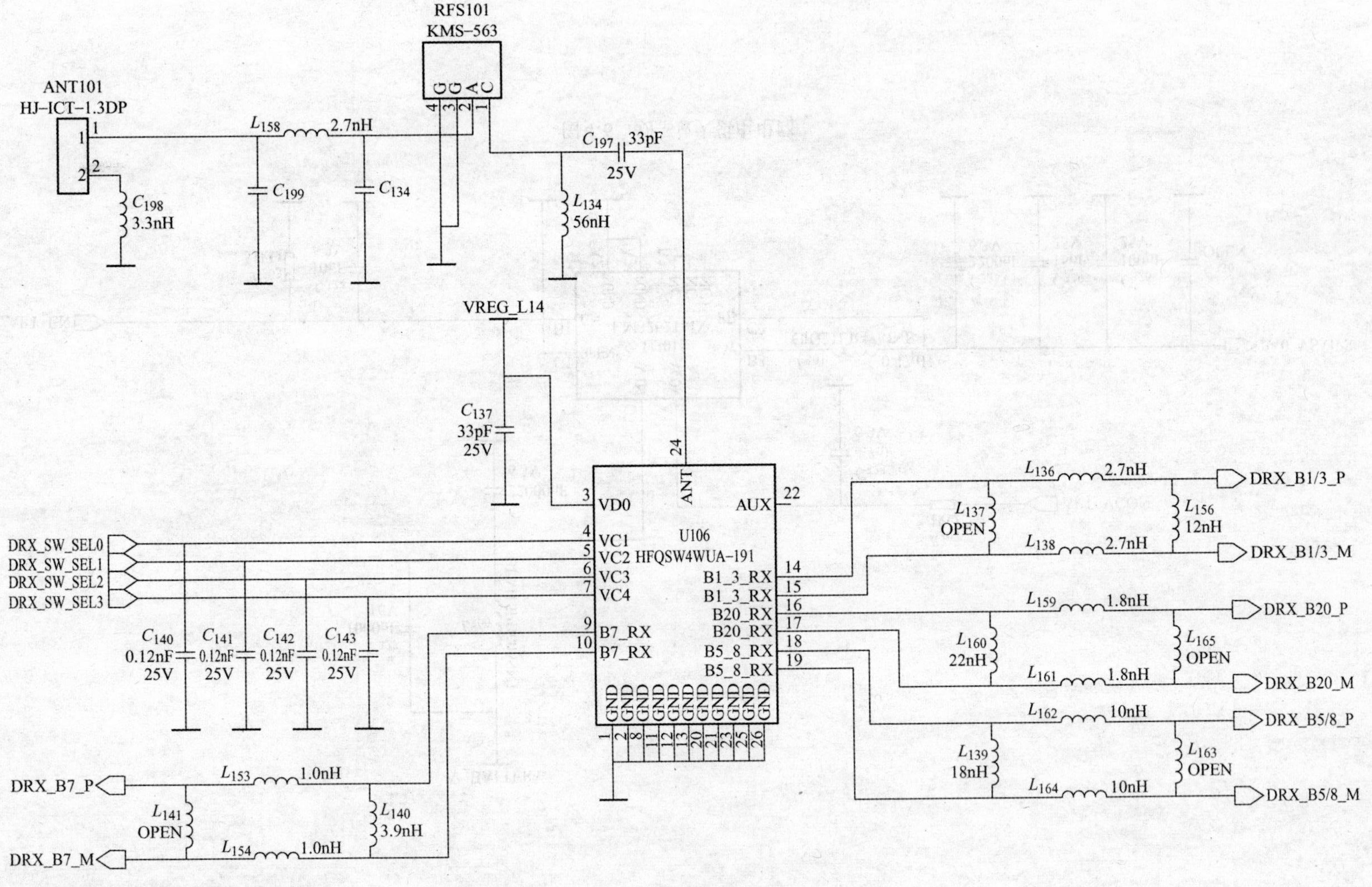

图 4-7　DRX 接收电路图

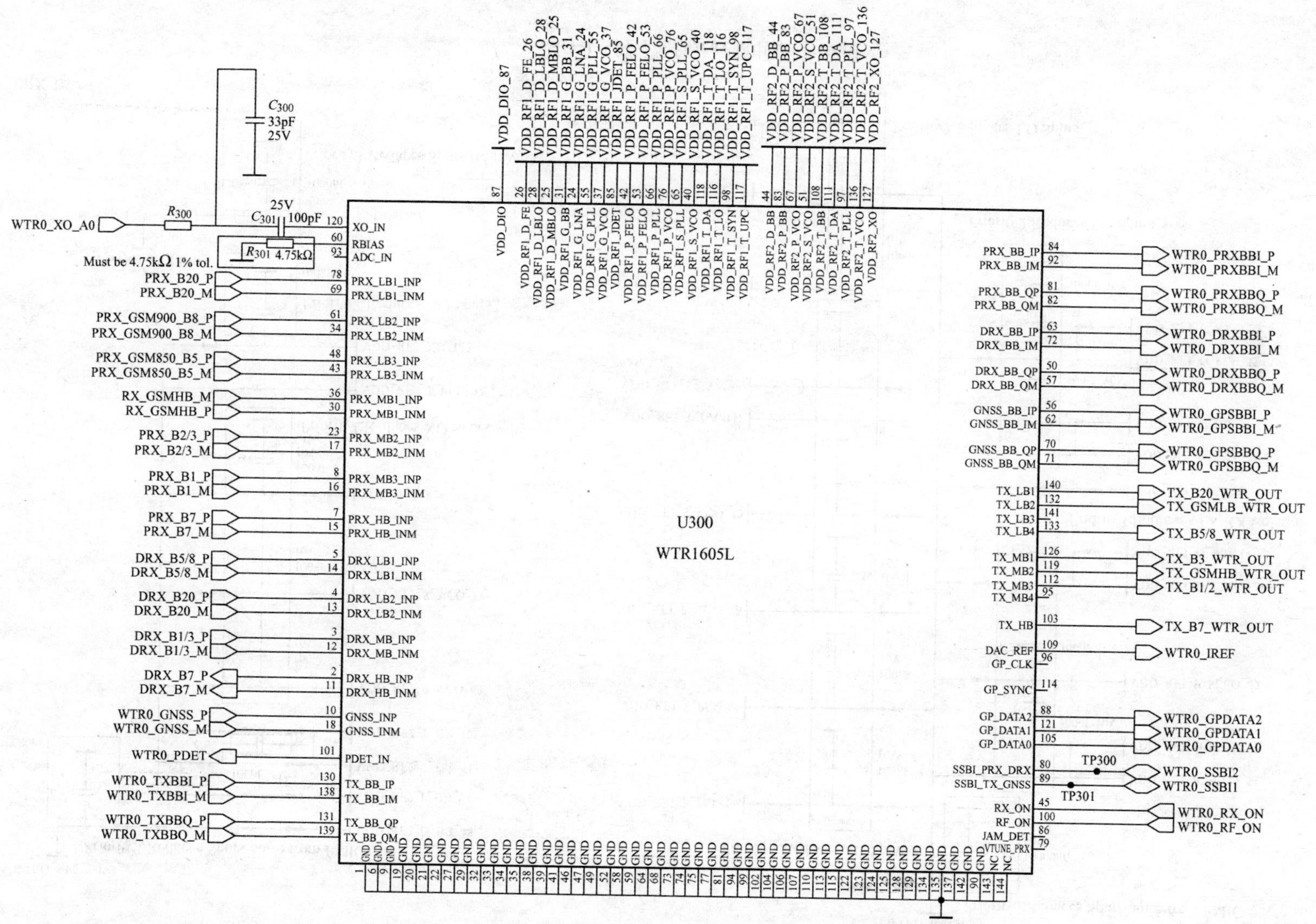

图 4-8 射频处理器 U300 供电电路

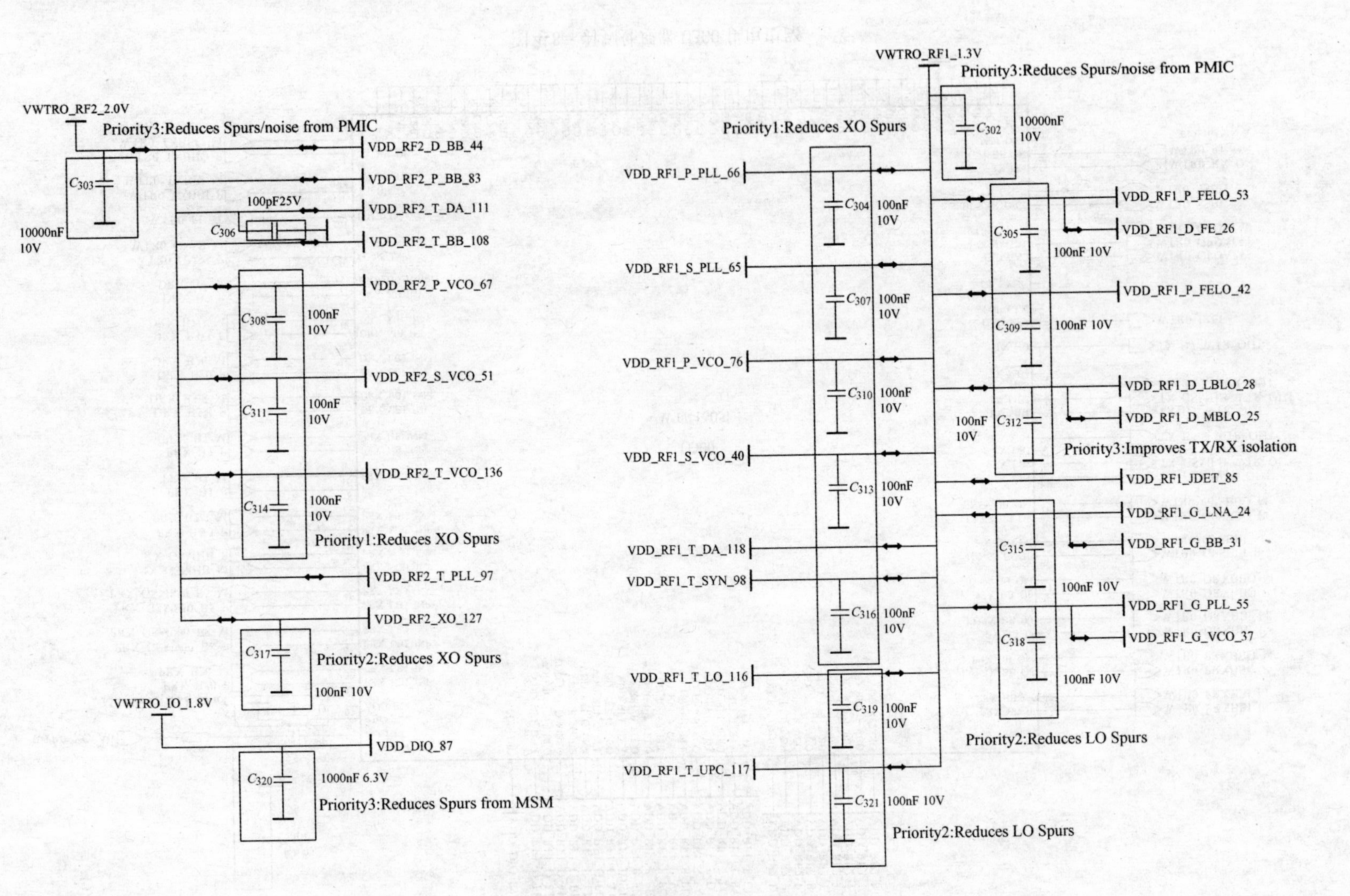

图 4-9　信号处理及控制电路

接收信号送到射频处理器 U300 内部进行处理后，其中 PRX 接收基带 I/Q 信号从 82、84、91、92 脚输出，后再送入到基带处理器 U501；DRX 接收基带 I/Q 信号从 50、57、63、72 脚输出，送入 U501；GPS 接收基带 I/Q 信号从 56、62、70、71 脚输出，送入 U501。

发送的基带 I/Q 信号，从基带处理器 U501 输出后，送到射频处理器 U300 的 130、131、138、139 脚，在 U300 内部处理后经功率放大器放大，再从天线发送出去。

基带处理器 U501 通过 WTRWTR0_GPDATA0_、WTRWTR0_GPDATA1_、WTRWTR0_GPDATA2_、WTR0_SSBI1、WTR0_SSBI12、WTR0_RX_ON、WTR0_RF_ON 信号控制射频处理器 U300 的工作。

4. GPS 电路

射频处理器 U300 内部集成了 GPS 信号的处理电路，GPS 信号从 GPS 天线接手后，经过 GPS 射频测试接口 G200，送到低噪声放大 U200 内部进行放大，放大后 GPS 信号经过平衡不平衡电路 F201 平衡输出 WTR0_GNSS_M、WTR0_GNSS_P、信号送至射频处理器 U300 的 10、18 脚，在 U300 内部进行 GPS 信号的解调处理。

GPS 电路如图 4-10 所示。

4.2.4 基带电路工作原理

在三星 i9505 手机中，基带处理使用的是高通 MDM921M 芯片，该芯片是一款 4G 芯片，支持 GSM、UMTS 及 LTE 制式。

1. 基带电路框图

三星 i9505 手机基带主要包括基带处理器 U501、基带电路管理芯片 U400，完成了基带信号的处理、基带部分供电等功能。

三星 i9505 手机基带电路框图如图 4-11 所示。

基带处理器 U501 和射频处理器 U300 之间的通信主要通过 SSBI 串行总线和 GPDATA 等。基带处理器 U501 和应用处理器 UCP600 之间的通信组要靠 HSIC（高速芯片间接口）接口来完成。

2. 基带处理

（1）基带处理器供电电路

下面来看基带处理器供电电路，如图 4-12 所示。

基带电源管理芯片 U400 输出 VREG_L7 供电电压，经过 VREG_L7 和 VDD_A2 连线，将 VREG_L7 电压转换成 VDD_A2 电压，VDD_A2 电压在送到基带处理器 U501 的 U6、U7 脚，在整个工程中，电压信号没有产生任何变化，只是在不同的单元电路，名字叫法不同。

其他的两组供电电压也采取相同的方法进行分析。

（2）基带 I/Q 信号电路

数字射频芯片都采用了 I/Q 信号，I/Q 信号一般是模拟的，而基带内处理的一般是数字信号，所以在射频电路末端都要进行 D-A（数-模）转换，从而得到数字的 I/Q 信号。

在基带处理器 U501 内部处理的基带 I/Q 信号包括 PRX 接收基带 I/Q 信号、DRX 接收基带 I/Q 信号、GPS 接收基带 I/Q 信号、发射基带 I/Q 信号等，基带 I/Q 信号电路如图 4-13 所示。

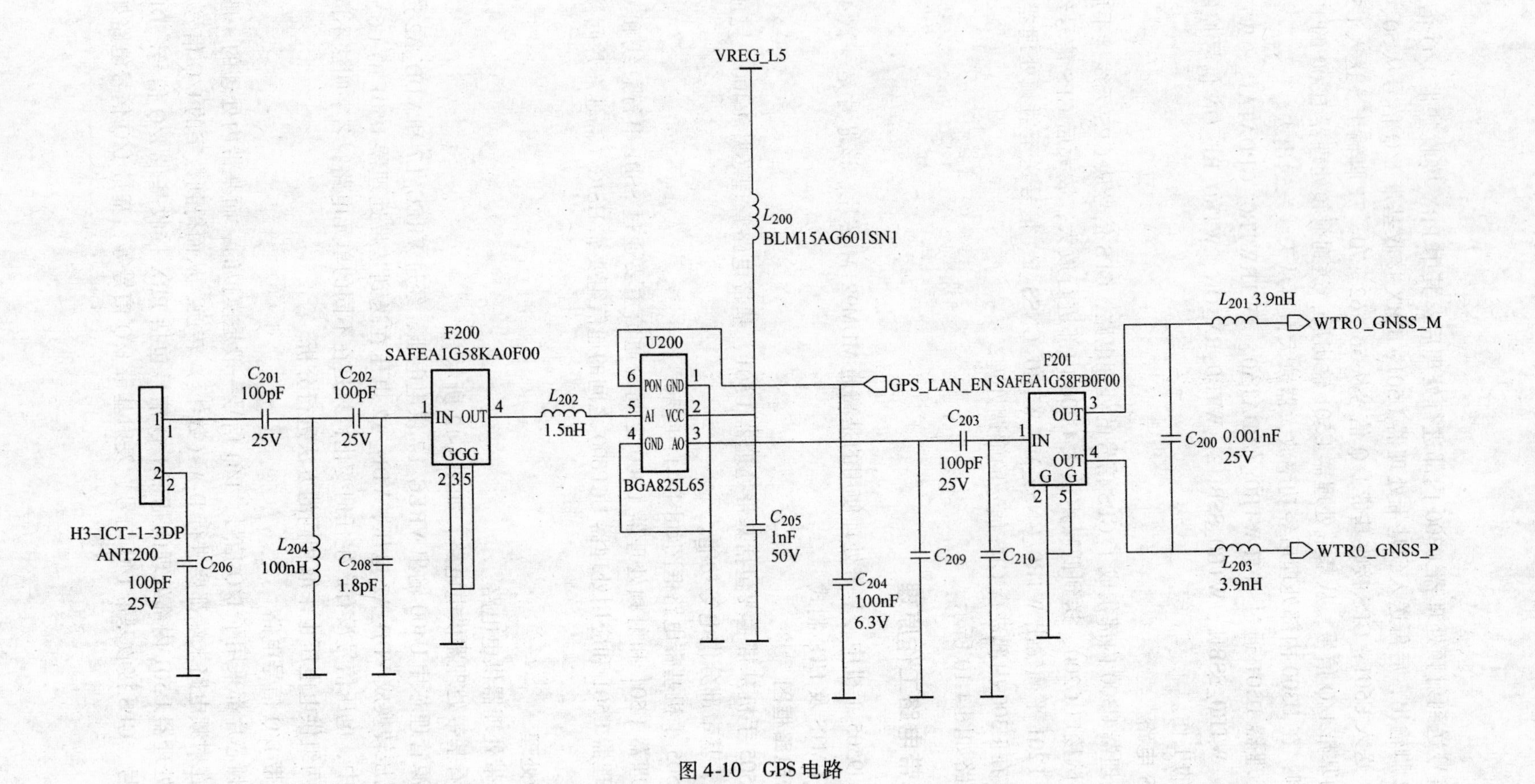
VREG_L5
L200
BLM15AG601SN1
F200
SAFEA1G58KA0F00
C201
100pF
25V
C202
100pF
25V
IN OUT
GGG
L202
1.5nH
U200
PON GND
AI VCC
GND AO
BGA825L65
GPS_LAN_EN
F201
SAFEA1G58FB0F00
OUT
IN
OUT
G G
C203
100pF
25V
C200 0.001nF
25V
L201 3.9nH
WTR0_GNSS_M
L203
3.9nH
WTR0_GNSS_P
H3-ICT-1-3DP
ANT200
C206
100pF
25V
L204
100nH
C208
1.8pF
C205
1nF
50V
C204
100nF
6.3V
C209
C210

图 4-10 GPS 电路

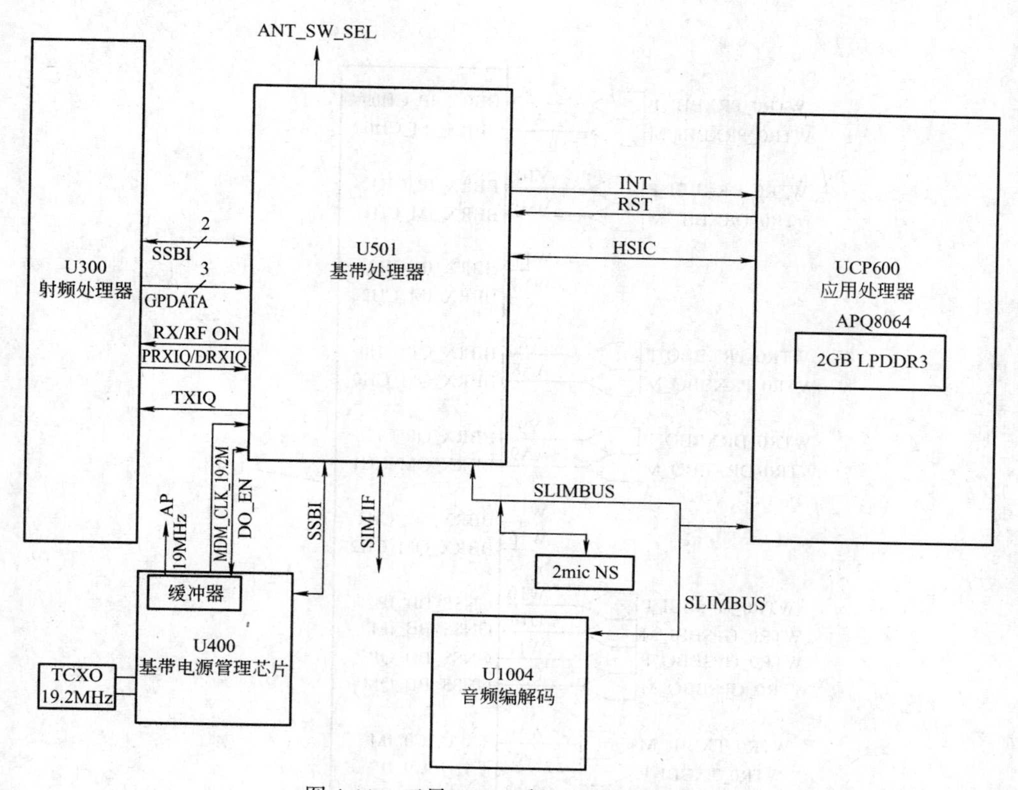

图 4-11　三星 i9505 手机基带电路框图

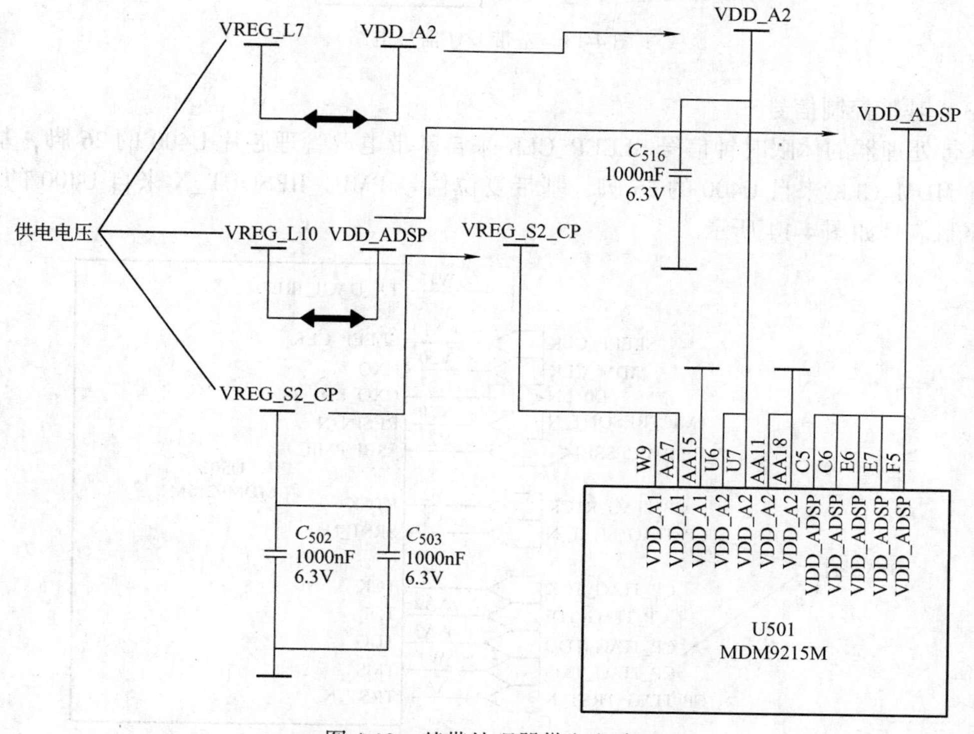

图 4-12　基带处理器供电电路

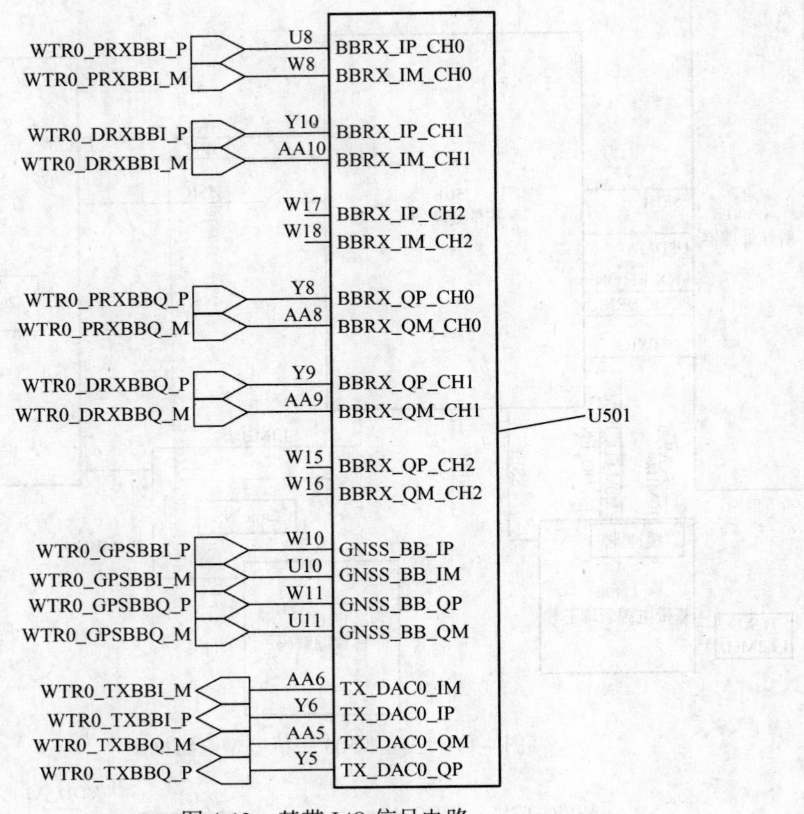

图 4-13　基带 I/Q 信号电路

（3）基带控制信号

基带处理器的休眠时钟信号 SLEEP_CLK 来自基带电源管理芯片 U400 的 26 脚，基带基准时钟 MDM_CLK 来自 U400 的 25 脚，基带复位信号 PMIC_RESOUT_N 来自 U400 的 4 脚。基带控制信号如图 4-14 所示。

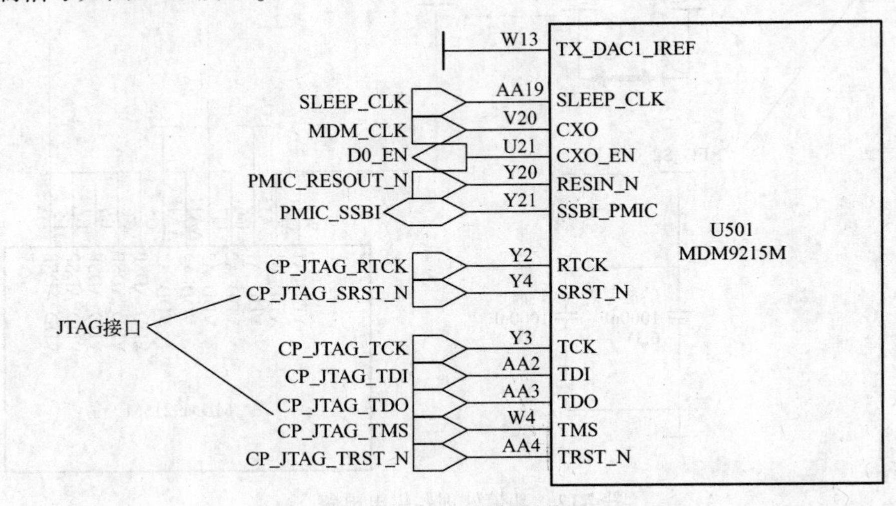

图 4-14　基带控制信号

基带处理器 U501 的 Y2、Y4、Y3、AA2、W4、AA4 脚是 JTAG 接口，JTAG 接口主要用于芯片内部的测试和在线编程功能。

（4）串行媒体总线 SLMBUS

低功耗芯片间串行媒体总线 SLMBUS 是基带或移动终端应用处理器与外设部件间的标准接口。SLMBUS 总线支持高质量音频多信道的传输。支持音频、数据、总线和单条总线上的设备控制，SLMBUS 总线包括两个终端以及连接多个 SLMBUS 总线设备的数据线（DATA）和时钟线（CLK）。

SLMBUS 总线在三星 i9505 手机电路中，主要用于基带处理器和应用处理器之间的数据传输，它相比 IIC，SPI 总线的优点是使用更少的引脚能够完成更多的功能。

在三星 i9505 手机中，还是用了一个 SPDT（单刀双掷开关）来完成基带处理器 U501 和应用处理器 UCP600 之间的信号传输，SLMBUS 总线单刀双掷开关如图 4-15 所示。

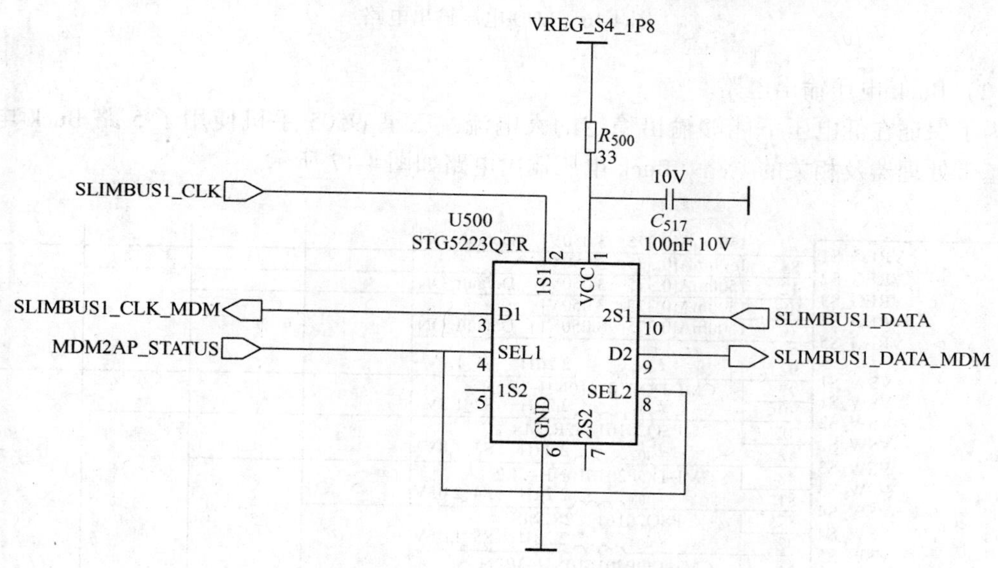

图 4-15　SLMBUS 总线单刀双掷开关

（5）射频控制信号接口

基带处理器 U501 对射频处理器的控制信号主要包括：对射频部分功率放大器的控制信号、对射频处理器的控制信号、对射频功效供电电路的控制信号、对射频部分天线开关的控制信号等。

基带控制和射频处理器之间还使用了 WTR0_SSBI1、WTR0_SSBI2 串行总线接口实现芯片功能的控制。

基带处理器 U501 通过 WR0_RX_ON、WTR0_RF_ON 对射频处理器 U300 射频部分进行控制。

3. 基带电源管理电路

在三星 i9505 手机中使用了高通的 PM8018 电源管理芯片。

（1）LDO 电压输出电路

在 i9505 基带电源管理芯片有 14 路 LDO 电压输出，为不同的电路提供供电，LDO 电压输出电路如图 4-16 所示。

U400	引脚	
VREG_L1	20	NOT USBV
VREG_L2	31	50mA[1.500～3.300V]
VREG_L3	32	50mA[1.500～3.300V]
VREG_L4	84	300mA[1.500～3.300V]
VREG_L5	11	150mA[1.500～3.300V]
VREG_L6	17	150mA[1.500～3.300V]
VREG_L7	63	300mA[1.500～3.300V]
VREG_L8	54	150mA[0.750～1.525V]
VREG_L9	77	700mA[0.375～1.525V]
VREG_L10	65	700mA[0.375～1.525V]
VREG_L11	55	700mA[0.375～1.525V]
VREG_L12	43	700mA[0.375～1.525V]
VREG_L13	23	50mA[1.500～3.300V]
VREG_L14	29	50mA[1.500～3.300V]

图 4-16 LDO 电压输出电路

（2）Buck 电压输出电路

为了保证在低电压下能够输出稳定的大电流，三星 i9505 手机使用了 5 路 Buck 电路，供给基带处理器及相关的电路。Buck 电压输出电路如图 4-17 所示。

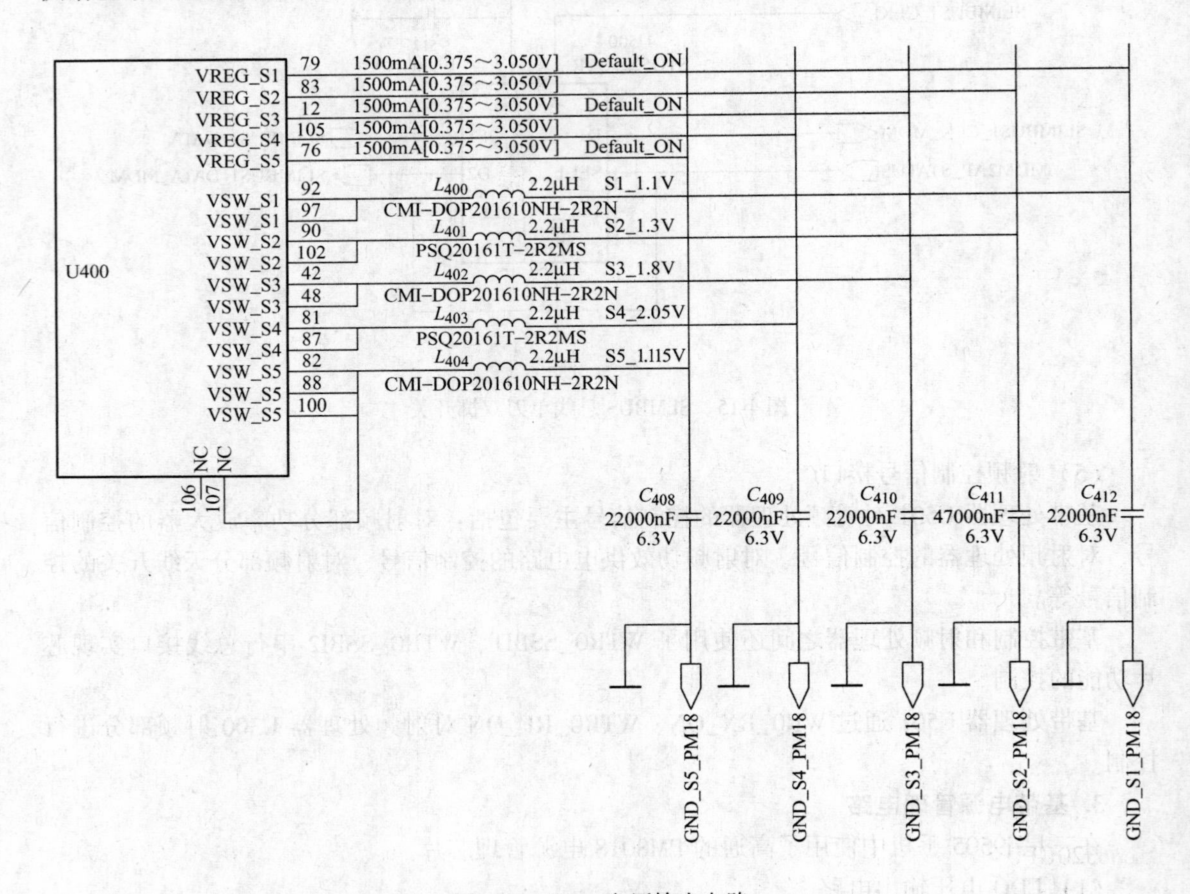

图 4-17 Buck 电压输出电路

(3) 时钟信号电路

基带电源管理芯片 U400 除了提供供电电压输出外，还提供了 32kHz、19.2MHz 时钟信号的输出。时钟信号电路如图 4-18 所示。

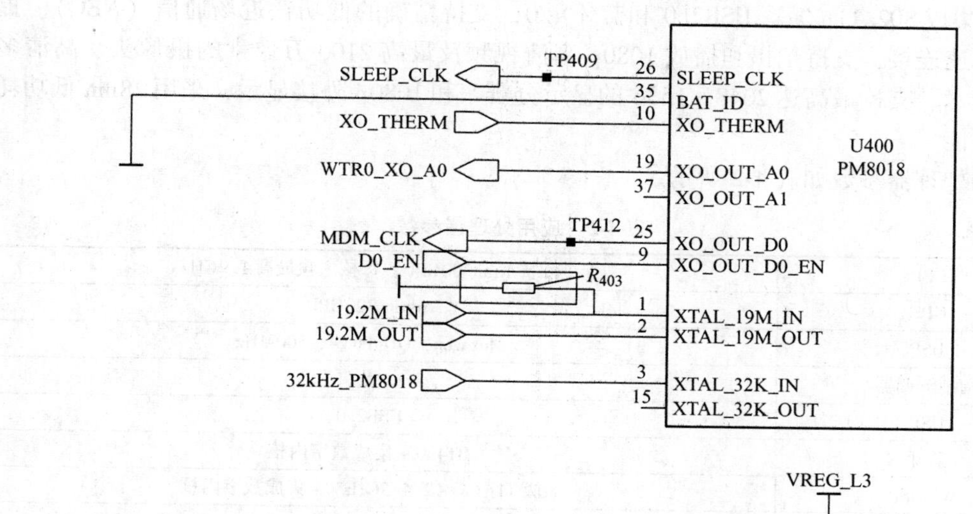

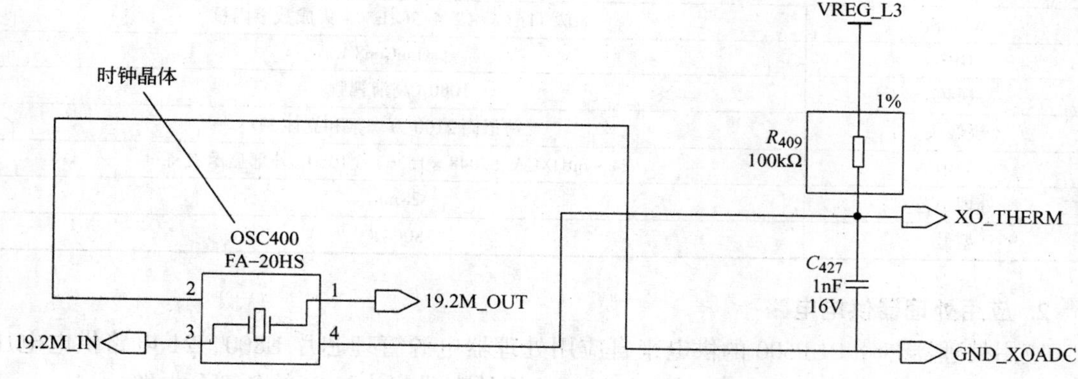

图 4-18　时钟信号电路

电源管理芯片 U400 的 1、2 脚外接 19.2MHz 时钟晶体，10 脚外接时钟晶体的温度检测，其中 19 脚输出的 WTR0_XO_A0 时钟信号送到射频处理器，25 脚输出的 MDM_CLK 时钟信号送到基带处理器。

32kHz 时钟信号由处理器电源管理芯片 U800 产生后送到基带电源管理芯片 U400 的 3 脚，在 U400 内部进行处理后从 26 脚输出，再送到基带处理器电路。

4.2.5　应用处理器电路工作原理

三星 i9505 手机电路中使用了高通的骁龙 600 处理器。

1. 应用处理器电路

骁龙 600 系列处理器采用单核速度最高达 1.9Hz 的四核 Krait300CPU、速度增强的 Adreno320GPU 和 HexagonQDSP6V4DSP、并支持 LPDDR3 内存，能够提供用户需要的高级用户体验。

CPU 骁龙 600 系列处理器配备架构升级的四核 krait300CPU，每核心主频最高达 1.9GHz 能提供持续的高性能，图形处理性能较上一代的 Adreno305GPU 提高 300% 以上。支持 Open-GLES3.0、DireclX、OpenGL、RenderscriplCompute 和 FlexRender 等先进的图形和计算接口（API），集成 802.11n/ac、USB2.0 和蓝牙 4.0，支持精确的低功耗近场通信（NEC）、提供广泛的高速连接，支持拍摄和播放 1080p 高清视频及最高 2100 万像素的摄像头、高清多声道音频技术、支持最高达 2048 * 1536 的显示分辨率和 1080p 外接显示，采用 28nm 低功耗工艺实现节能。

应用处理器参数如表 4-2 所示。

表 4-2 应用处理器参数

CPU	四核 Krait300CPU，每核主频最高 1.9GHz
GPU	Adreno320GPU
DSP	Hexagon，QDSP6V4，500MHz
调制解调器	无
USB	USB2.0
蓝牙	BT4.0 + 集成数字内核
Wi - Fi	802.11n/ac（2.4/5GHz）+ 集成数字内核
GPS	gpsOneGen8A
视频	1080p 高清视频
摄像头	支持最高 2100 万像素和立体 3D
显示	24 - bitQXGA（2048 × 1536）+ 1080p 外部显示支持
处理工艺	28nm
型号	8064T

2. 应用处理器供电电路

应用处理器芯片 UCP600 的供电来自应用处理器电源管理芯片 U800，21 电路供电电压由应用处理器电源管理芯片 U800 输出，送至应用处理器芯片 UCP 的各部分电路。

（1）应用处理器内核供电芯片

内核供电管理电路如图 4-19 所示。

应用处理器芯片 UCP600 的内核供电使用了 U802（PM821 芯片，供电电压 VPH_PWR 送到 U802 的 3、9、19、33、39 脚。供电电压 VREG_SIB_1P05_KP2、BREG_S2B_1P05_KP3、VREG_S4_1P8 分别从 U802DE4、10、34、40、31 脚输出。其中 U802 的 14、28 脚输入的是过流检测信号。）

U802 的 2 脚输入的是复位信号，8 脚输入的是 HOLD 信号 ih、18 脚输入的是中断请求信号。17、32、38 脚是 SSBI 总线信号接口。

（2）穿心电容

这种电容在基带处理器、应用处理器供电电路使用的都比较多，而且大多离芯片非常近，这和处理器电路的工作特点有关：低电压、大电流及高频率。

穿心电容用于电路的供电系统，可以抑制经由电源线传导给电路的电磁干扰，也可以抑制电路产生的干扰反馈到供电电源，是解决 EMI（电磁干扰）问题最经济的选择。

穿心电容如图 4-20 所示。

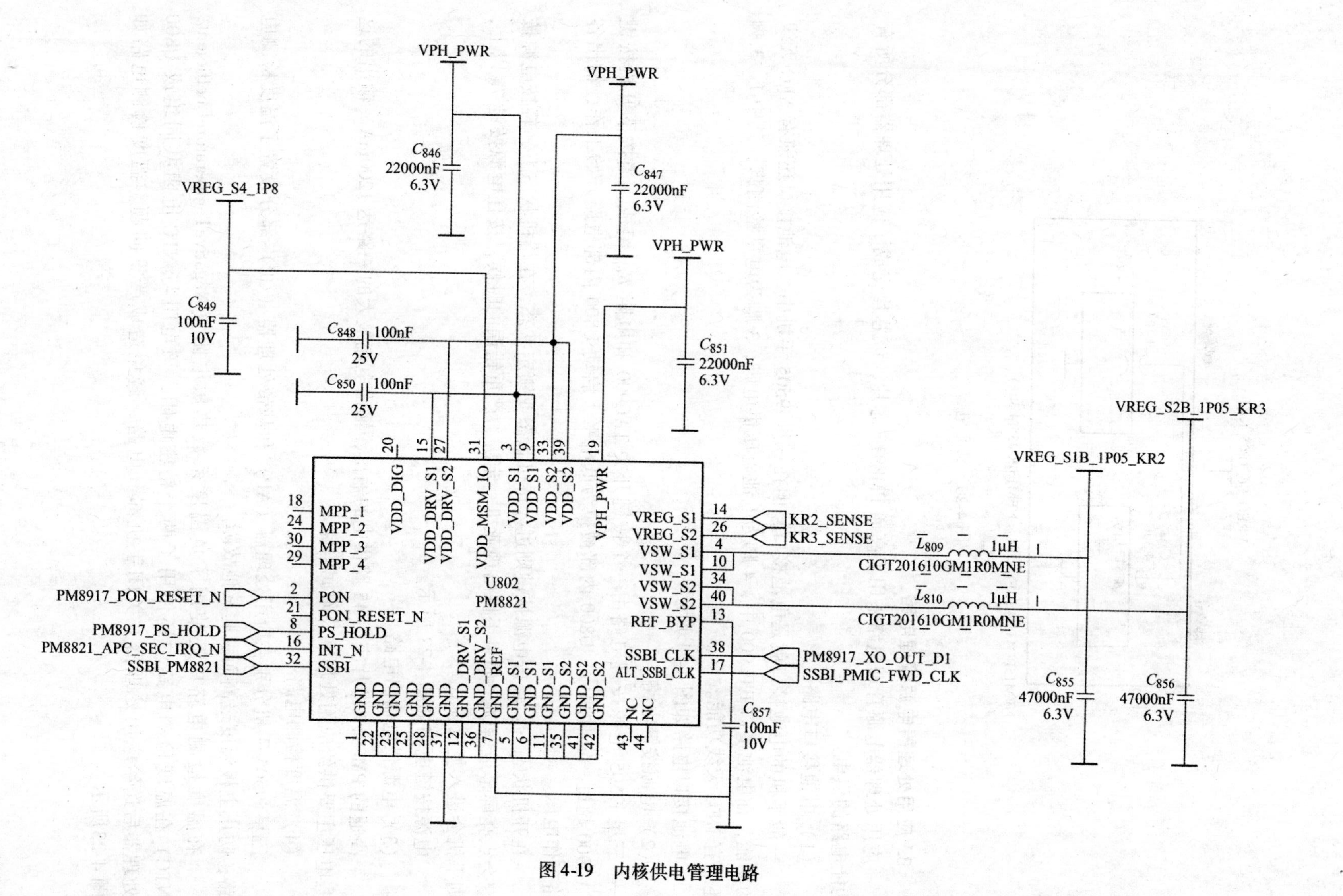

图 4-19　内核供电管理电路

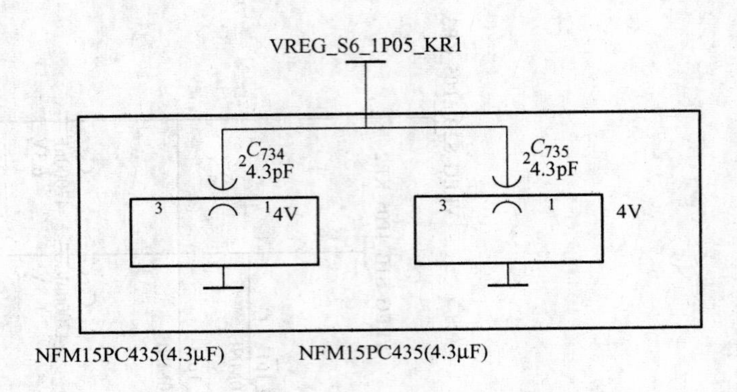

图 4-20　穿心电容

3. 应用处理器电源管理电路

应用处理器电源管理电路采用了高通 PM8917 芯片，该芯片完成了应用处理器部分所有功能电路的供电。

（1）电池接口电路

一般手机的电池接口就是电池接口，但在三星 i9505 手机中，电池接口还兼有 NFC 天线的功能，在电池接口 BTC900 中，4 脚为电池电压供电脚，3 脚为电量检测脚；其中 1、3 脚还兼有 NFC 天线功能。

电池接口电路如图 4-21 所示。

（2）电源按键电路

三星 i9505 电源按键电路由一个按键开关 TAC900 和电阻 R_{910} 组成，当按下开机按键 TAC900 超过一定时间后，U800 内部被拉为低电平，启动 U800 内部电路开始工作，输出各路工作电压。

在开机状态下，轻按电源按键则进入待机状态或锁定状态，在待机状态下，轻按电源按键会点亮屏幕或解锁。如果手机出现死机、定屏、严重错误的时候，按住电源按键 7s 以上，则手机会进入复位模式。

电源按键电路如图 4-22 所示。

（3）电源供电输出电路

高通的 PM8917 芯片完后 45 路供电的输出，输出电流最大的一路达 1200mA。输出的这些电压主要供给应用处理器及附属电路。

（4）温度检测电路

三星 i9505 手机分别在应用处理器（AP）和基带处理器（CP）部分设置了温度检测电路，防止主板温度过高而引起其他故障。

在温度检测电路中还使用了负温度系数热敏电阻（NegativeTemperatureCoefficient，NTC）在温度检测电路中还使用了两个精密电阻，该电阻与 NTC 电阻共同组成 U800 处理器后送给应用处理器并关闭手机部分电路，避免造成严重问题。温度检测电路如图 4-23所示。

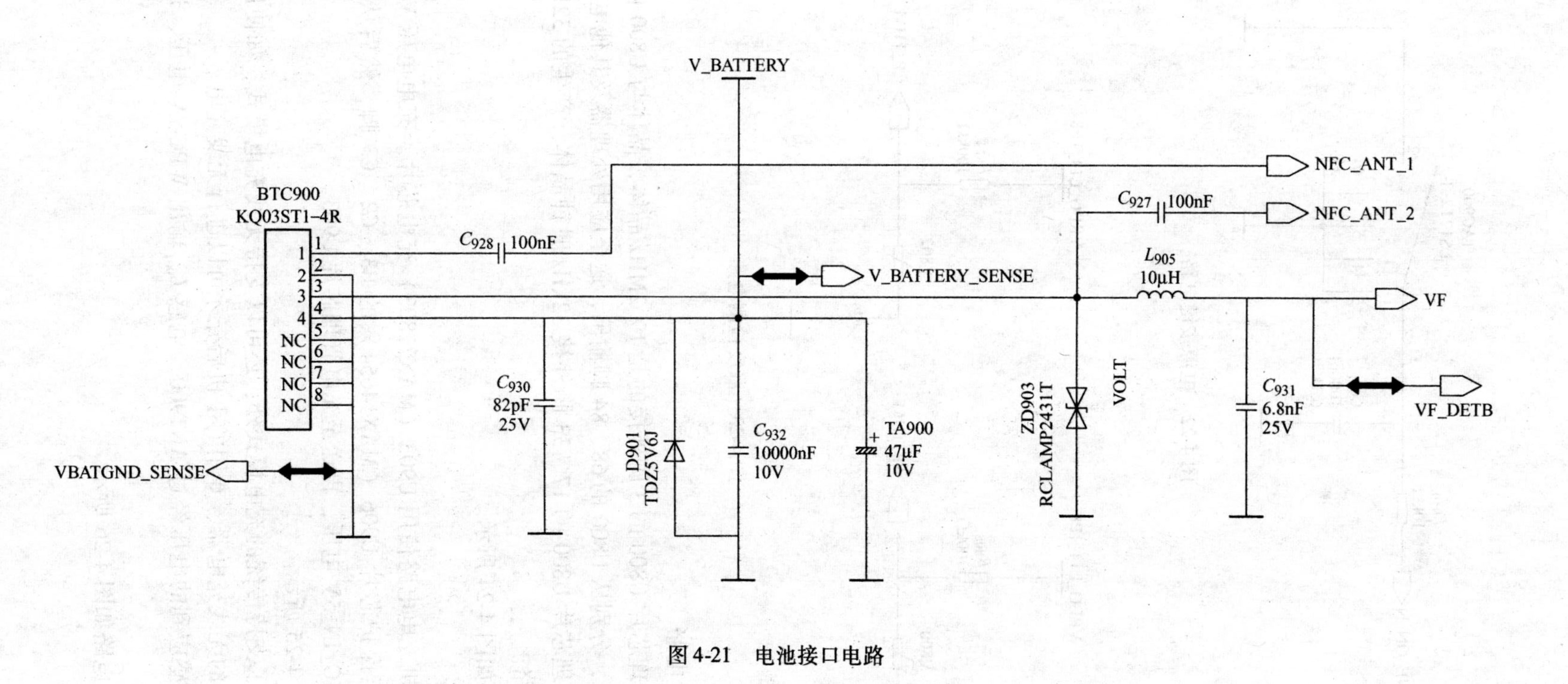

BTC900
KQ03ST1-4R
1
2
3
4
NC
NC
NC
NC
1
2
3
4
5
6
7
8
C928 100nF
V_BATTERY
NFC_ANT_1
C927 100nF
NFC_ANT_2
V_BATTERY_SENSE
L905
10μH
VF
VF_DETB
C930
82pF
25V
D901
TDZ5V6J
C932
10000nF
10V
TA900
47μF
10V
ZD903
RCLAMP2431T
VOLT
C931
6.8nF
25V
VBATGND_SENSE

图 4-21　电池接口电路

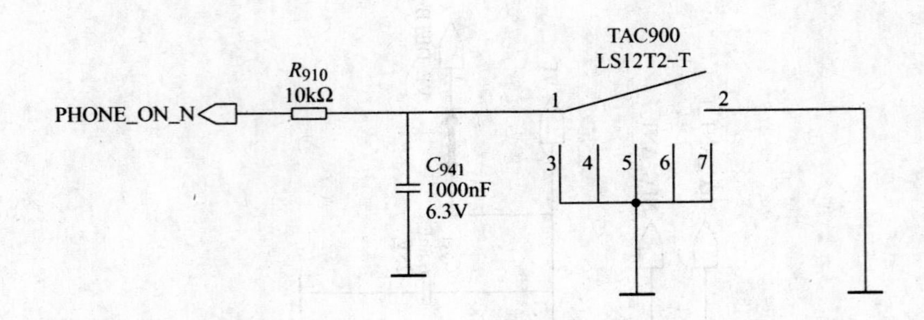

图 4-22　电源按键电路

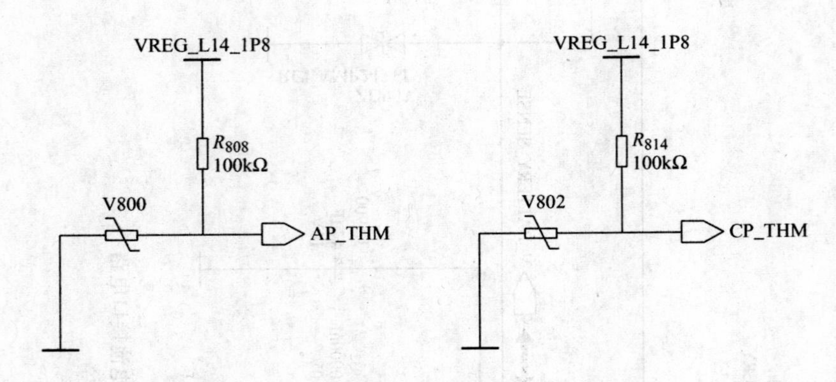

图 4-23　温度检测电路

（5）时钟产生电路

应用处理器管理芯片 U800 的 3 脚外接的是 19. 2MHz 晶体，晶体与 U800 内部电路产生 19. 2MHz 时钟信号，分别从 U800 的 68、84 脚输出，送至应用处理器及其他电路。

应用处理器管理芯片 U800 的 17、33 脚外接 32kHz 时钟晶体，产生的 32kHz 时钟信号供给 U800 内部电路。

时钟产生电路如图 4-24 所示。

（6）充电电路

三星 i9505 手机充电电路使用 U903（MAX77803）充电芯片。充电电压 VBUS_5V 从充电接口进来后送至保护芯片 U906（MAX14654）的 B3、C2、C3 脚，然后从 U906 的 A2、A3、B2 脚输出 CHG_IN_5V 电压，再送至充电管理芯片 U903。

充电电路如图 4-25 所示。

三星 i9505 除了支持传统的充电模式外，还可以支持无线充电模式，如使用无线充电功能，需要配备专用的无线充电器、专用的手机后壳才可以进行无线充电。

从专用手机后感应到的电压经过 ANT900、电感 L_{901} 输出 WPC-5V 电压，送至充电管理芯片 U903。

无线充电输入电路如图 4-26 所示。

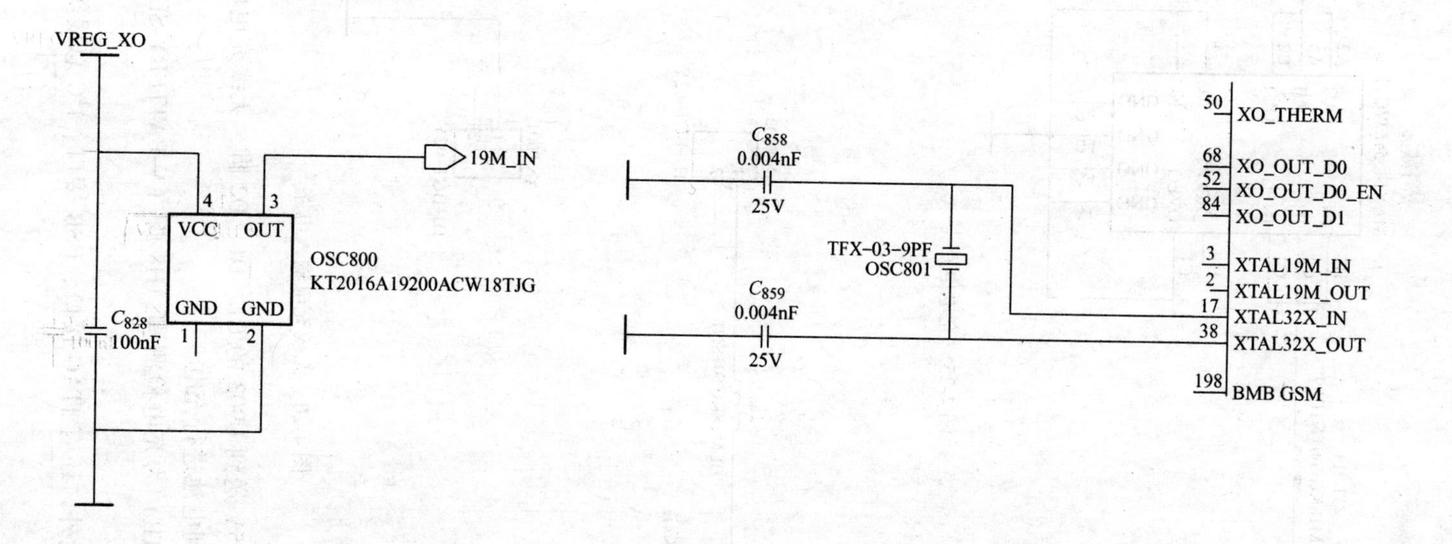
VREG_XO
VCC
OUT
GND
GND
4
3
1
2
OSC800
KT2016A19200ACW18TJG
19M_IN
C828
100nF
C858
0.004nF
25V
C859
0.004nF
25V
TFX-03-9PF
OSC801
50
XO_THERM
68
XO_OUT_D0
52
XO_OUT_D0_EN
84
XO_OUT_D1
3
XTAL19M_IN
2
XTAL19M_OUT
17
XTAL32X_IN
38
XTAL32X_OUT
198
BMB GSM

图 4-24　时钟产生电路

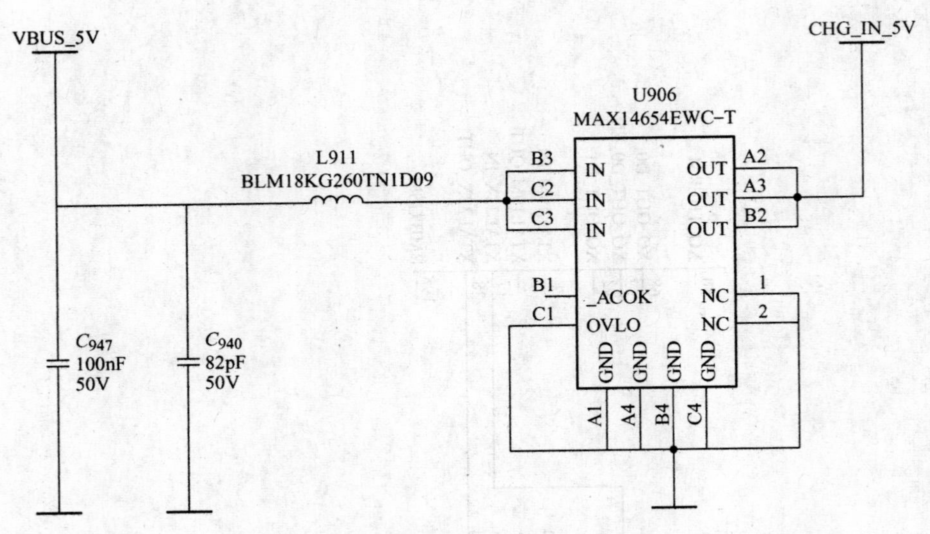

图 4-25　充电电路

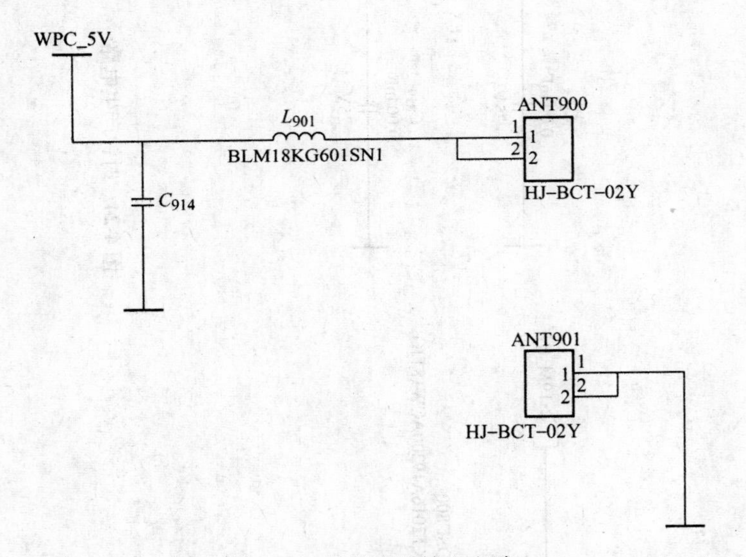

图 4-26　无线充电输入电路

其中充电电压 CHG_IN_5V 送到 U903 的 C1、D1、D2 脚，无线充电电压 WPC_5V 送到 U903 的 B1、J5、J6 脚输出到电池进行充电。

U903 的 F3 脚（VF-DETB）为充电检测脚，H8 脚（V-BATTERY-SENSE）为电池电压检测脚。

U903 除了充电管理功能外，还有 JTAG 接口、USB 接口、I^2C 总线等多接口切换功能，在此不再赘述。

4. 音频编解码电路

在三星 i9505 手机中，使用了一个独立的音频编解码芯片高通 WCD9310，该芯片在众多机型手机中都有使用。

（1）供电电路

编解码芯片 U1004 的供电有 4 路，其中 VREG_L25_IP225 送到 U1004 的 26 脚，VREG_S4_1P8 送到 U1004 的 3 脚，VREG_CDC_A 送到 U1004 的 41 脚，VPH_PWR 送到 U1004 的 63 脚，VREG_CDC_RXTX 送到 U1004 的 30、64 脚。

编解码芯片供电电路如图 4-27 所示。

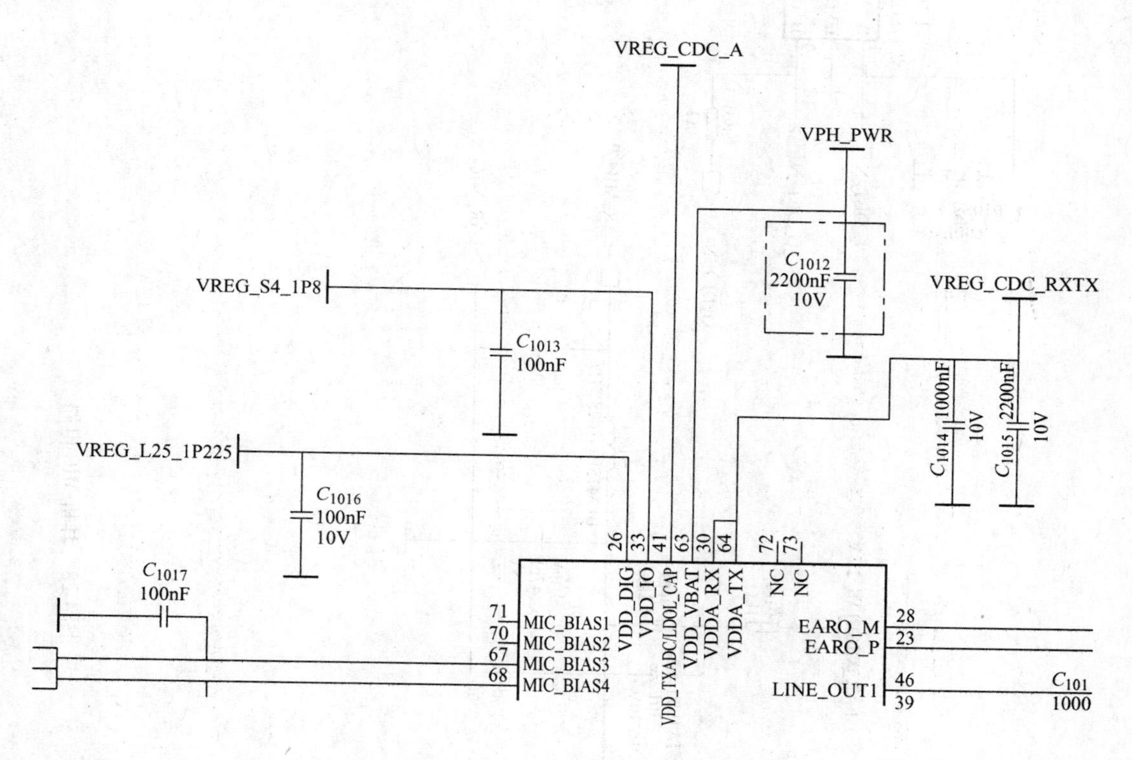

图 4-27　编解码芯片供电电路

（2）MIC 信号输入电路

耳机 MIC 电路如图 4-28 所示。

有 4 路 MIC 信号输入到编解码芯片 U1004 的内部，分别是耳机 MIC、主 MIC、辅助 MIC、免提 MIC。

耳机 MIC 信号从耳机接口输入后，再送到 U1005 的 8 脚，耳机 MIC 信号从 U1005 的 7 脚输出后，分成两路信号 EAR_MIC_P、EAR_MIC_N 送到编解码芯片 U1004 的 54、58 脚。EAR_ADC_3. 5 为耳机 MIC 接入检测信号，EAR_MICBIAS_2. 8V 为耳机 MIC 偏压供电。

U1009 为 CMOS 或门电路，输入信号 L_DET_N 或 G_DET_N 任意一个为高电平时，输出信号 DET_EP_N 为高电平，该电路为耳机接入检测电路。

主 MIC 部分电路如图 4-29 所示。

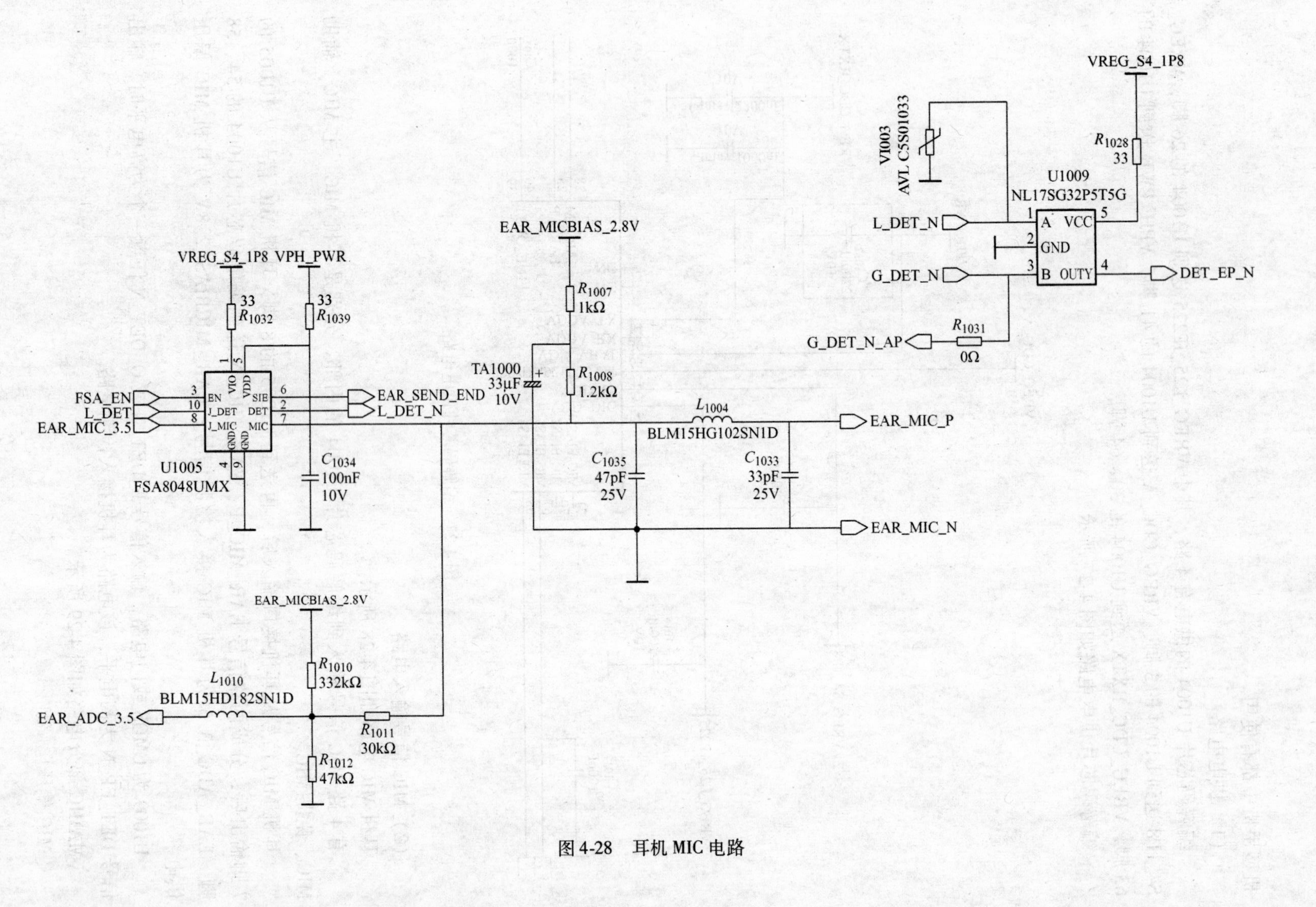

图 4-28　耳机 MIC 电路

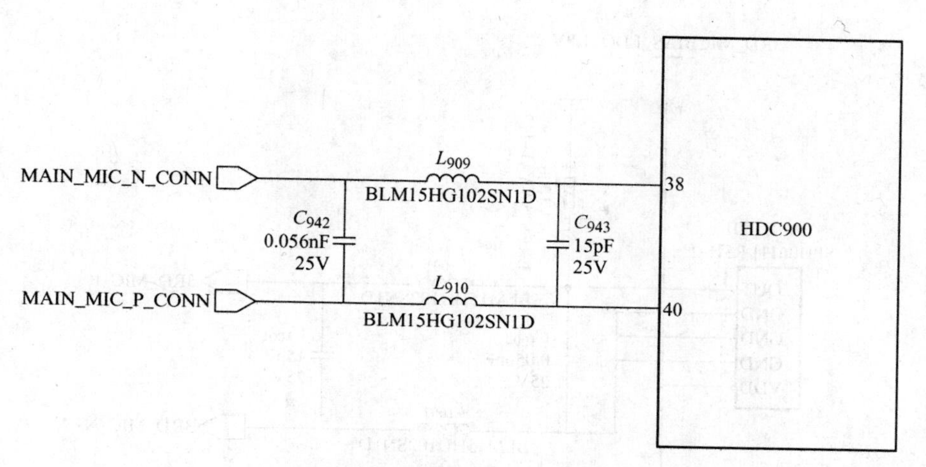

图 4-29　主 MIC 部分电路

主 MIC 信号 MAIN_MIC_N_CONN、MAIN_MIC_P_CONN 从接入口 HDC900 输入，送入到 U1004 的 48、52 脚。

辅助 MIC 部分电路如图 4-30 所示。

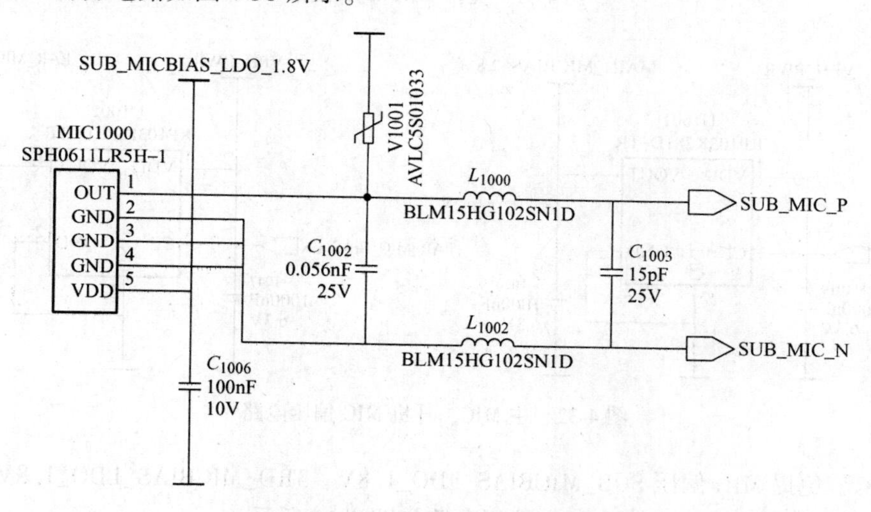

图 4-30　辅助 MIC 部分电路

辅助 MIC 部分电路主要实现语音辅助程序、声控照相等功能，MIC1000 接收到的声音信号转换后，变为电信号 SUB_MICBIAS_LDO_1. 8V 为辅助 MIC 偏压供电。

免提 MIC 部分电路工作原理与辅助 MIC 部分电路工作原理完全相同，这里就不再赘述。免提 MIC 部分电路如图 4-31 所示。

（3）MIC 偏压电路

在 MIC 偏压电路中，采用 2. 8V 的偏置电压，该 2. 8V 偏置电压的作用是给传声器提供一个电压，保证传声器有适合的工作电压。

MAIN_MICBIAS_2. 8V、EAR_MICBIAS_2. 8V 偏置电压由 U1001、U1002 产生，主 MIC、耳机 MIC 偏压电路如图 4-32 所示。

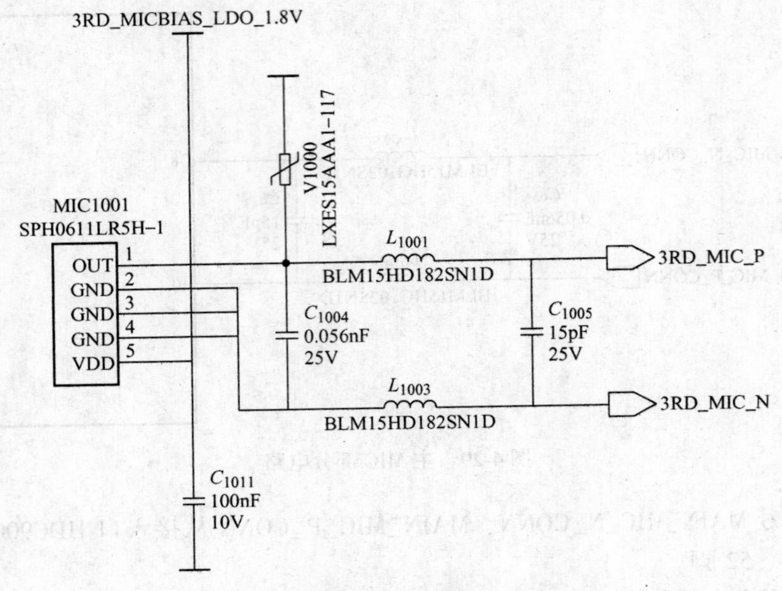

图 4-31 免提 MIC 部分电路

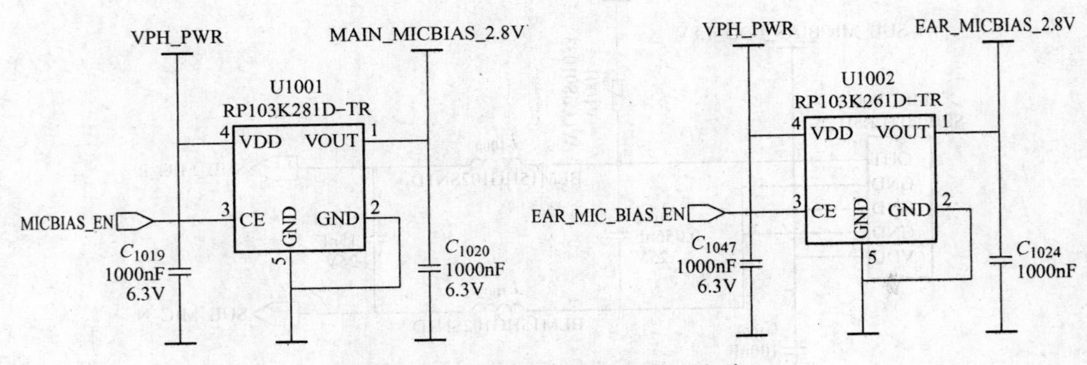

图 4-32 主 MIC、耳机 MIC 偏压电路

副 MIC、免提 MIC 偏压 SUB_MICBIAS_LDO_1. 8V、3RD_MICBIAS_LDO_1. 8V 由编解码芯片 U1004 生产，副 MIC、免提 MIC 偏压电路如图 4-33 所示。

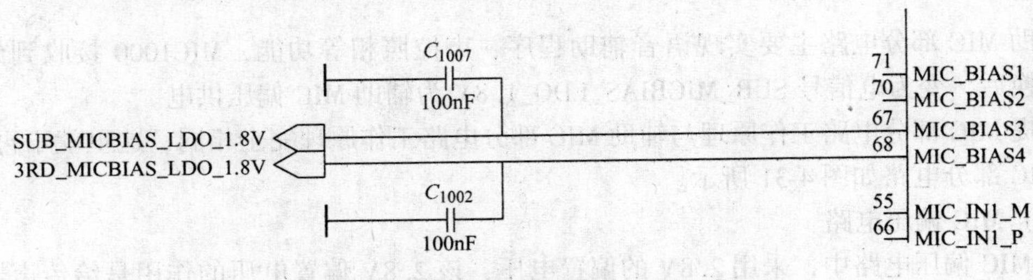

图 4-33 副 MIC、免提 MIC 偏压电路

（4）音频输出电路

耳机音频输出电路如图 4-34 所示。

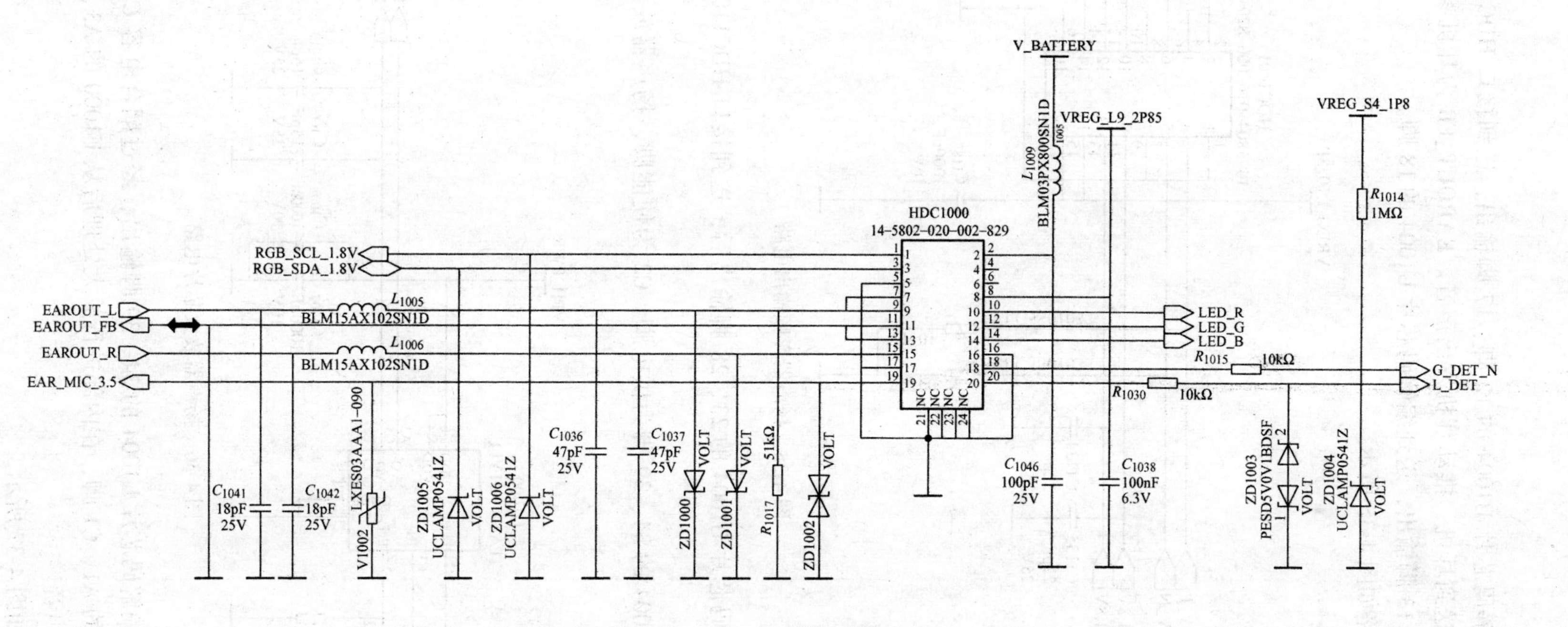

图 4-34　耳机音频输出电路

耳机音频信号从编解码芯片 U1004 的 12 脚、17 脚输出，送到接口 HDC1000 的 7、9、15 脚。再经过耳机接口送到耳机，推动耳机发出声音。EAROUT_FB 为耳机参考检测信号，从接口 HDC1000 的 11、13 脚输出，送到编解码芯片 U1004 的 18 脚。

扬声器音频输出电路如图 4-35 所示。

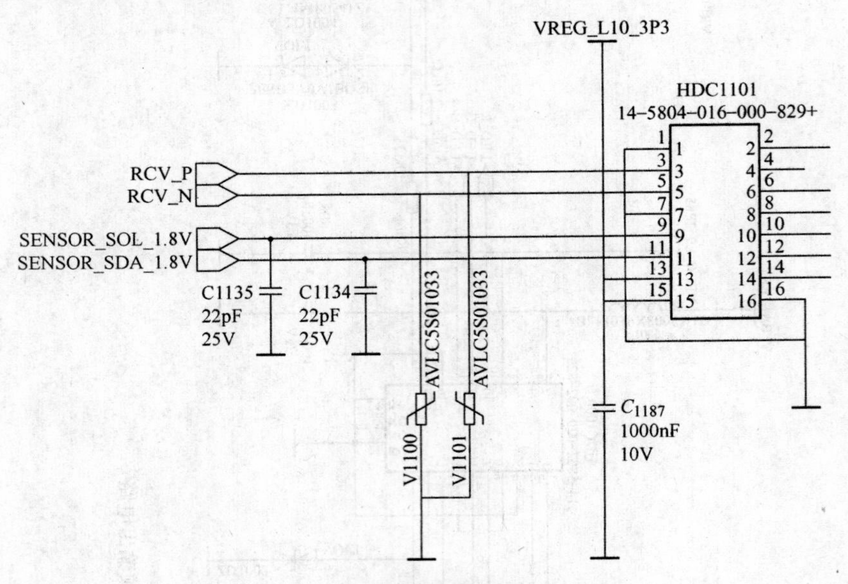

图 4-35　扬声器音频输出电路

扬声器信号从编解码芯片 U1004 的 23、28 脚输出后，送到接口 HDC1101 的 3、5 脚、推动扬声器发出声音。

扬声器放大芯片 U1004 的 34、39 脚为供电脚，C2 为使能脚，扬声器放大芯片电路如图 4-36 所示。

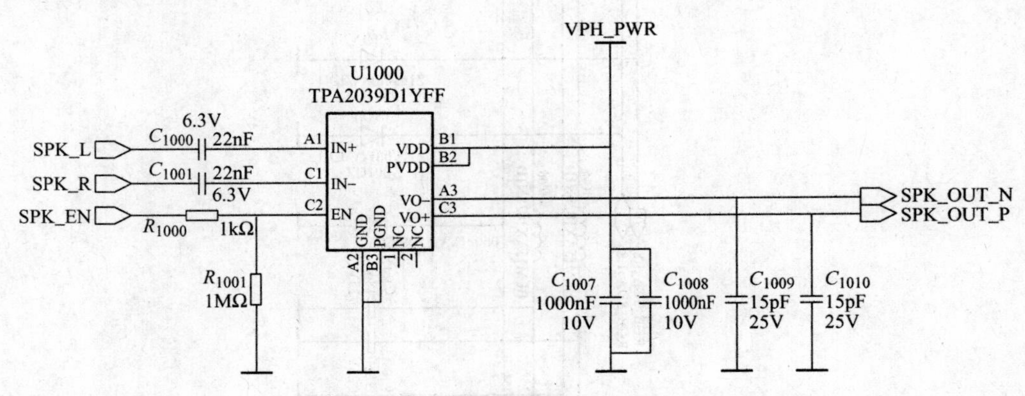

图 4-36　扬声器放大芯片电路

扬声器放大芯片从编解码芯片 U1004 的 34、39 脚输出，经过耦合电容 C_{1000}、C_{1001} 送到扬声器发大芯片 U1000 的 A1、C1 脚，在内部进行放大处理后从 U1000 的 A3、C3 输出至扬声器，推动扬声器发出声音。

VPS 音频信号电路如图 4-37 所示。

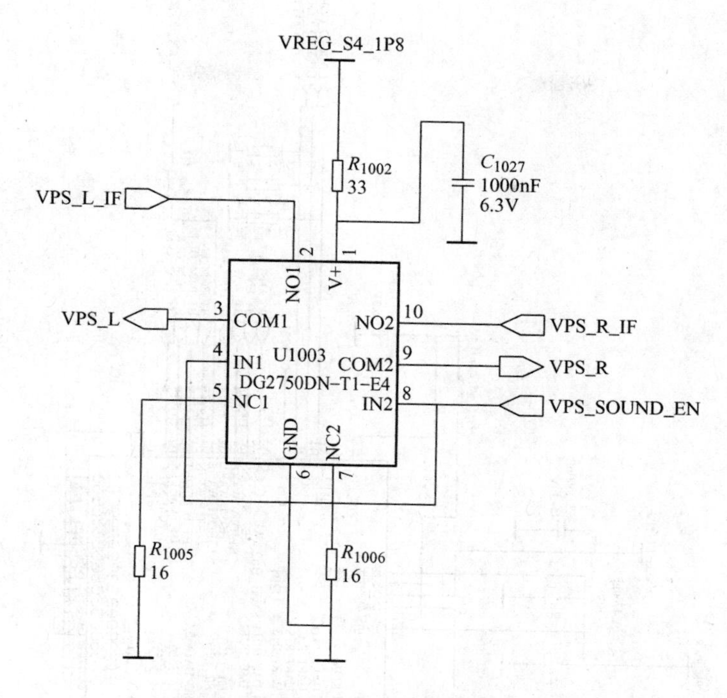

图 4-37　VPS 音频信号电路

VPS 音频 VPS_L、VPS_R 从编解码芯片 U1004 的 29/46 输出后，分别送到音频模拟开关 U1003 的 3、9 脚，在内部切换后，从 2、10 脚输出 VPS_L_IF、VPS_R_IF 信号，再送至微控制器 U803 的 E10、D1O 脚，然后在 U803 内部再进行处理。

VPS_SOUND_EN 为音频模拟开关 U1003 的内部电子开关控制信号。

5. 蓝牙/Wi－Fi 电路

在三星 i9505 手机中，蓝牙模块和 Wi-Fi 模块集成在一个电路中，下面分别简述其工作原理。

蓝牙/Wi－Fi 供电有两路，其中 VPH_PWR 天线部分是共用的，天线接口 ANT201 经过 L_{205}、C_{213}、C_{264}组成的滤波网络连接到 U201 的 P6 脚。

Wi－Fi 模块通过 SDIO 接口与应用处理器 UCP600 进行通信，蓝牙模块通过 UART 接口与应用处理器 UCP600 进行通信。

蓝牙模块和 Wi-Fi 模块都工作在 2.4G 频段，所以必须分时工作，蓝牙模块和 Wi-Fi 模块的分时工作靠 WLAN_EN、BT_EN、BT_WAKE、BT_HOST_WAKKE、WLAN_HOST_WAKE 实现。

蓝牙收发的射频语音信号通过 CP_RXD_COEX、CP_TXD_COEX、CP_PAIORITY_COEX 与基带处理器进行传输。蓝牙收发的语音信号通过 PCM 接口与应用处理器进行传输。蓝牙/Wi-Fi 模块的时钟信号 SLEEP_CLK0 由应用处理器提供。

蓝牙/Wi-Fi 电路如图 4-38 所示。

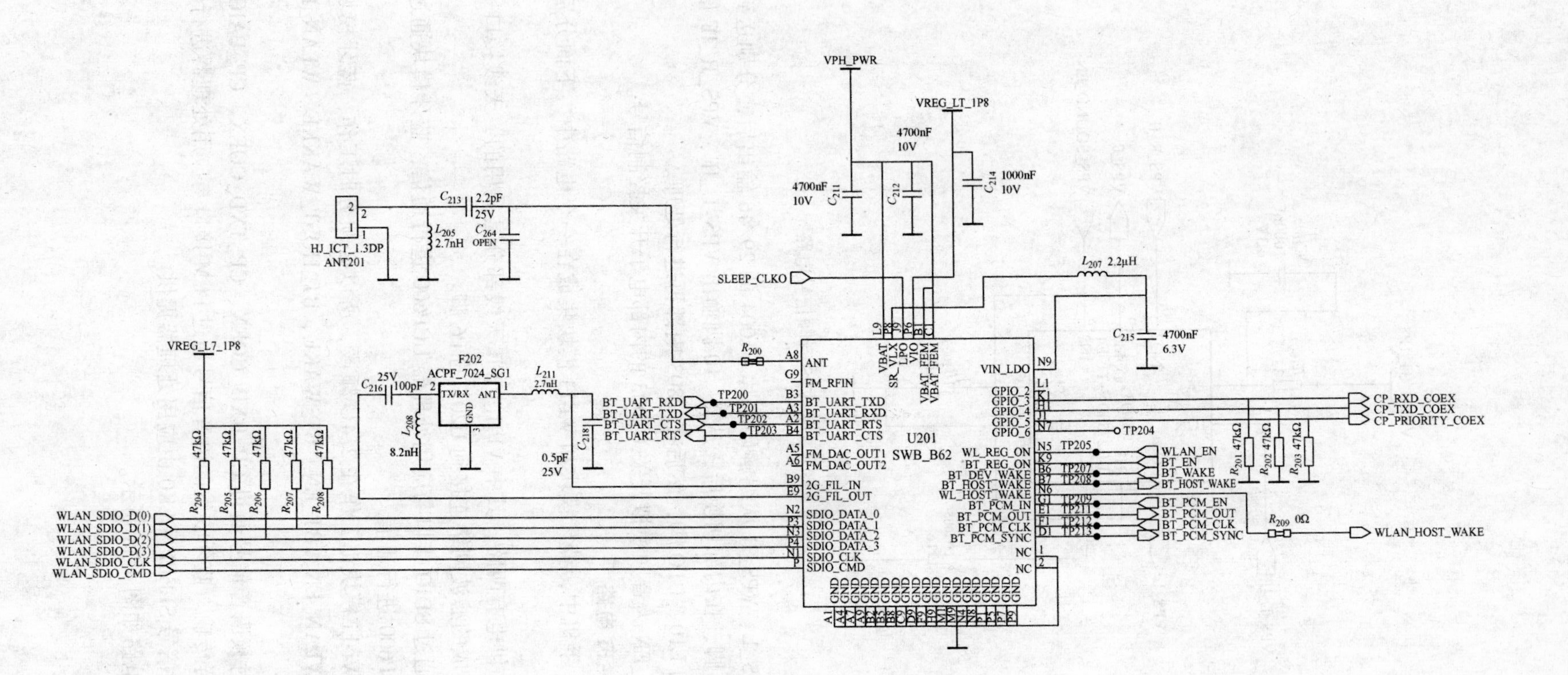

图4-38 蓝牙/Wi-Fi 电路

6. 照相机电路

三星 i9505 手机采用的后摄像头为索尼摄像头，该摄像头拥有 1300 万像素。

（1）后置摄像头电路

在三星 i9505 手机中，三星主置摄像头使用了一个专门的 ISP 处理器 U1110 来处理摄像头信号，后置摄像头的数据信号 SENSOR_D0、SENSOR_D1、SENSOR_D2、SENSOR_D3、SENSOR_CLK 送到 ISP 处理器 U1110 内部进行处理。ISP 处理器 U1110 的 AF_SDA、AF_SCL 信号完成摄像头的自动对焦。

后置摄像头的工作由 SPI 总线 S_SPI_MISO/S_SPI_MOSI/S_SPI_SCLK/S_SPI_SSN、I^2C 总线 S_SCL_1.8V/S_SDA_1.8V 完成，ISP 处理器 U1110 通过 SPI 总线/I^2C 总线控制后置摄像头的工作。

后置摄像头接口 HDC1102 电路如图 4-39 所示。

LDO 供电芯片 U1106 电路如图 4-40 所示。

后置摄像头电路使用了一个专门的 LDO 光电芯片 U1106，分别为摄像头和对焦电路供电。其中 CAM_A_EN 为摄像头供电使能信号，当该信号为高电平的时候，U1106 输出CAM_SENSOR_A2.8V 电压。CAM_AF_EN 为对焦使能信号，当该信号为高电平的时候，U1106 输出 CAM_AF_2.8V 电压。

（2）前置摄像头电路

在三星 i9505 手机中，前置摄像头像素为 200 万，由应用处理器 UCP600 完成前置摄像头的信号处理。

前置摄像头接口 HDC1100 电路如图 4-41 所示。

前置摄像头接口 HDC1100 的 7、9、13、15、19、21 脚为前置摄像头数据信号输出端，摄像头的控制通过 I^2C 总线 VT_CAM_SCL_1.8V/VT_CAM_SDA_1.8V、CAM_VT_nRST、CAM_VT_STBY、VT_CAM_MCLK 完成。

前置摄像头接口 HDC 的 8、10 脚为供电端。

在前置摄像头电路中，数据信号的传输还使用了 EMI（电磁干扰）滤波器，滤除信号传输过程中出现的高频干扰。

EMI 滤波电路如图 4-42 所示。

7. 显示电路

三星 i9505 手机显示屏分辨率达到了 1920×1080 像素，超过了视网膜显示效果。

（1）显示屏电路

三星 i9505 手机显示屏主要由数据信号、控制信号、供电 3 部分组成。

数据信号采用了 MIPI 总线，MIPI 总线在需要大量数据（图像）时可以高速传输，而在不需要大量数据传输时又能够减少功耗。在智能手机中，越来越多地采用 MIPI 总线，F1103、F1104、F1105、F1106、F1107 为 MIPI 总线的 EMI 滤波器，滤除数据传输过程中的高频干扰信号。

显示屏电路如图 4-43 所示。

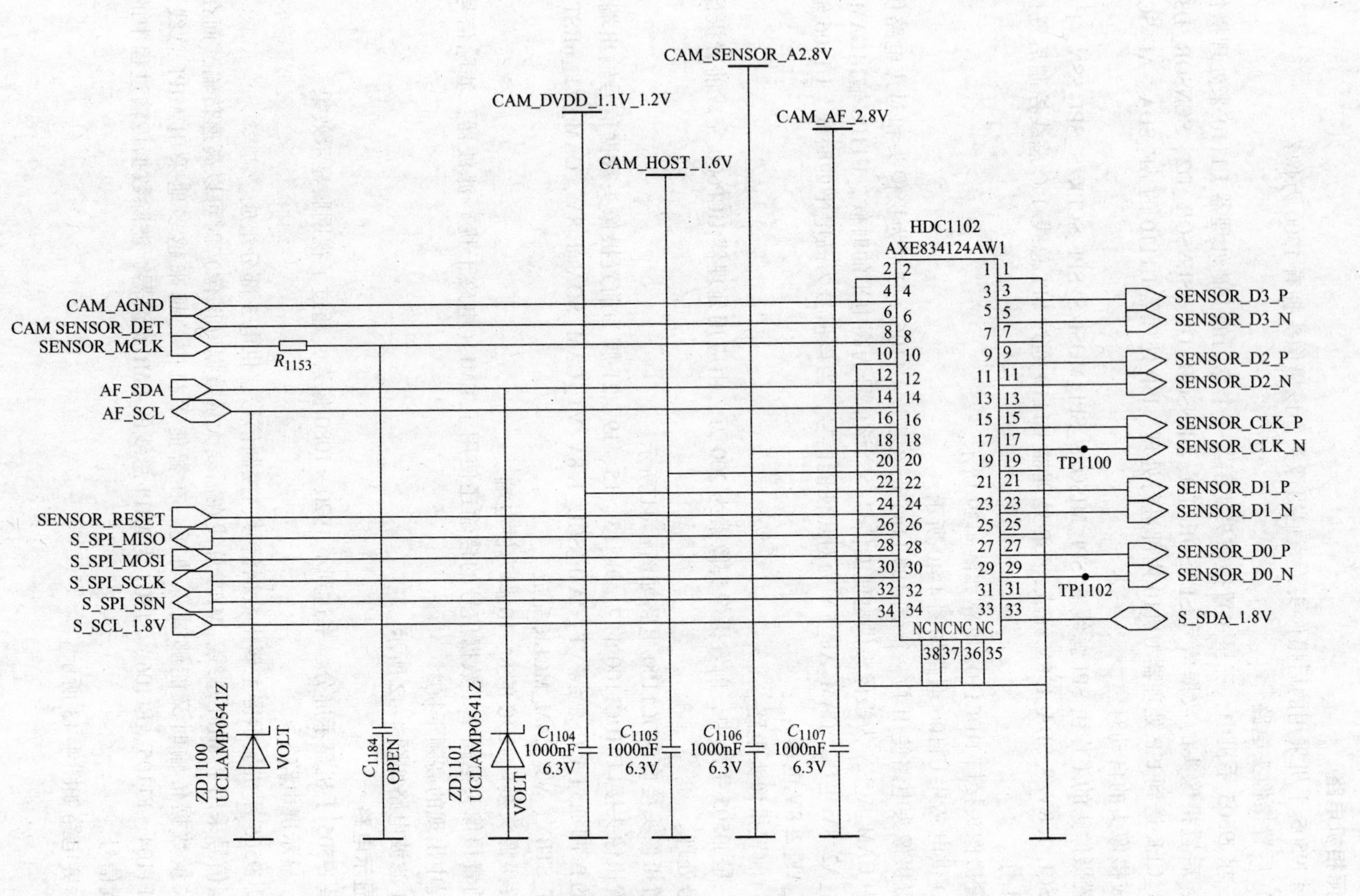

图 4-39 后置摄像头接口 HDC1102 电路

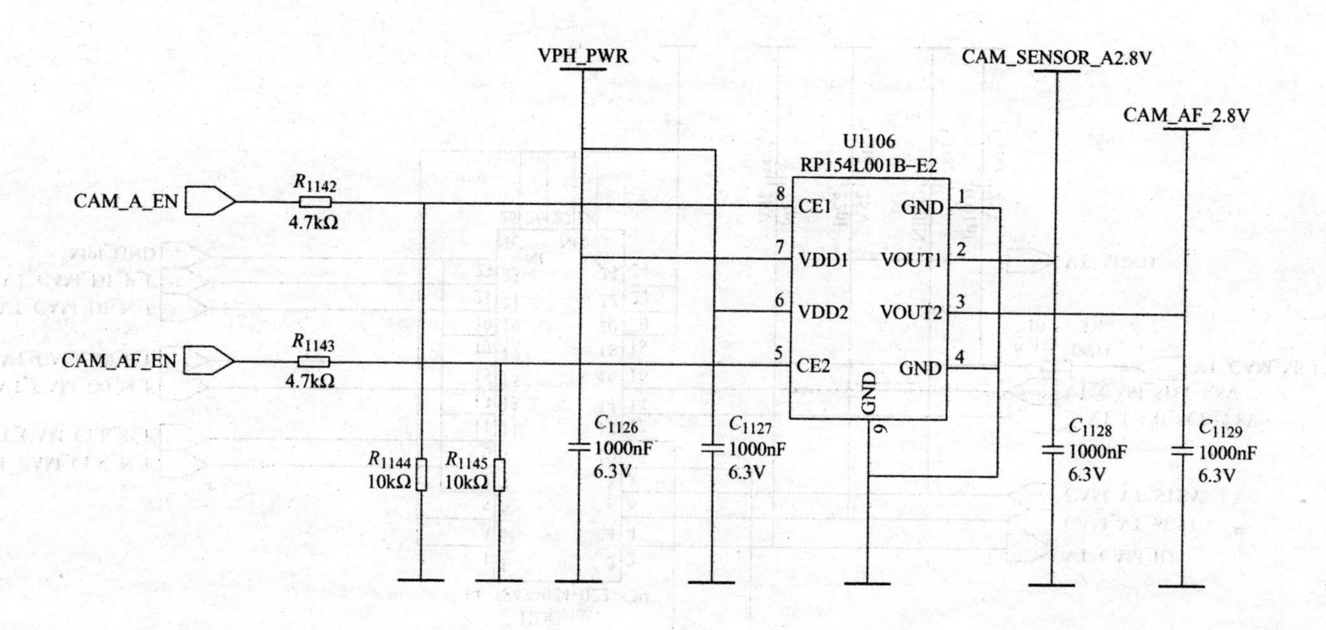

图 4-40　LDO 供电芯片 U1106 电路

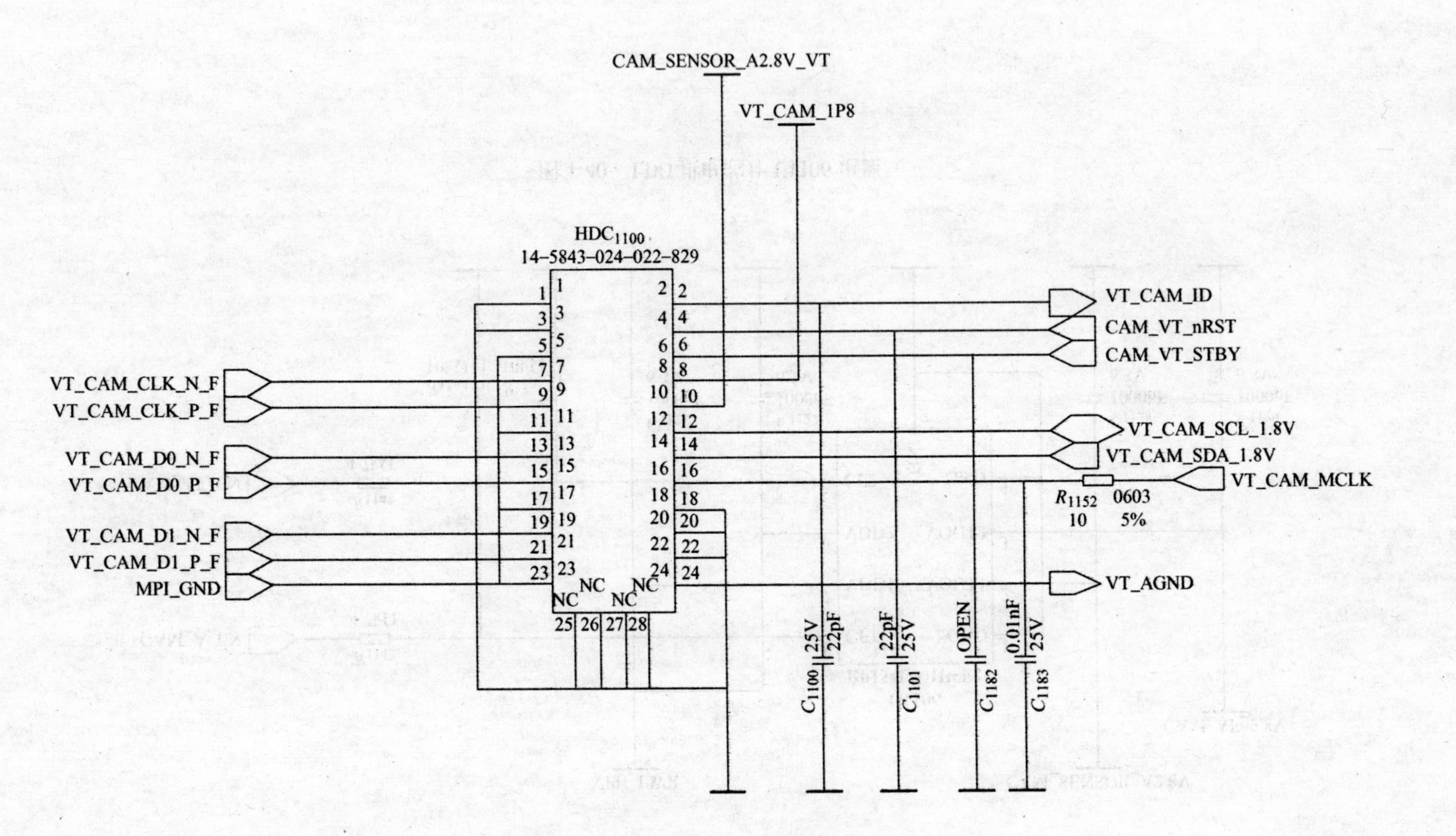

图 4-41　前置摄像头接口 HDC1100 电路

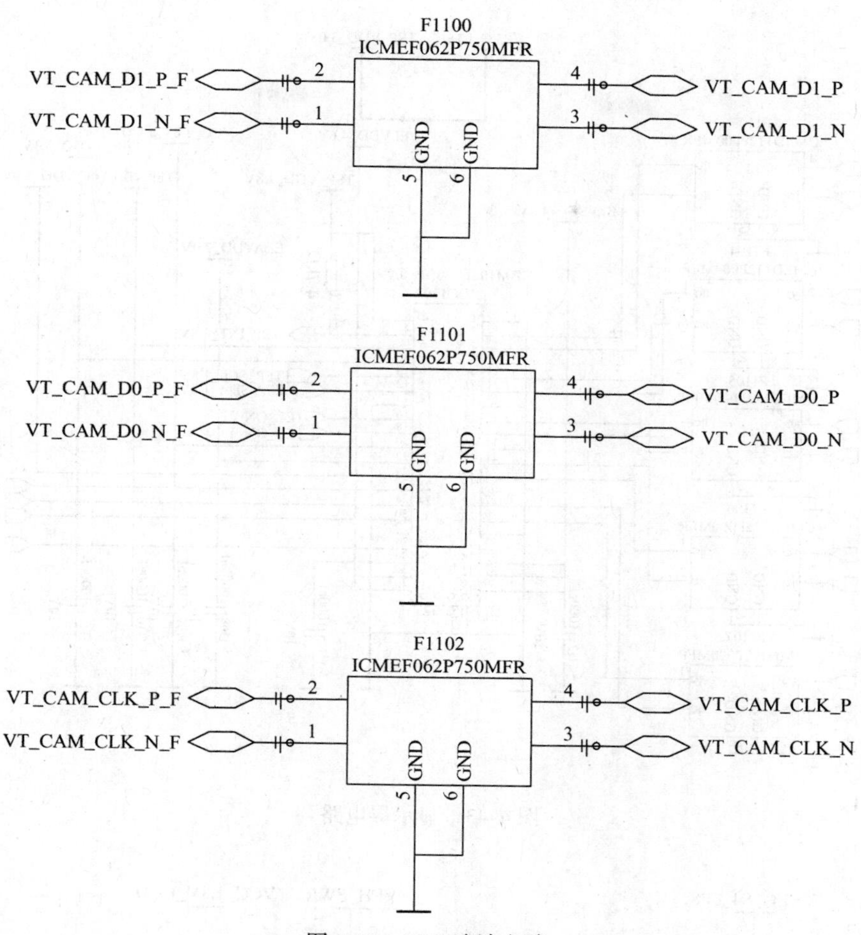

图 4-42　EMI 滤波电路

显示屏的控制信号主要有 I^2C 总线、中断信号、ID 识别信号、复位信号等，其中 I^2C 总线信号 TSP_SCL_1.8V、TSC_SDA_1.8V 送到显示屏接口 HDC1103 的 10、12 脚，中断信号 TSP_INT_1.8V 由显示屏接口 HDC1103 的 4 脚输出，ID 识别信号 OCTA_ID 送到显示屏接口 HDC1103 的 26 脚，复位信号 MLCD_RST 送入到显示屏接口 HDC1103 的 30 脚。

显示屏电路供电主要有 TSP_VDD_1.8V、VCC_1.8V_LCD、TSP_VDD_3.0V、TSP_AVDD_3.3V、VCC_3.0V。另外 ELVSS_－4.4V、ELVDD_4.6V、ELAVDD_7.0V 是显示屏背光供电。

显示屏供电电路如图 4-44 所示。

显示屏供电 VCC_1.8V_LCD 由一个专门的 LDO 芯片完成，供电电压 VPH_PWR 送到 U1129 的 6 脚，当 LCD_1.8V_EN 为高电平时，U1129 的 4 脚输出 VCC_1.8V_LCD 电压。

（2）显示背光电路

显示背光电路如图 4-45 所示。

显示屏背光电路使用了一个专门的升压芯片 U1103，完成了 ELVSS_－4.4V、ELVDD_4.6V、ELVDD_7.0V 电压的输出。

供电电压 VPH_PWR 送到升压芯片 U1103 的 1、10 脚，其中 ELVSS_4.4V 从 U1103 的 17 脚输出，ELVSS_4.6V 从 U1103 的 7 脚输出，ELAVDD_7.0V 从 U1103 的 2 脚输出。

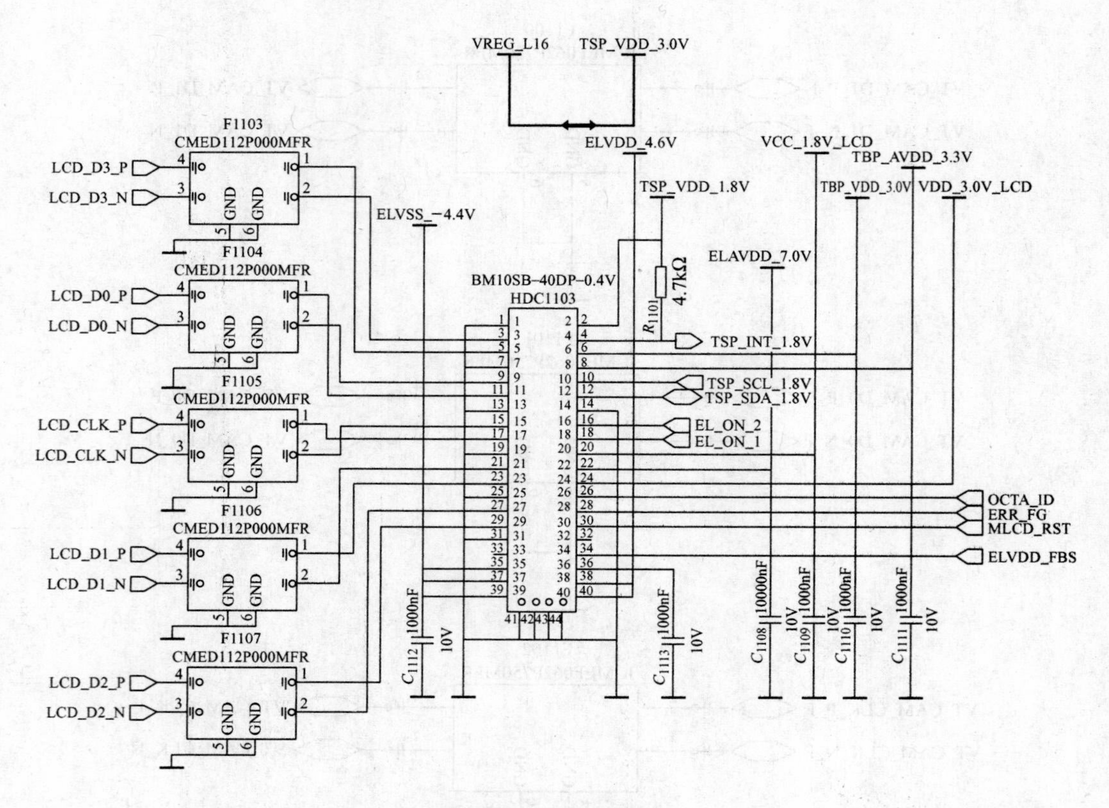

图 4-43　显示屏电路

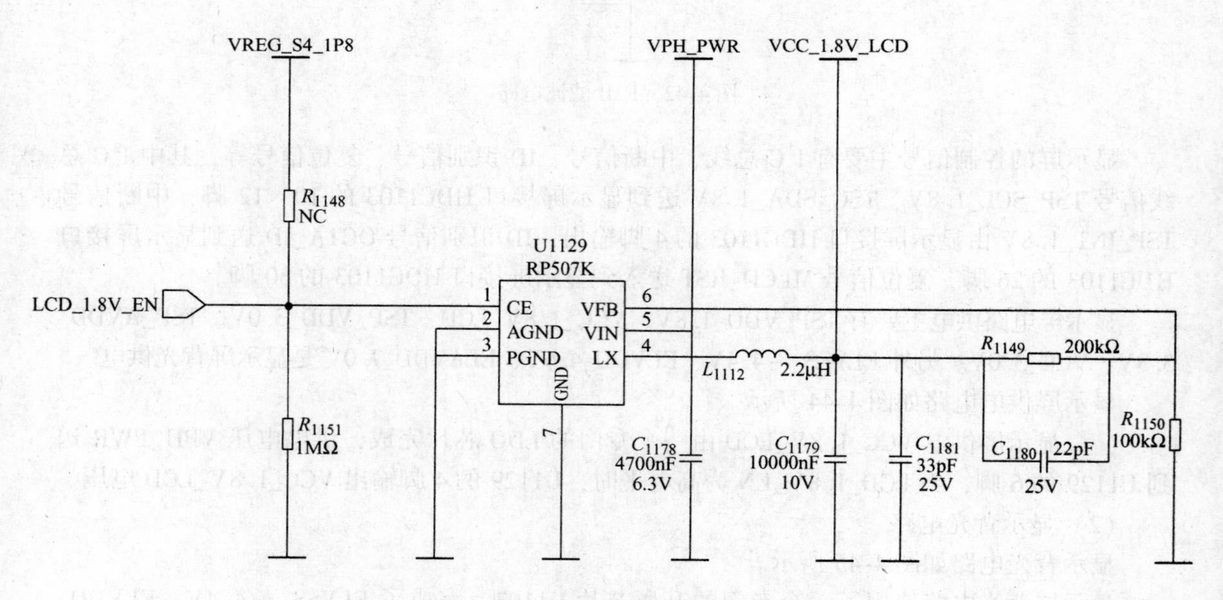

图 4-44　显示屏供电电路

升压芯片 U1103 的 8 脚输入的 ELVDD_FBS 过流反馈信号，13、14 脚输入的 EL_ON_1、EL_ON_2 为控制反馈信号。

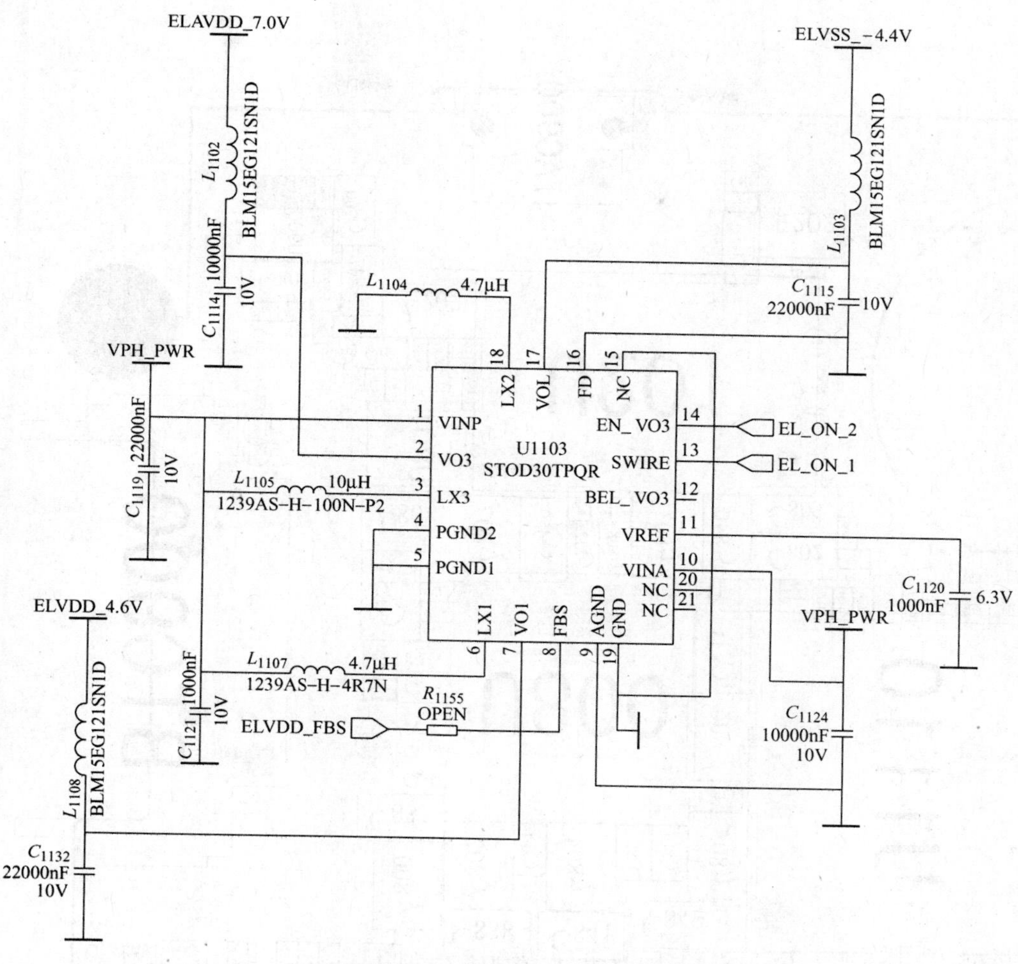

图 4-45　显示背光电路

4.3　4G 手机故障分析

4.3.1　不开机故障

1. 不开机故障维修

按下开机键手机不开机，如果此时手机没有任何反应，则首先要检查电池电压是否正常，如果电池电压较低则要对电池进行充电，不能充电的电池要进行更换。

如果电池电压正常，按下开机按键以后有振动、声音等现象不开机，那就不是开机电路的问题了，是显示屏没有显示，需要检查显示电路。

使用稳压电压为手机供电，按下开机键后，稳压电源没有任何电流反应，则要检查开机按键 TAC900 是否正常，看是否有电路方面的问题。

检查 U800 输出电压，（C_{835} = 1. 225V，C_{838} = 1. 05V）是否正常；检查 PM8917_PS_HOLD 信号电压（R_{804} = 1. 8V）；如果以上两个条件有一个不正常，则要检查或者更换 U800，不开机测试点如图 4-46 所示。

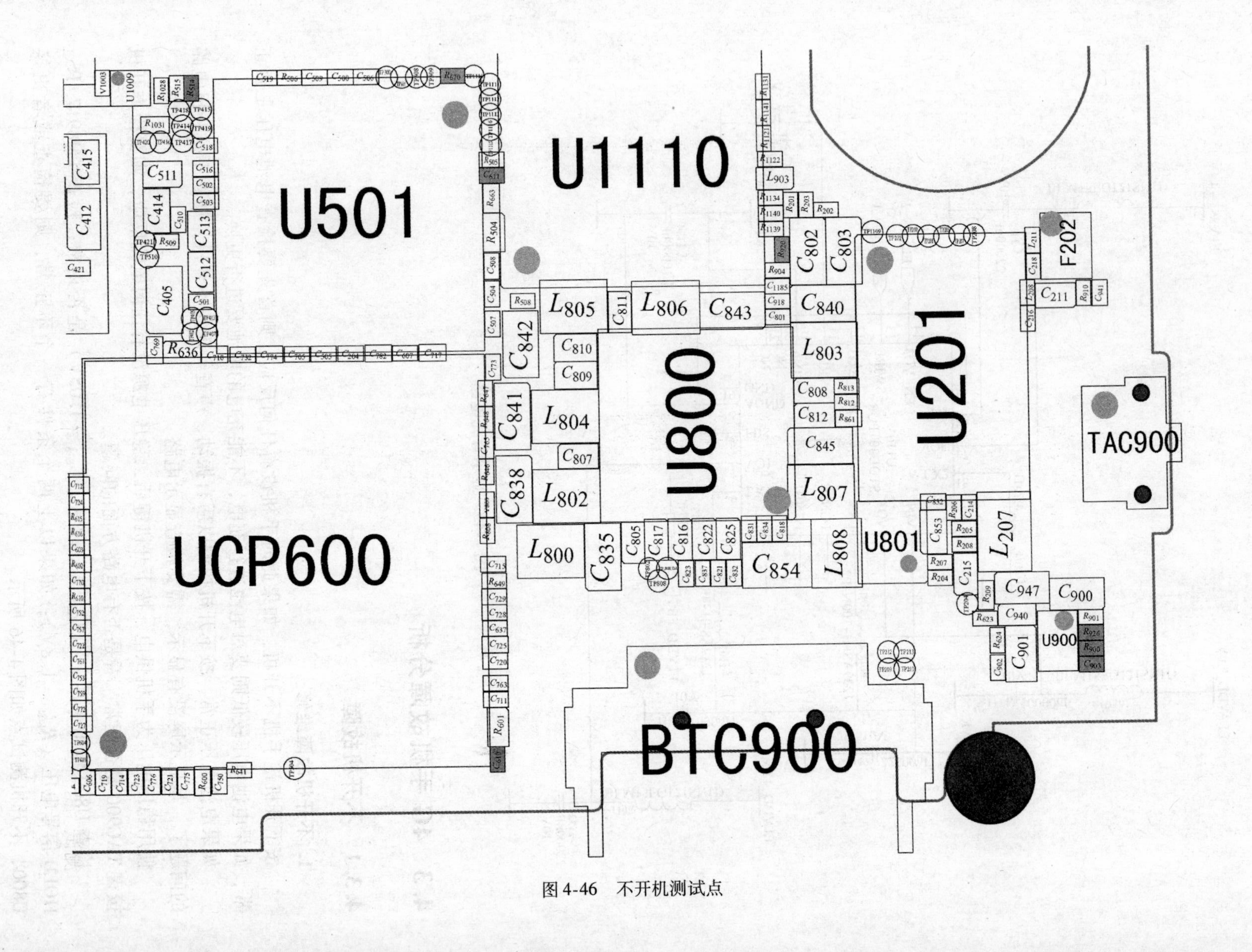
U501
U1110
UCP600
U800
U201
TAC900
F202
BTC900
U801
U900
U1009
C415
C412
C511
C414
C405
C512
C513
C842
C841
C838
L805
L806
C843
C840
C802
C803
C810
C809
L804
C807
L802
L800
C835
L803
C808
C812
C845
L807
C854
L808
L207
C947
C900
C940
C901
C211

图 4-46 不开机测试点

检查 OSCS801 上是否有 32kHz 时钟信号，使用示波器调整到 20.0μs. div 档测量时钟信号波形是否正常，如果不正常，则要检查或者更换 U800，32kHz 时钟测试点如图 4-47 所示。

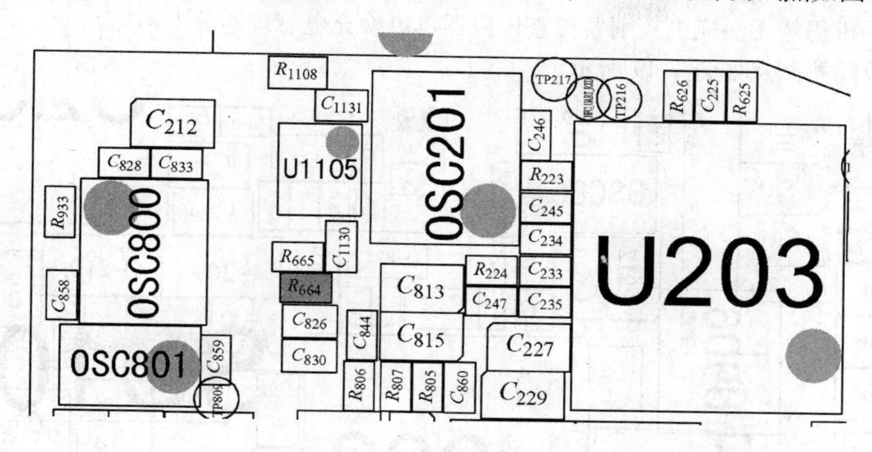

图 4-47　32kHz 时钟测试点

2. 初始化故障维修

三星 i9505 手机不能初始化，无法正常开机进入系统，这种问题可以先重新装载软件，如果正常则说明是由软件问题引起的无法初始化。如果依然不正常，则需要按下面步骤进行相应的维修。

首先检测应用处理器复位信号 PM8917_PON_RESET_N（TP807）是否正常，是否有 1.8V 复位电压，如果不正常则要检查或更换电源管理芯片 U800。

检查或者测试 OSC800 上是否有 19.2MHz 信号，使用 20.0μs. div 档位测量，如果不正常检查或更换 OSC800、UCP600 芯片。初始化测试点如图 4-48 所示。

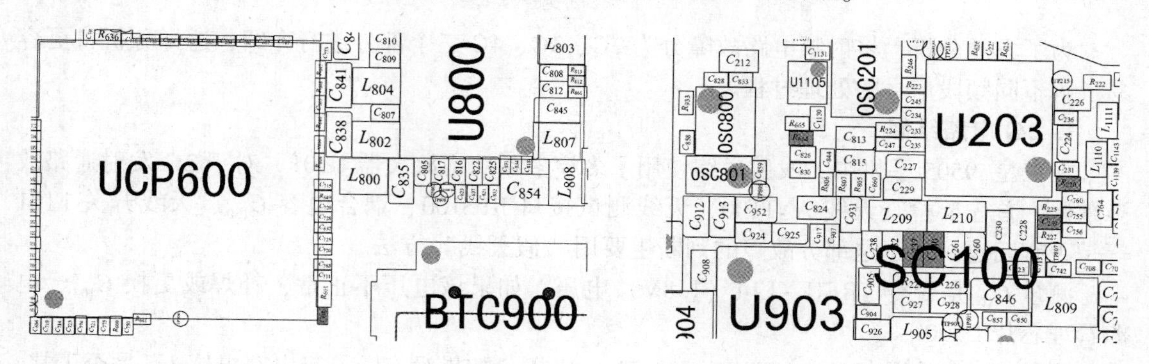

图 4-48　初始化测试点

3. 充电故障维修

充电电路故障涉及的问题比较多，除了要检查手机本身外还要检查充电线、数据线及电池。

测试 VBUS_5V 是否有 5V 电压，测试点在电感 L_{911} 上，如果该测试点没有 5V 电压，则要检查充电器、充电线是否正常。

测量 CHG_IN_5V（C908）是否有 5V 电压，如果没有 5V 电压，则要检查或者更换 U906 芯片，应急维修的时候可以将 U906 的 A1、A3、B2 脚和 C2、C3、B3 脚短接。

如果手机仍然无法充电，则要检查传声器再更换充电管理芯片 U903。

充电故障测试点如图 4-49 所示。

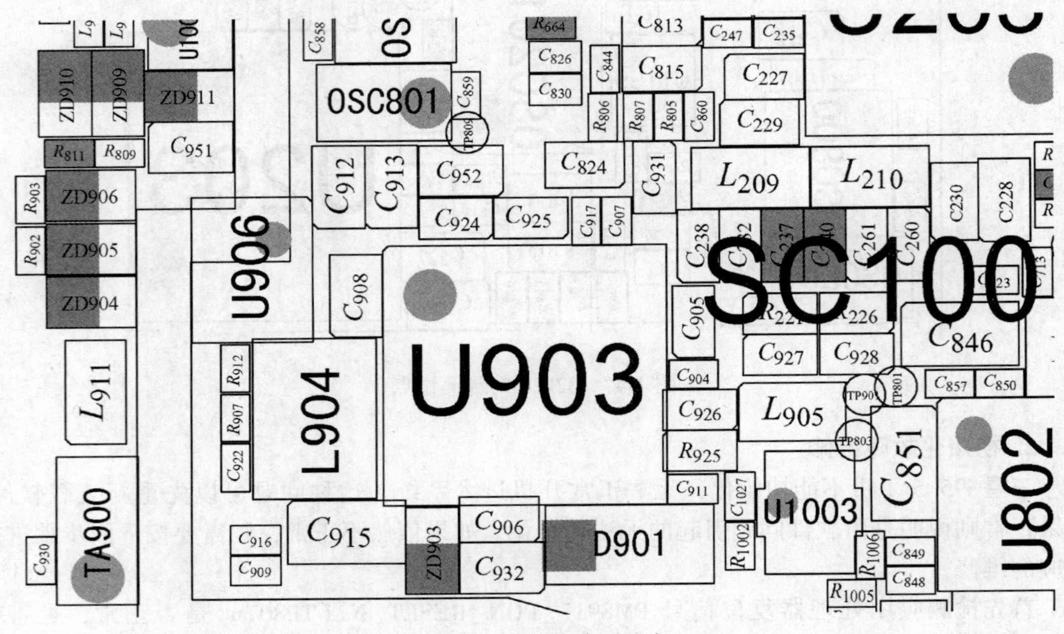

图 4-49　充电故障测试点

4.3.2　射频电路故障

为了方便分析，将射频电路故障分为 2G、3G、4G 三个部分进行介绍，这样分析将更容易了解不同频段信号的处理过程。

1. 2G 电路维修

在三星 i9505 手机中，发射通路使用了多模多频功率放大器 U101，对于 2G 发射通路故障维修，首先要检查天线 ANT100、天线测试接口 RFS100、耦合电容 C_{100}、天线开关 F101 等是否有问题。对于这部分故障的判断主要用“假天线”方法。

测量 C_{104} 是否有 VREG－L14（1.8V）电压，如果该电压不正常，补焊或更换 C_{104}、电源管理芯片 U800。

测量 C_{107} 上是否有 V_BATTERY（3.7V）电压，如果没有，检查电路电感 L_{102} 是否正常、C_{107}、C_{108} 是否正常，如果供电正常，则需要替换或补焊功率放大器 U300。

测量时钟晶体 OSC400 的 1 脚是否有 19.2MHz 信号输出，如果没有或正常补焊或更换时钟晶体 OSC400。

2G 发射通路测试点如图 4-50 所示。

2. 3G 电路故障维修

在 3G 网络中，三星 i9505 手机支持 WCDMAWCDMA2100、WCDMA1900、WCDMA850 等 3 个频段。

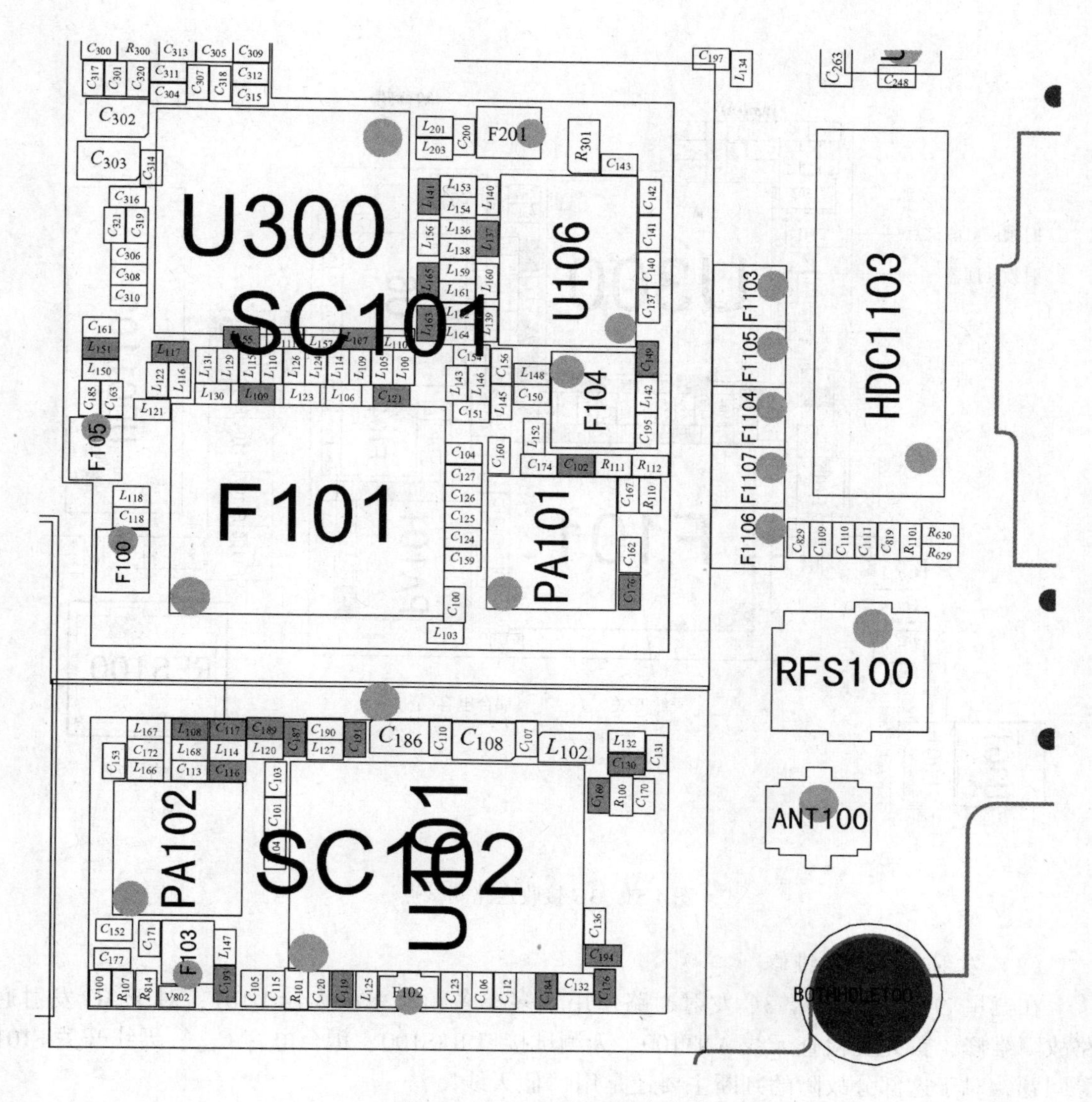

图 4-50　2G 发射通路测试点

（1）接收通路故障维修

首先检查 C_{327} 上是否有 3.7V 电压，如果不正常，则需要检查 U301、L_{300} 是否正常。供电正常以后再进行下一步检修。

检查天线 ANT100、天线测试接口 RFS100、耦合电容 C_{100}、天线开关 F101、C_{121}、L_{106}、L_{109} 是否有问题，判断这部分最简单的办法是使用“假天线”进行判断。

分别测量 $U_{C303}=2V$、$U_{C320}=1.8V$、$U_{C302}=1.3V$ 电压是否正常，该三路电压是射频处理器工作的基本条件，如果该部分电压正常，则需要补焊或更换射频处理器 U300。

测量时钟晶体 OSC400 的 1 是否有 19.2MHz 信号输出，如果没有或正常，补焊或更换时钟晶体 OSC400。

3G 接收通路测试点如图 4-51 所示。

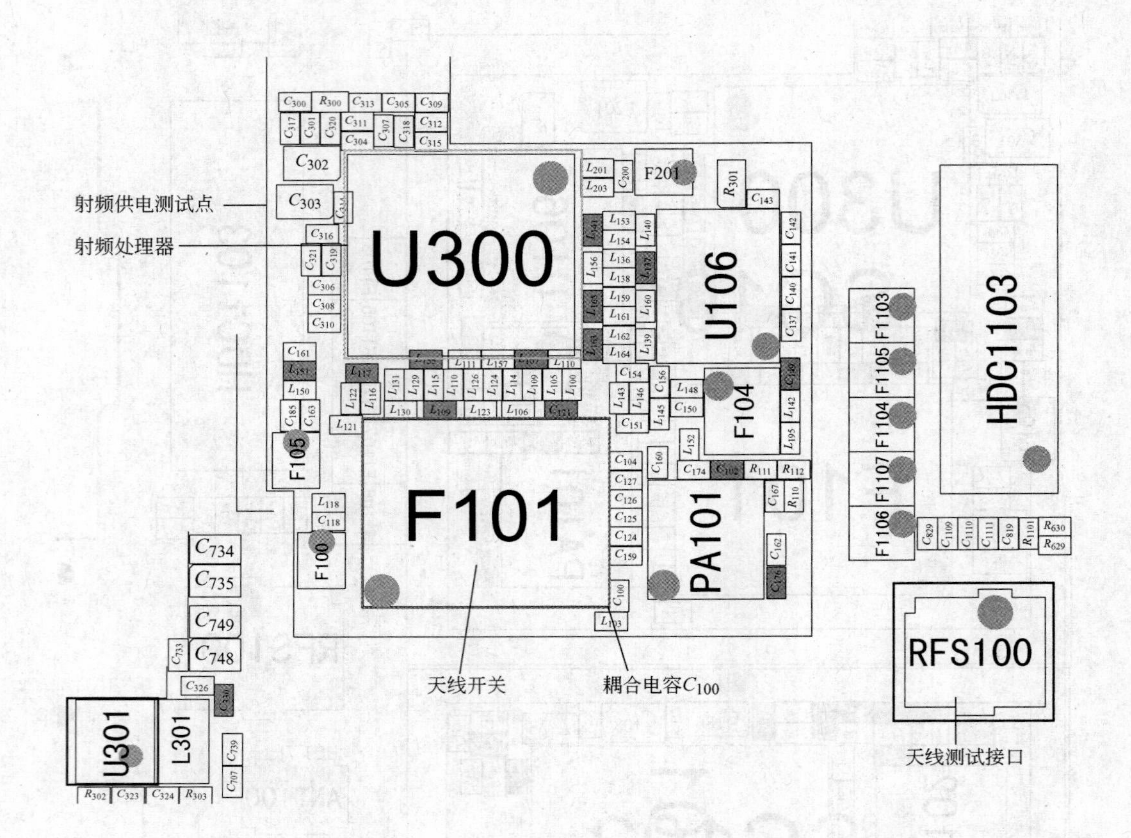

图 4-51　3G 接收通路测试点

（2）发射通路故障维修

在三星 i9505 手机中，3G 发射通路使用了多模多频功率放大器 U101，对于 3G 发射通路故障维修，首先要检查天线 ANT100、天测试接口 RFS100、耦合电容 C_{100}、天线开关 F101 等问题，对于这部分故障的判断主要还是用“假天线”法。

测量 C_{104} 是否有 VREG_L14（1.8V）电压，如果该电压不正常，补焊或更换 C_{104}、电源管理芯片 U800 替换 C_{107} 上是否有 V_BATTERY（3.7V）电压，如果没有，检查电感 L_{102} 是否正常、C_{107}、C_{108} 是否正常。如果供电正常，则需要替换或补焊功率放大器 U101。

替换或更换发射耦合电容 C_{105}、C_{123}、过滤器 F102，如果该部分元器件开路则会出现无发射的问题。

分别测量 $U_{C303}=2V$、$U_{C320}=1.8V$、$U_{C302}=1.3V$ 电压是否正常，该三路电压是射频处理器工作的基本条件，如果该部分电压正常，则需要焊补或更换射频处理器 U300。

测量时钟晶体 OSC400 的 1 脚是否有 19.2MHz 信号输出，如果没有或正常，焊补或更换时钟 OSC400。

3G 发射通路测试点如图 4-52 所示。

3G 发收部分和 2G 收发部分基本都集成在一起，所以检修思路是差不多的。在维修时关键是能够区分是 2G 问题还是 3G 问题，然后再动手就容易多了。

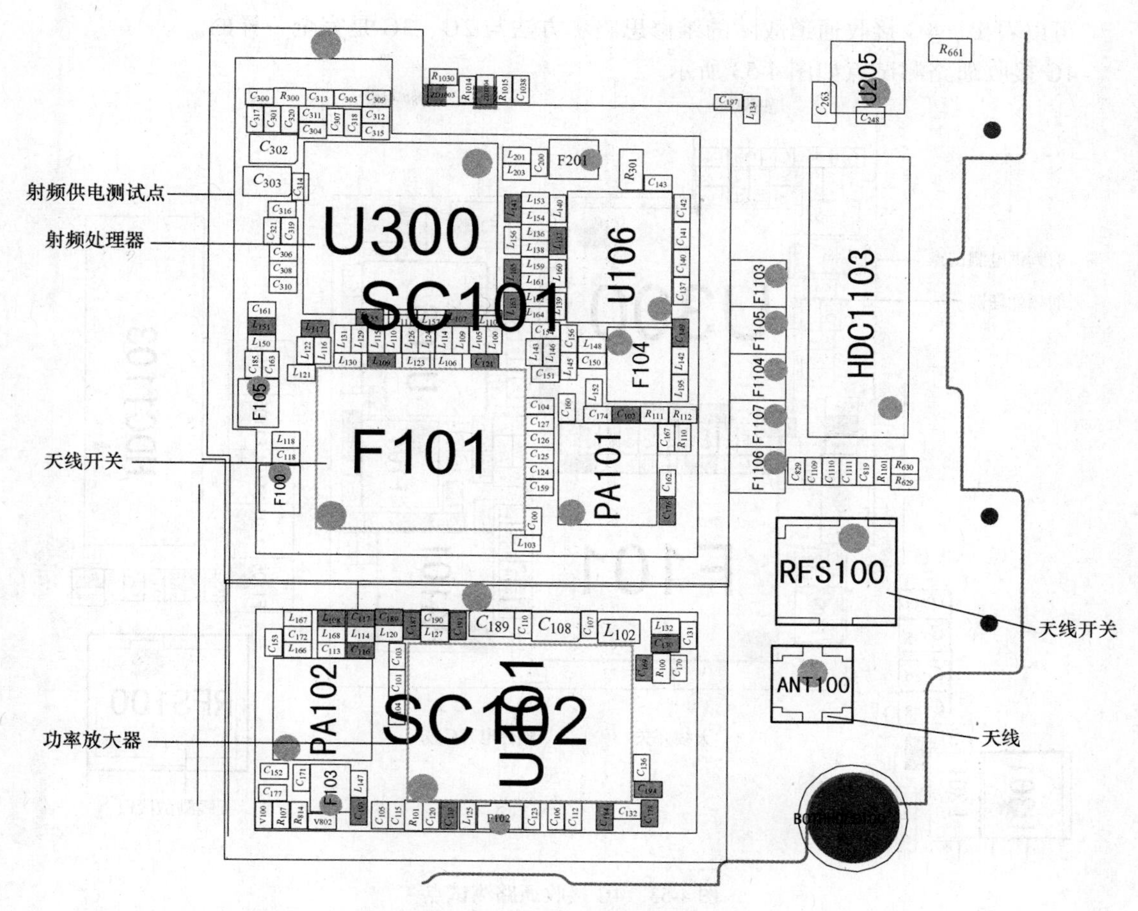

图 4-52　3G 发射通路测试点

3. 4G 电路故障维修

4G 频段维修和 3G 一样，3G 的部分频段维修和 2G 一样，同样可以用维修 2G 的思路去维修 4G 电路。

（1）接收通路故障维修

4G 电路主要包括 LTEBI、LTEB3、LTEB5、LTEB8、LTEB7 及 LTEB20 这 6 个频段，如果 4G 接收电路有问题，可以参考下面的维修思路。

首先检查 C_{327} 上是否有 3.7V 电压，如果不正常，则需要检查 U301、L_{300} 是否正常。供电正常以后再进行下一步检修。

检查天线 ANT100、天线测试接口 RFS100、耦合电容 C_{100}、天线开关 F101、C_{121}、L_{106}、L_{109}、L_{121} 是否有问题，判断这部分最简单的办法是使用“假天线”法，分别在天线接收通道上一次焊接“假天线”进行判断。

分别测量 $U_{C303}=3V$、$U_{C320}=1.8V$、$U_{C302}=1.3V$ 电压是否正常，该三路电压是射频处理器工作的基本条件，如果该部分电压正常，则需要补焊或更换射频处理器 U300。

测量时钟晶体 OSC400 的 1 脚是否有 19.3MHz 信号输出，如果没有或正常，焊补或更换时钟晶体 OSC400。

可以看出，4G 接收通道故障的维修思路和方法与 2G、3G 是完全一样的。

4G 接收通路测试点如图 4-53 所示。

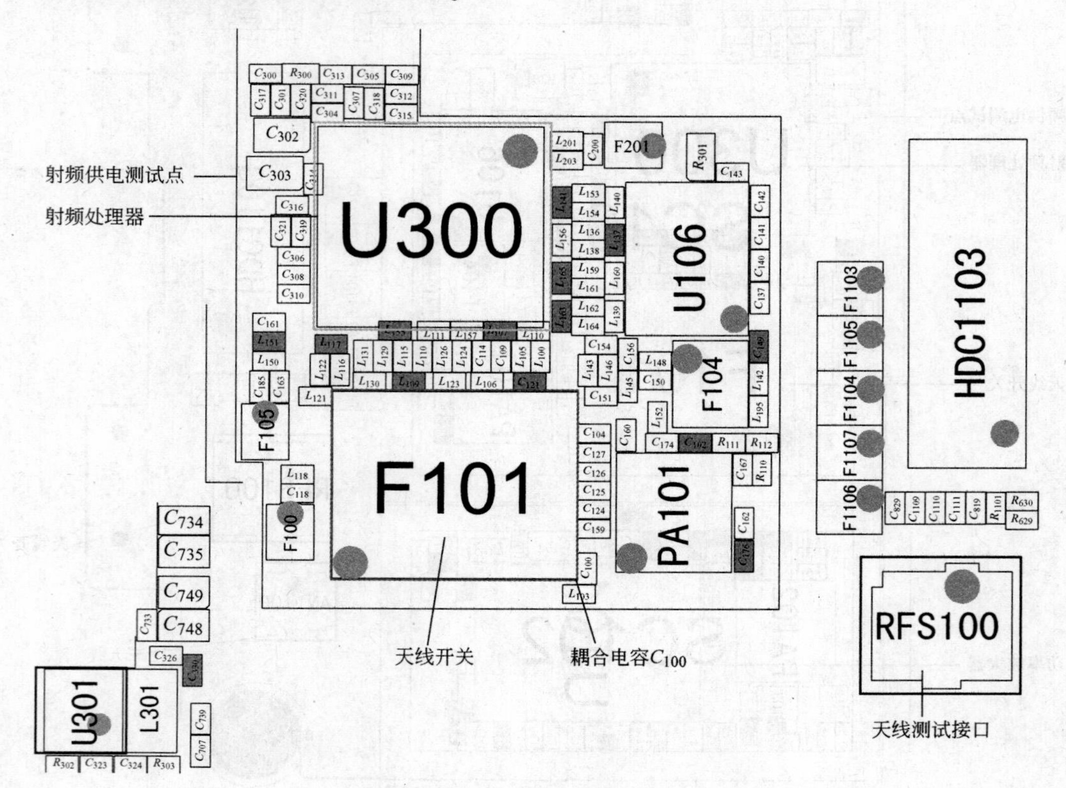

图 4-53　4G 接收通路测试点

（2）发射通路故障维修

LTEB1 和 WCDMA2100 发射通路维修思路相同，LTEB5 和 WCDMA850 发射通路维修思维相同，LTEB8 和 WCDMA900 发射通路维修思路相同。

剩下的就是 LTEBAND3、LTEBAND7、LTEBAND20 了，LTEBAND3 和 2G、3G 部分使用一个 U101，LTEBAND7T 和 LTEBAND20 分别使用了功率放大器 PA01、PA102，检修与前面相同。

4. 3. 3　显示故障

为了描述方便，将 LCD 电路和触摸屏电路故障维修放在一起进行分析。

1. LCD 电路故障维修

LCD 电路故障主要表现为：不显示、显示花屏、屏幕破裂等问题。对于无显示故障首先要更换 LCD 测试，看是否为 LCD 本身问题造成的故障。对于 LCD 电路故障，首先要检查 LCD 接口 HDC1103 是否有变形、浸液、裂痕、脱焊等问题。LCD 接口 HDC1103 电路测试如图 4-54 所示。

测量 VCC_3. 0V_LCD = 3. 0V（C829），如果不正常，检查或更换电池管理芯片 U800，如图 4-55 所示。

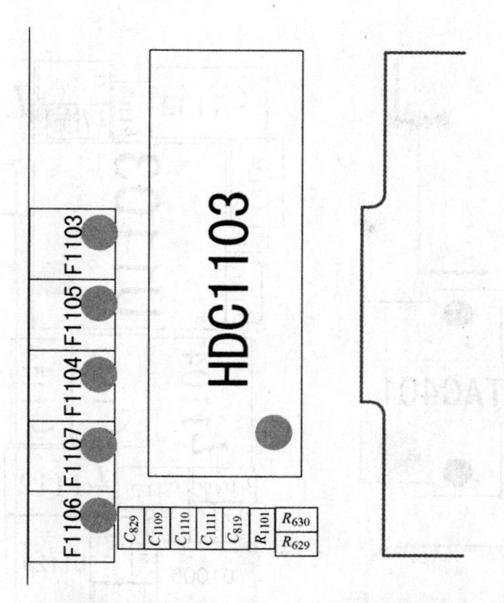

图 4-54　LCD 接口 HDC1103 电路测试图

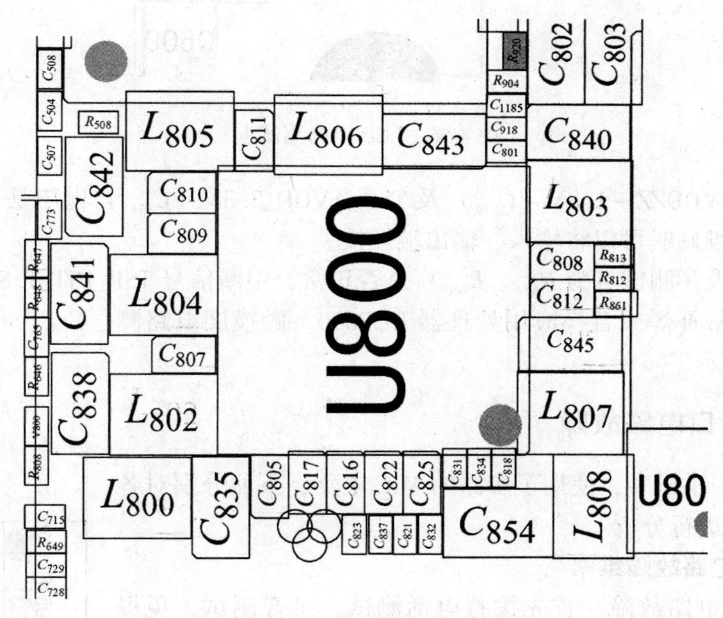

图 4-55　电池管理芯片 U800

测量 VCC_1. 8V_LCD =1. 8V（C_{1109}），如果不正常，检查或更换 LDO 供电管 U1129。测量 ELVDD_4. 6V =4. 6（C_{1132}），ELVSS_ −4. 0V = −1. 4 −4. 4V（C_{1115}）、ELAVDD_7. V. 0V =7. 0V（C_{1114}）等三路工作电压是否正常？如果不正常，补焊或更换升压芯片 U1103。LCD 电路测试点如图 4-56 所示。

2. 触摸屏电路故障维修

针对触摸电路故障，一般维修首先要替换触摸屏组件进行测试。待排除触摸屏问题以后再动手进行维修。

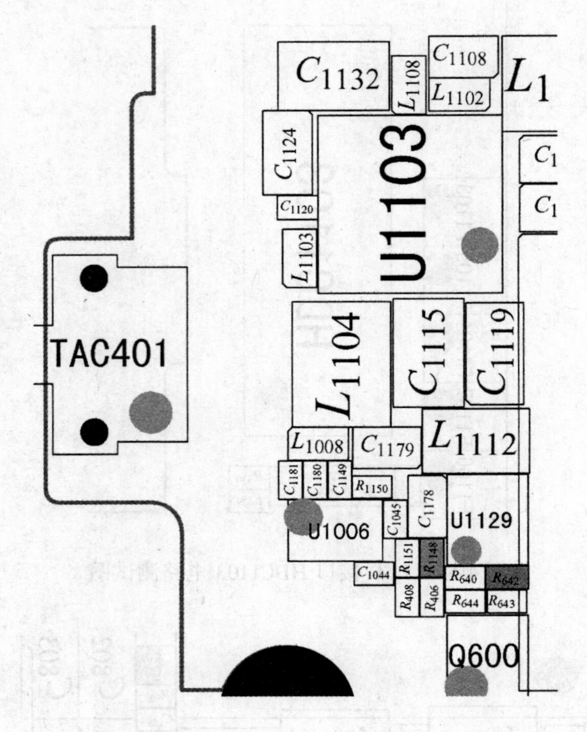

图 4-56　LCD 电路测试点

测量 TSPZ－VDDZZ－1.8V（C_{819}）及 TSP_AVDD_3.3V（C_{1111}）电压是否正常？如果怀疑有问题，应急维修时可以将输入、输出端短接。

测量 I^2C 总线（测试点为 R_{629}、R_{630}）是否正常，中断信号 TSP_INT_1.8V（R_{1101}）是否正常，如果不正常补焊或替换应用处理器 UCP600。触摸屏电路测试点如图 4-57 所示。

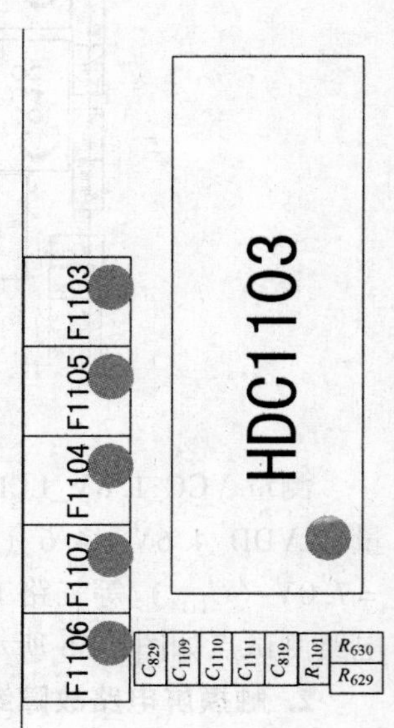

图 4-57　触摸屏电路测试点

4.3.4　音频接口电路故障

在三星 i9505 手机中，使用了多路的 MIC 电路，下面分别对各路 MIC 电路故障进行分析。

1. 主 MIC 电路故障维修

对于主 MIC 电路故障，首先拨打电话测试、录音测试、免提测试，确定问题是否为主 MIC 引起的，然后检查接口 HSC900 是否正常。如果接口 HDC900 没有问题则进入下一步检查。

测量 MIC 偏置电压是否正常？测试点在 C_{1020} 上，电压一般为 2.8V。如果该电压不正常，则需要检查偏压 LDO 芯片 V1001 是否有问题。

检查主 MIC 的滤波电感 L_{909}、L_{910} 是否有开路现象，可以使用万用表进行测量。如果有开路现象则需要进行更换。

主 MIC 电路测试点如图 4-58 所示。

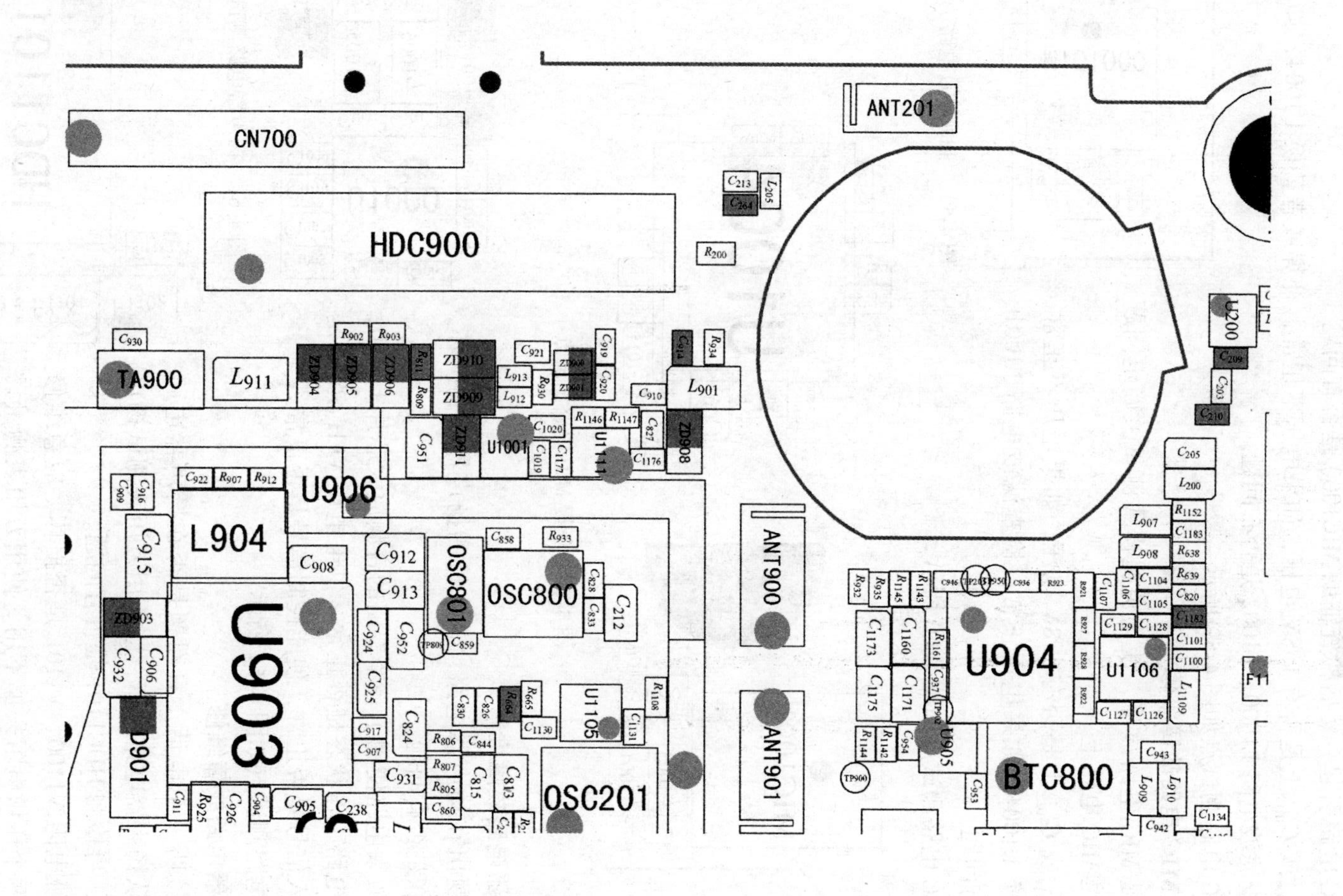

图 4-58 主 MIC 电路测试点

2. 辅助 MIC 电路故障维修

对于辅助 MIC 电路故障，首先使用语音辅助程序、声控照相等功能测试。确定问题是否由辅助 MIC 电路引起，然后检查辅助 MIC1000 是否有问题。

测试 C_{1006} 或 C_{1017} 上是否有 1.8V 电压，如果电压不正常，补焊或者替换 U1004，如果电压正常，检查滤波电路 L1000、L1002 是否有问题。

辅助 MIC 电路测试点如图 4-59 所示。

3. 免提 MIC 电路故障维修

对于免提 MIC 电路故障，使用免提模式测试，确定问题是否出在免提 MIC 电路上。

测试 C_{1011} 或 C_{1022} 上是否有 1.8V 电压，如果电压不正常，补焊或者替换 U1004，如果电压正常，检查滤波电路 L1001、L1003 是否有问题。

免提 MIC 电路测试点如图 4-60 所示。

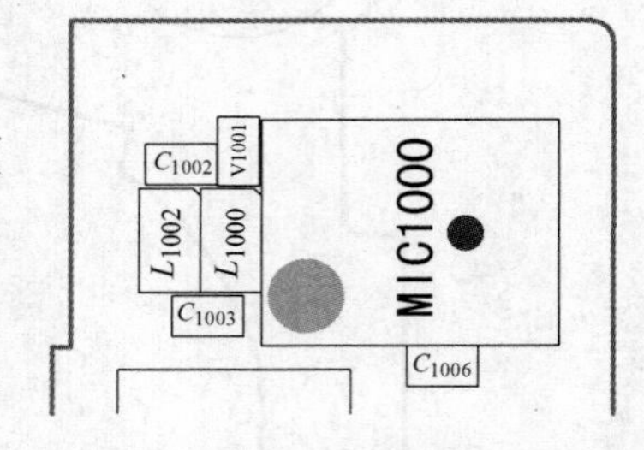

图 4-59　辅助 MIC 电路测试点

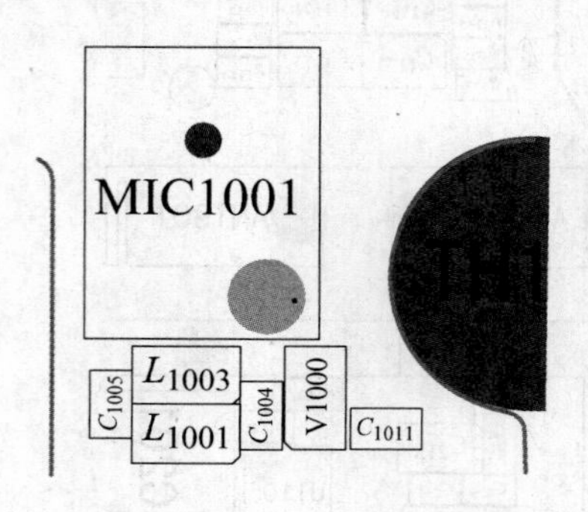

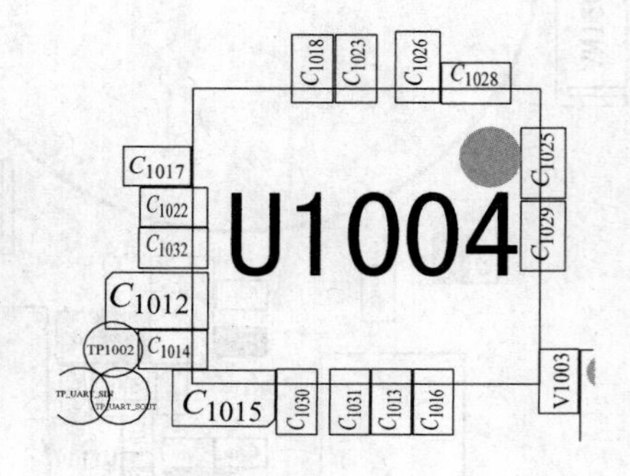

图 4-60　免提 MIC 电路测试点

4. 扬声器电路故障维修

如果问题出在扬声器电路，首先检测扬声器是否损坏，接口 HDC900 是否有问题。

扬声器放大电路使用了一个专门的音频放大芯片 U1000，检测 U1000 电路工作状态是否正常，供电电压 VPH_PWR 是否正常，输入信号是否正常，使能控制信号是否正常。

扬声器电路测试点如图 4-61 所示。

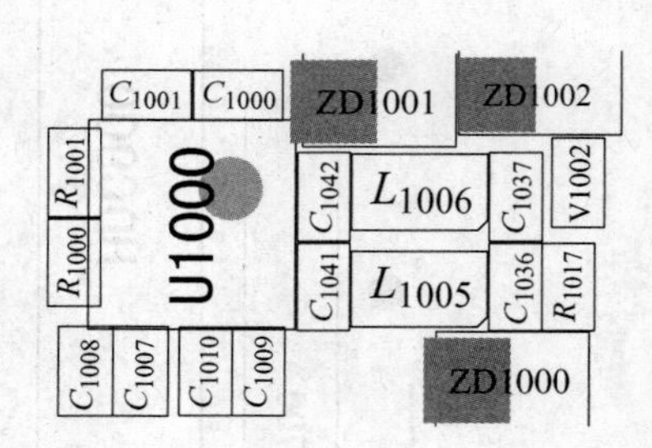

图 4-61　扬声器电路测试点

5. 受话器电路故障维修

拨打或接听一个电话，看问题是否在扬声器电路上，如果确认扬声器电路故障，应使用万用表测试扬声器是否正常，再检测 HDC1101 是否有问题。

检测压敏电阻 V1100、V1101 是否损坏，应急维修时，可以将两个压敏电阻去掉不用。使用万用表测量扬声器信号输出端的对地阻值，并与正常的机器进行比较，如果发现阻值异常，补焊或更换解码芯片 U1004。受话器电路测试点如图 4-62 所示。

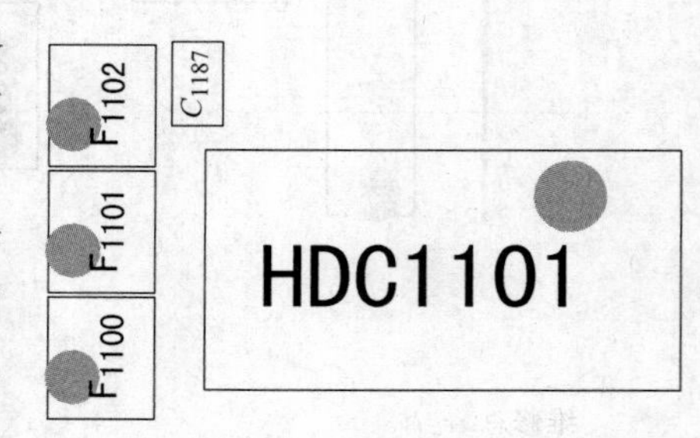

图 4-62　受话器电路测试点

4.3.5　其他故障

其他故障如键盘灯、背景灯、传感器等故障由于篇幅有限，本书将不再介绍。

4.4　实训　4G 手机常见故障维修

1. 实训目的

1）熟悉4G手机的常见故障现象，熟悉仪器、工具的使用。

2）学会分析4G手机的常见故障。

3）会实际处理4G手机的常见故障。

2. 实训器材

1）维修用4G手机、常用配件若干。

2）维修工具：螺钉旋具、镊子、综合开启工具、恒温电烙铁、带灯放大镜、热风枪、显示屏拆装工具、各类电路板连接电缆等。

3）维修仪器：维修电源（0～10V/2A）、频谱分析仪（1000MHz）、射频信号发生器（100～1000MHz）、数字万用表、指针式万用表、频率计（10～1000MHz）、示波器（DC～40MHz）、超声波清洗器等。

4）耗材：焊锡、无水酒精及容器，超声波清洗液、脱脂棉等。

5）相应手机的电路图集资料。

3. 实训内容

综合应用前面有关4G手机电路分析、故障分析、故障维修方法等知识，反复训练故障维修处理流程和维修技能。

确定维修用手机具体机型、数量，设置若干故障，包括4G手机显示故障、卡故障、不开机故障、不入网故障等，进行简单的故障维修，并完成维修报告。故障维修报告见表4-3。

表4-3　手机故障维修报告示例

故障现象			
手机型号			
IMEI码			
电池电压			
外接电压方法			
故障范围初判			
故障处理过程			
故障分析			
故障结论			
维修总结与体会			

4. 注意事项

1）必须看懂电路，了解维修方法，理论指导实践。

2）爱护器材和设备，防止丢失或损坏元器件、设备。

3）正确选择测试点。

4）正确使用测量仪器，严格按照使用规程操作。

5. 实训报告要求

总结4G手机显示故障、手机卡故障、手机不开机故障、手机不入网故障维修基本思路、方法，整理实训数据，写出维修体会，按指导教师要求完成实训报告。

4.5 习题

1. 4G系统的特点是什么？
2. 4G系统的网络结构主要包括哪些部分？
3. 4G手机的优缺点是什么？
4. 简述4G手机接收、发射信号流程。
5. 4G手机正常开机条件有哪些？
6. 开机故障常见原因是什么？
7. 分析4G手机无接收信号的故障原因。
8. 试分析4G手机显示故障常见原因。
9. 简述4G手机不开机故障的维修方法。

参 考 文 献

[1] 陈良．通信终端设备原理与维修［M］．北京：机械工业出版社，2006.

[2] 陈良．通信终端设备原理与维修［M］．2版．北京：机械工业出版社，2011.

[3] 侯海亭．4G手机维修从入门到精通［M］．北京：清华大学出版社，2006.

[4] 马芳芳．数字移动通信系统原理与工程技术［M］．北京：高等教育出版社，2003.

[5] 宋悦孝．数字手机原理与维修［M］．北京：机械工业出版社，2009.

[6] 严加强，等．现代手机原理与维修［M］．西安：西安电子科技大学出版社，2008.

[7] 张兴伟．手机电路原理与维修［M］．北京：人民邮电出版社，2006.

[8] 陈良．用户通信终端设备原理与技能训练［M］．北京：中国劳动社会保障出版社，2003.